职教师资本科化学工程与工艺专业核心课程系列教材

典型化学品生产

胡传群　查振华　胡立新　主　编

U0263720

科学出版社

北　京

内 容 简 介

本书主要阐述几种典型化学品的制备原理、生产特点、工艺操作过程和关键设备,以工作过程为导向较系统地介绍一些重要化工产品、硫酸工业、合成氨工业、磷酸盐工业、碱工业、石油炼制与加工业典型产品生产工艺,重点反映化工领域部分重要岗位需要的职业知识和能力。

全书包括绪论和7个单元:绪论,单元一硫酸工业产品生产,单元二合成氨,单元三典型氨加工产品的生产,单元四磷酸及磷酸盐产品的生产,单元五磷肥工业典型化工产品生产及"三废"处理,单元六纯碱与烧碱的生产,单元七石油炼制与加工。

本书可作为化学工程与工艺类任课教师师范教材,也可作为相关专业本科生和专科生教材或参考书,还可供从事化工生产及相关领域的科研与工程技术人员阅读参考。

图书在版编目(CIP)数据

典型化学品生产/胡传群,查振华,胡立新主编.—北京:科学出版社,2016.6
职教师资本科化学工程与工艺专业核心课程系列教材
ISBN 978-7-03-049343-9

Ⅰ.①典… Ⅱ.①胡…②查…③胡… Ⅲ.①化工产品-化工生产-职业教育-教材 Ⅳ.①TQ07

中国版本图书馆 CIP 数据核字(2016)第 152181 号

责任编辑:闫 陶 杜 权/责任校对:肖 婷
责任印制:张 伟/封面设计:何家辉 苏 波

科 学 出 版 社 出版
北京东黄城根北街 16 号
邮政编码:100717
http://www.sciencep.com

北京凌奇印刷有限责任公司 印刷
科学出版社发行 各地新华书店经销

*

开本:787×1092 1/16
2016 年 7 月第 一 版 印张:15 1/2
2022 年 3 月第二次印刷 字数:395 000

定价:36.00 元
(如有印装质量问题,我社负责调换)

丛书编委会

主　　编：胡立新

副主编：唐　强　　胡传群　　李　祝　　范明霞　　周宝晗　　何家辉

编　　委：高林霞　　李冬梅　　陈　钢　　杜　娜　　查振华　　徐保明

　　　　　陈　梦　　毛仁群　　俞丹青　　赵春玲　　张运华　　刘　军

　　　　　罗智浩　　李　飞　　姜　凯　　张云婷　　胡　蓉　　李　佳

　　　　　王　勇　　万端极　　张会琴　　汪淑廉　　皮科武　　黄　磊

　　　　　柯文彪　　魏星星　　李　俊　　朱　林　　程德玺　　周浩东

　　　　　彭　璟　　刘　煜　　张　叶　　叶方仪　　葛　莹　　李毅洲

　　　　　付思宇　　殷利民　　万式青　　张　铭　　金小影　　闫会征

丛 书 序

　　"十二五"期间,中华人民共和国财政部安排专项资金,支持全国重点建设职教师资培养培训基地等有关机构申报职教师资本科专业培养标准、培养方案、核心课程和特色教材开发项目,开展职教师资培训项目建设,提升职教师资基地的培养培训能力,完善职教师资培养培训体系。湖北工业大学作为牵头单位,与山西大学、西北农林科技大学、湖北轻工职业技术学院、湖北宜化集团一起,获批承担化学工程与工艺专业职教师资培养资源开发项目。

　　这套丛书,称为职教师资本科化学工程与工艺专业核心课程系列教材,是该专业培养资源开发项目的核心成果之一。

　　职业技术师范专业,顾名思义,需要兼顾"职业"、"师范"和"专业"三者的内涵。简单地说,职教师资化学工程与工艺本科专业是培养中职或高职学校的化工及相关专业教师的,学生毕业时,需要获得教师职业资格和化工专业职业技能证书,成为一名准职业学校专业教师。

　　丛书现包括五本教材,分别是《典型化学品生产》《化工分离技术》《化工设计》《化工清洁生产》和《职教师资化工专业教学理论与实践》。作者中既有长期从事本专业教学实践及研究的教授、博士、高级讲师,也有近年来崭露头角的青年才俊。除高校教师外,有十余所中职、高职的教师参与了教材的编写工作。

　　这套教材的编写,力图突出职业教育特点,以技能教育作为主线,以"理实一体化"作为基本思路,以工作过程导向作为原则,将项目教学法、案例分析法等教学方法贯穿教学过程,并大量吸收了中职和高职学校成功的教学案例,改变了现有本科专业教材中重理论教学、轻技能培养的教学体系。这也是与前期研究成果相互印证的。

　　丛书的编写,得到兄弟高校和大量中职高职学校的无私支持,其中有许多作者克服困难,参与教学视频拍摄和编写会议讨论,并反复修改文稿,使人感动。这里尤其要感谢对口指导我们进行研究的专家组的倾情指导,可以说,如果没有他们的正确指导,我们很难交出这份合格答卷。

　　期待着本套系列教材的出版有助于国内应用技术型高校的教师和学生的培养,有助于职业教育的思想在更多的专业教育中得到接受和应用。我们希望在一个不太长的时期里,有更多的读者熟悉这套丛书,也期待大家对该套丛书的不足处给予批评和指正。

胡立新

2015 年 12 月于湖北武汉

前　　言

《现代职业教育体系建设规划(2014—2020 年)》提出到 2020 年,形成适应发展需求、产教深度融合、中职高职衔接、职业教育与普通教育相互沟通,体现终身教育理念,具有中国特色、世界水平的现代职业教育体系。

"培养高素质人才,教师是重中之重",职业教育的师资队伍是教育发展的基础条件,只有尽快培养一支业务熟练、技能精良的师资队伍,职业教育的跨越式发展才有可能实现。

围绕《国务院关于大力发展职业教育的决定》(国发[2005]35 号)关于实施"职业院校教师素质提高计划"精神,切实提高中等职业学校教师队伍的整体素质,优化教师队伍结构,完善教师队伍建设的有效机制,改善中等职业学校教学工作,显著提高化学工程与工艺专业中职教师的业务能力和学术水平,按照《教育部　财政部关于实施职业院校教师素质提高计划的意见》(教职成[2011]14 号)文件精神,经过申报、专家认定的方式,湖北工业大学化学化工学院承担了"化学工程与工艺职教师本科专业培养项目"开发,包括制定化学工程与工艺专业师资标准、人才培养计划,编写专业课程大纲与核心教材,研究适用于本专业的教育教学方法,建设本专业教学法、理论与实践教学一体化的数字教学资源库及人才培养质量评价标准等。

自 2013 年起,项目组按照计划安排陆续开展了师资培养及文献调研、专业教师标准起草、培养标准制定、核心教材编写、数字化资源库建设和质量评价体系制定的工作。作为师资培养的重要组成部分,培养质量评价方案是评判和检验师资培养成效、培养过程管理质量和培养资源条件的重要依据。项目组在调研国内外职教师资培养质量保障体系建设的基础上,收集和总结了国内外本科人才培养质量评价标准(含师范类、职业类),结合本项目成果《化学工程与工艺专业教师标准、培养标准(方案)》,在现代质量管理理论的指导下,分析了影响师资培养质量的相关因素,设计了以"过程方法"和"结果导向"相结合的评价方案,以满足化学工程与工艺(类)专业师资培养质量要求。

化学工程与工艺(类)专业开发着眼于培养面向中职教学一线,能驾驭和掌控化工生产流程与工艺操作运行,从事相关教学工作的高素质技能型专门人才,技能形成需要在现实的工作情境中反复锤炼和体会,也需要必备的与生产实际相结合的理论知识的支撑,因此,构建专业课程体系应是融合理论与实践,面向工作过程并体现工作过程完整而非学科完整的课程体系,其中,工作过程是集成化工生产行动领域中各种知识和技能要素的实物载体,并能转换为以能力培养为核心的学习领域课程,化工企业的全过程包含化学分析、技术、工艺、设备、控制方法、管理等诸方面,更多地依赖相互间合作。

对于工艺方面的知识和技能,本书选择了典型的产品和过程,这是上述诸方面的组合和综合运用,从无机领域到有机领域,从原料到产品,从简单到复杂,从行为领域解构工作过程,创设学习领域,设计教学环节,按照工作过程系统化思想呈现,绪论部分介绍化学工业的分类、现状和发展方向,后面内容按 7 个单元、21 个项目、56 个任务展开,包括教学目标和重点难点,将学科体系中对于理论部分的详细介绍适当简化,编有若干背景知识,配置单元练习习题,每个单元附有参考文献方便学生增加阅读量,课后深入学习理论实践知识,更侧重于职业操作技能的培训和教师实践教学能力的培养。

"双师型教师"是中职学校倡导的方向,也是中职学生尽快上岗从业、适应岗位需求的关键所在。所以,教材的开发不仅是简单地遵循课程标准,还应注重增加一些知识和技能以此促进学习者进一步的发展。在本教材中便是依照这一思路,增加了化工操作工考证训练内容,使学生在校受教育期间,在掌握了一定的基础理论以及专业知识之后,对相应的职业技能也能重点掌握并获取由劳动部门颁发的职业资格证书。

化工生产领域非常广泛,与其他行业相比,化学工艺专业性强,技术风险大。该行业对职工操作规范、专业技能、安全知识等要求很高,相关专业的企业实习不大可能允许学员实际操作,仅走访参观难以达到实习目的,本书适当增加单元操作和化工仿真方面的学习内容。

本书由湖北工业大学胡传群、安徽化工学校查振华和湖北工业大学胡立新主编。参加编写的还有闫会征、付思宇、张铭、张立东、殷利民、张智、杜娜、万式青和金小影,全书由胡传群统稿。

陕西科技大学刘正安教授、武汉工程大学潘志权教授、湖北省化学化工学会许开荣高工、武汉软件职业学院金学平教授和陕西石油化工学校杨雷库高级讲师对本书进行了审稿,并对教材的编写倾注了大量的心血,付出了艰辛的劳动,提出了十分宝贵和建设性的意见,在此特别表示感谢。

编　者
2015 年 12 月

目　　录

绪　　论

化工产品与人类的关系十分密切,已经触及生活的方方面面。在现代生活中,几乎随时随地都离不开化工产品,从衣、食、住、行等物质生活(图 0-1),到文化艺术、娱乐时尚(图 0-2)等精神生活都需要化工产品为之服务。

(a) 多彩的纺织品

(b) 琳琅满目的食品

(c) 用新型建材建房

(d) 新能源交通

图 0-1　化工产品在物质生活领域的应用

衣服不再仅限于保暖,我们穿衣更多的是用来美化我们的生活。化工产品对人类"衣"方面的影响主要是合成纤维与人造革带来的衣料革命。

合成纤维是将人工合成的、具有适宜分子质量并具有可溶(或可熔)性的线形聚合物,经纺丝成形和后处理而制得的化学纤维。通常将这类具有成纤性能的聚合物称为成纤聚合物。与天然纤维和人造纤维相比,合成纤维的原料是由人工合成方法制得的,生产不受

图 0-2 化工产品在时尚领域的应用

自然条件的限制。合成纤维除了具有化学纤维的一般优越性能,如强度高、质轻、易洗快干、弹性好、不怕霉蛀等外,不同品种的合成纤维还具有不同的独特性能。

天然皮革因受资源、动物保护和加工工艺的限制,使用成本高。人造革是最早发明用于皮质面料的代用品,它是用聚氯乙烯(PVC)加增塑剂和其他的助剂压延复合在布上制成,具有价格便宜、色彩丰富、花纹繁多等优点。聚氨酯(PU)人造革和复合人造革是较PVC 人造革的新一代产品,更接近皮质面料。PU 人造革适宜制作皮鞋、提包、夹克、沙发、皮料装潢等。

常言道:"民以食为天",食是人类生存的最基本需求。化肥、饲料提高了农产品及畜产品的生产效率。化学肥料及农业化学品的施用,增加了粮食产量,农民的食物生产能力至少增加了四成。我们日常生活中所用的保鲜膜以及各种各样的食品包装盒都是合成树脂加工成的,这些食品保鲜包装材料延长了食品的保质期,使我们的生活更加方便、丰富。尤其是食品添加剂的使用更彰显出"生活中无处不化学"的特质。

住房对现代人而言不再只是挡风遮雨了,人们对"住"的要求不但要美观耐用还要防火防噪。建筑业是仅次于包装业的最大塑胶用户,如塑胶地砖、地毯、塑料管、墙板、油漆等都是石化产品,环保的木塑、铝塑等复合材料已大量取代木材和金属。除房屋建材外,家具及家居用品大部分都是化工产品。燃气的使用让人们摆脱了烟熏火燎的烧煤、烧柴的日子。

行万里路在当今已不再是什么难事,汽车、火车、轮船和飞机等现代交通工具,给人类的出行带来便利和享受,正是石油化工为这些交通工具提供了动力燃料。同时,塑料、橡胶、涂料及黏合剂等已广泛用于交通工具,降低了制造成本,提高了使用性能。一部汽车的塑料件占其重量的 7%~20%。汽车的自重每减少 10%,燃油的消耗可降低 6%~8%。

正所谓"爱美之心人皆有之",人类对美化自身的化妆品自古以来就有不断的追求。曾几何时,胭脂水粉是化妆品的代名词,而今人们对于美化自己,修饰自身提出了更高的要求,根据 2007 年 8 月 27 日国家质检总局公布的《化妆品标识管理规定》,化妆品是指以涂抹、喷洒或者其他类似方法,散布于人体表面的任何部位,如皮肤、毛发、指趾甲、唇齿等,以达到清洁、保养、美容、修饰和改变外观,或者修正人体气味,保持良好状态为目的的化学工业品或精细化工产品。

　　总之,化工产品为人类提供了各种生产、生活用品,使我们得以享受丰衣足食、舒适方便的高水准生活。

　　同时,化工产品在人类发展历史中,还起着划时代的重要作用。它们的生产和应用甚至代表着人类文明的一定历史阶段,如尿素的人工合成、苯乙烯的诞生等(图 0-3),因而深入地学习、了解、掌握典型化学品的相关知识,就显得尤为重要。

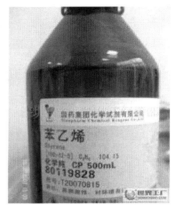

图 0-3　合成化学品

第一节　概　　述

　　化学工业是借助化学反应使原料组成或结构发生变化,从而制得化工产品的工业部门(图 0-4)。用作化工生产的原料称为化工原料。其中硫酸、盐酸、硝酸、烧碱和合成氨等无机物,以及乙烯、丙烯、丁烯(丁二烯)、苯、甲苯和二甲苯等有机物,称为基础化工原料。由基础化工原料制得的结构简单的小分子化工产品称之为一般化工原料。通过生化反应制得的化工产品称为生化制品。

图 0-4　化工生产

到目前为止,已发现和人工合成的无机和有机化合物品种在2 000万种以上,与人们日常生活密切相关的产品仅4 000种左右。

典型化学品的生产是研究由化工原料加工成化工产品的化学生产过程的一门重要的学科专业课程,集合了多门专业基础课的知识,与工业生产实际有密切的联系。

典型化学品的生产的研究内容包括:①基础概念部分,主要介绍化工产品与化学工艺、化学工业的定义及相互关系,以及化学工业的历史现状和发展方向;②专业资源部分,主要介绍硫酸工业、合成氨工业、磷酸盐工业、碱工业、石油炼制与石油加工及煤化工工业,以及相关产品的性质、组成和加工利用,并简要介绍其他新型化工产品信息,如绿色化学与清洁生产、循环经济与生态工业等。除此之外,还将氧化、氢化、脱氢、电解等通用反应单元以及裂解、氯化烷基化等有机化工反应单元做相应的介绍。在每一种化学品介绍过程中,按照"七步环节"一一阐述,即:产品的性质、用途;生产方法的评述;化学反应,热力学、动力学分析,催化剂及催化原理;工艺条件和选择;工艺流程和重要设备;节能、环保和安全问题;工艺技术的发展、改进、前景等。

第二节　化学工艺学与化学工业的关系

一、化学工艺学与化学工业

化学工艺学是研究由化工原料加工成化工产品的化学生产过程的一门科学。其主要内容包括:生产方法的评估,过程原理的阐述,工艺流程的组织,设备的选择和设计,以及生产过程中节能、环保和安全问题等。

化学工艺学可细致地划分为无机化工工艺学、有机化工工艺学、煤化工工艺学、高分子化工工艺学、酿造工艺学、水泥工艺学、精细化工工艺学和生物化工工艺学等。需要说明的是精细化工产品与无机化工、有机化工、高分子化工、生物化工产品之间没有鲜明的界限。

化学工业又称化学加工工业,泛指生产过程中化学方法占主要地位的过程工业。化学工业是属于知识和资金密集型的行业。随着科学技术的发展,它由最初只生产纯碱、硫酸等少数几种无机产品和主要从植物中提取茜素制成染料的有机产品,逐步发展为一个多行业、多品种的生产部门,出现了一大批综合利用资源和规模大型化的化工企业。包括基本化学工业和塑料、合成纤维、石油、橡胶、药剂、染料工业等。

在化学工业的发展史上,应重视按行业划分的方法,如合成纤维、塑料、合成橡胶、化肥、农药、煤化工(图0-5)、石油化工(图0-6)等。

图0-5　煤化工

图0-6　石油化工

目前,最新化学工业具体分类一览表如表 0-1 所示。

表 0-1　化学工业具体分类一览表

序号	类型	类别
1	基础化学原料制造	(1) 无机酸制造 (2) 无机碱制造:烧碱、纯碱的制造 (3) 无机盐制造 (4) 有机化学原料制造 (5) 其他基础化学原料制造
2	肥料制造	(1) 氮肥制造:矿物氮肥及用化学方法制成含有作物营养元素氮的化肥 (2) 磷肥制造:以磷矿石为主要原料,用化学或物理方法制成含有作物营养元素磷的化肥 (3) 钾肥制造:用天然钾盐矿经富集精制加工制成含有作物营养元素钾的化肥 (4) 复混肥料制造:经过化学或物理方法加工制成的,含有两种以上作物所需主要营养元素(氮、磷、钾)的化肥的生产活动;包括通用型复混肥料和专用型复混肥料 (5) 有机肥料及微生物肥料制造:来源于动植物,经发酵或腐熟等化学处理后,适用于土壤并提供植物养分供给的,其主要成分为含氮物质的肥料制造 (6) 其他肥料制造:上述未列明的微量元素肥料及其他肥料的生产
3	农药制造	(1) 化学农药制造:化学农药原药,以及经过机械粉碎、混合或稀释制成粉状、乳状和水状的化学农药制剂的生产 (2) 生物化学农药及微生物农药制造:由细菌、真菌、病毒和原生动物或基因修饰的微生物等自然产生,以及由植物提取的防治病、虫、草、鼠和其他有害生物的农药制剂生产
4	涂料、油墨、颜料及类似产品制造	(1) 涂料制造:在天然树脂或合成树脂中加入颜料、溶剂和辅助材料,经加工后制成的覆盖材料的生产 (2) 油墨及类似产品制造:由颜料、连接料(植物油、矿物油、树脂、溶剂)和填充料经过混合、研磨调制而成,用于印刷的有色胶浆状物质,以及用于计算机打印、复印机用墨等的生产 (3) 颜料制造:用于陶瓷、搪瓷、玻璃等工业的无机颜料及类似材料的生产活动,以及油画、水粉画、广告等艺术用颜料的制造 (4) 染料制造:有机合成、植物性或动物性色料,以及有机颜料的生产 (5) 密封用填料及类似品制造:用于建筑涂料、密封和漆工用的填充料,以及其他类似化学材料的制造
5	合成材料制造	(1) 初级形态塑料及合成树脂制造:也称初级塑料或原状塑料的生产活动,包括通用塑料、工程塑料、功能高分子塑料的制造 (2) 合成橡胶制造:人造橡胶或合成橡胶及高分子弹性体的生产 (3) 合成纤维单(聚合)体制造:以石油、天然气、煤等为主要原料,用有机合成的方法制成合成纤维单体或聚合体的生产 (4) 其他合成材料制造:陶瓷纤维等特种纤维及其增强的复合材料的生产活动;其他专用合成材料的制造
6	炸药、火工及焰火产品制造	(1) 炸药及火工产品制造:各种军用和生产用炸药、雷管及类似的火工产品的制造 (2) 焰火、鞭炮产品制造:指节日、庆典用焰火及民用烟花、鞭炮等产品的制造

续表

序号	类型	类别
7	专用化学产品制造	(1) 化学试剂和助剂制造:各种化学试剂、催化剂及专用助剂的生产 (2) 专项化学用品制造:水处理化学品、造纸化学品、皮革化学品、油脂化学品、油田化学品、生物工程化学品、日化产品专用化学品等产品的生产 (3) 林产化学产品制造:以林产品为原料,经过化学和物理加工方法生产产品 (4) 信息化学品制造:电影、照相、医用、幻灯及投影用感光材料、冲洗套药,磁、光记录材料,光纤维通信用辅助材料,及其专用化学制剂的制造 (5) 环境污染处理专用药剂材料制造:对水污染、空气污染、固体废物等污染物处理专用的化学药剂及材料的制造 (6) 动物胶制造:以动物骨、皮为原料,经一系列工艺处理制成有一定透明度、黏度、纯度的胶产品的生产 (7) 其他各种用途的专用化学用品的制造
8	日用化学产品制造	(1) 肥皂及合成洗涤剂制造:以喷洒、涂抹、浸泡等方式施用于肌肤、器皿、织物、硬表面,即冲即洗,起到清洁、去污、渗透、乳化、分散、护理、消毒除菌等功能,广泛用于家居、个人清洁卫生、织物清洁护理、工业清洗、公共设施及环境卫生清洗等领域的产品(固、液、粉、膏、片状等),以及中间体表面活性剂产品的制造 (2) 化妆品制造:以涂抹、喷洒或者其他类似方法,撒布于人体表面任何部位(皮肤、毛发、指甲、口唇等),以达到清洁、消除不良气味、护肤、美容和修饰目的的日用化学工业产品的制造 (3) 香料、香精制造:具有香气和香味,用于调配香精的物质——香料的生产,以及以多种天然香料和合成香料为主要原料,并与其他辅料一起按合理的配方和工艺调配制得的具有一定香型的复杂混合物,主要用于各类加香产品中的香精的生产 (4) 其他日用化学产品制造:室内散香或除臭制品,光洁用品,擦洗膏及类似制品,动物用化妆盥洗品,火柴,蜡烛及类似制品等日用化学产品的生产

二、化学工业与化学工艺学的关系

12世纪以前,化工生产以作坊的形式进行。化学工艺学还处于感性认识阶段。从12世纪到18世纪,由于人类工业生产逐步实现机械化,化学工业处于萌芽状态;伴随着化学理论的不断发展,化学工艺学由感性认识转向理性认识。

从18世纪开始,一直到20世纪50年代,化工生产形成工业规模,化学工艺学由萌芽状态转为成长阶段。热力学和动力学理论及其他各种化学理论的提出为建立化学反应单元工艺奠定了基础,反应单元工艺由实验室进入中试和生产车间,用以指导和推动化工生产的不断发展。

从20世纪50年代至今,化学工业开始了以石油和天然气为原料的大规模生产有机化学品的新时期。计算机技术的飞速发展,无形中缩短了实验研究时间,而且进一步提高了研发质量。

与此同时,催化剂研制也进入"催化剂分子设计"的新时代。

进入 21 世纪,化工原料已转向天然气和煤炭。化学工艺学将面临化工产品的精细化和个性化、原料路线转变、发展绿色化工工艺等问题的挑战。

化学工业的发展推动了化学工艺学的发展,而化学工艺学的发展又进一步推动了化学工业的发展。这种相互促进、相互依存的关系为化学工艺学的发展注入了强大的生命力。今后由于化学工业的发展、科学技术的进步,化学工业与化学工艺学的这种共存共荣的关系将大大加强。

第三节　化学工业的现状和发展方向

一、世界化学工业的现状

化学工业是一个多品种、多行业、服务面广、配套性强的工业。发达国家的化工生产总值占 GDP 的 5%～7%,位列其他工业部门的前五位。化学工业发展速率长期以来超前于工业平均增长速率,但全球化学工业的发展水平是不均衡的。世界各国为提高经营效益,增强市场竞争力,进行了一系列结构大调整的新举措,如资产重组、技术不断创新、高性能产品不断涌现等。

二、中国化学工业的现状

目前我国化学工业发展速率位居世界前列,已建立比较完整的化学工业体系。

(1) 从 1953 年到 1990 年,我国化学工业的发展速率平均增长率为 14.1%。

(2) 20 世纪 80 年代前,我国化学工业发展重点是基础无机化工原料、化肥和农药。

(3) 20 世纪 80 年代后,我国化学工业的发展重点转向有机化工原料及合成材料。

(4) 进入 21 世纪后,近五年我国化学工业发展速率始终保持平均增长率在 13%。

(5) 2014 年我国乙烯产量已超过 1700 万吨(2005 年为 755 万吨,全球为 1500 万吨),稳居全球第二位(图 0-7),其中石油化工已成为国民经济四大支柱产业之一。

我国现阶段的支柱产业是机械电子、石油化工、汽车制造和建筑业。最新资料显示,节能环保产业和新一代信息技术、生物和高端装备制造业作为未来五年国民经济四大支柱产业。

值得一提的是,目前我国硫酸、合成氨、化肥等产量居世界第一位,农药、烧碱、轮胎居世界第二位,涂料生产居世界第三位。

尽管我们已在多个领域占尽先机,但我们仍需要看到存在的问题。我国化学工业与发达国家之间还存在着不小的差距。首先,生产规模还比较小;其次,大型装置或大型工业生产设备自给率低;再次,产品品种少,差别化和功能化率低;最后,目前亟待解决的问题——能耗较高的同时还伴随着较为严重的环境污染。

三、化学工业的发展方向

伴随着时代前进的脚步,我们要放眼未来,合理地、有计划地、有步骤地持续发展化学工业。由于环保问题越来越受到全世界的普遍关注,我们将努力实现绿色化工生产。面

图 0-7　乙烯裂解炉

对人口的不断增长,在努力解决粮食问题的同时,重点解决农药向高效、无毒方向发展;化肥要向复合肥、缓释肥和生物肥料方向发展。

针对能源日趋紧张,我们在化工生产中尝试改变能源结构,大力发展核电、太阳能发电,充分利用风能和潮汐能发电,以减少环境污染。同时,大力发展化工新材料。将纳米材料、超导材料广泛地应用到各个领域。尤其是前景蔚为可观的生物化工,将成为业内的新宠,迅猛发展起来。在此过程中,应努力实施循环经济,把传统的依赖资源消耗的线性增长经济,转变为依靠生态型资源循环来发展的经济形式,继而实现经济可持续发展。同时,进一步发展知识经济,从而推动化学工业和化工产品向高端发展。

[课后习题]

1. 典型化学品的生产的研究内容有哪些?学习经典化学品的生产有何重大意义?
2. 化学工艺学是如何定义的?简述其与化学工业的关系。
3. 化学工艺学可分为哪些类型?
4. 简述我国化学工业的现状和发展方向。

[小知识]　合成纤维和人造纤维有什么区别?

涤纶(聚酯纤维)、锦纶(聚酰胺纤维)、丙纶(聚丙烯纤维)、腈纶(聚丙烯腈纤维)、氯纶、氨纶等,这些都是石油化工为原料制造的,都是合成纤维。黏胶人造丝、醋酯人造丝、铜氨丝、天丝、莫代尔,这些都是以天然纤维素纤维(树皮、纸浆、废棉纱)为原料熔融纺丝、纺纱制造的,都是人造纤维。从本质上来说,人造纤维与棉纱在化学成分上没有太大区别。合成纤维和人造纤维,统称化学纤维,简称化纤。但是目前化纤一词逐渐向合成纤维靠拢,民众通常所说的"化纤",绝大多数情况都是指合成纤维。

[阅读材料]

合成纤维

合成纤维起源于 20 世纪初期,生产工序为合成聚合物制备、纺丝成形、后处理。

合成纤维(synthetics)是化学纤维的一种,是用合成高分子化合物做原料而制合成纤维得的化学纤维的统称。它以小分子的有机化合物为原料,经加聚反应或缩聚反应合成的线形有机高分子化合物,如聚丙烯腈、聚酯、聚酰胺等。从纤维的分类可以看出它属于化学纤维的一个类别。

主要品种及分类:

(1) 碳链合成纤维,如聚丙烯纤维(丙纶)、聚丙烯腈纤维(腈纶)、聚乙烯醇缩甲醛纤维、合成纤维吊环维(维尼纶)。

(2) 杂链合成纤维,如聚酰胺纤维(锦纶)、聚对苯二甲酸乙二醇酯(涤纶)等。

功用分类:①耐高温纤维,如聚苯咪唑纤维;②耐高温腐蚀纤维,如聚四氟乙烯;③高强度纤维,如聚对苯二甲酰对苯二胺;④耐辐射纤维,如聚酰亚胺纤维;⑤另外还有阻燃纤维、高分子光导纤维等。

超细纤维　纤维细度(dpf)达 0.5、0.35、0.25、0.27 的涤纶,规格有 50/144、50/216、50/288 超细涤纶。还有杜邦公司生产的超细尼龙 Tactel 纤维,直径小于 10 μm。做成服装具有极佳柔软手感、透气防水防风效果。

复合纤维　主要由 PET/COPET 或 PET/PA 组成,海岛型纤维:细度可达 0.04～0.06 dpf 合成纤维成品,还有易收缩海岛型复合纤维,可做仿麂皮绒外衣、家纺和工业用布。复合分割型纤维细度为 0.15～0.23 dpf,有 DTY 丝 80/36×12,也可做仿麂皮、桃皮绒纺织品。

吸湿排汗纤维　纺织品要达到吸湿排汗功能可采用以下几种方法:①纤维截面异形化,Y 字形、十字形、W 形和骨头形等,增加表面积,纤维表面有更多的凹槽,可提高传递水气效果;②中空或多孔纤维,利用毛细管作用和增加表面积原理将汗液迅速扩散出去;③纤维表面化学改性,增加纤维表面亲水性基团(接枝或交联方法),达到迅速吸湿的目的;④亲水剂整理,直接用亲水性助剂在印染后处理过程中赋予织物或纤维纱线亲水性;⑤采用多层织物结构,利用亲水性纤维作内层织物,将人体产生的汗液快速吸收,再经外层织物空隙传导散发至外部,达到舒适凉爽性能。

易染性涤纶纤维

(1) 在分子结构中引入可染性基团(第三单体),如分子中引入阴离子可染基团的阳离子染料可染涤纶 CDP 或 HCDP 和分子中引入阳离子基团的酸性染料可染型涤纶。

(2) 改变分子规整性的聚对苯二甲酸-1,3-丙二醇酯(PTT)纤维和聚对苯二甲酸丁二醇酯(PBT)纤维。PTT 纤维具有弹性优良、模量较低、手感柔软、易染色等特点,是一种发展前景很大的聚酯纤维。

聚乳酸纤维　生产原料乳酸是从玉米淀粉制得,故也称玉米纤维聚乳酸,纤维(PLA)是在美国著名的谷物公司 Cargill 公司研制成功的玉米聚乳酸树脂的基础上,在1997 年该公司和美国 Dow Polymers 公司合股成立了 Cargill Dow Polymers 公司,全力发展了聚乳酸原料,到 2002 年聚乳酸年产已达 14 万 t,生产的 PLA 商品名为 Ingeo。日本钟纺、尤尼契卡和可乐丽公司生产的 PLA 纤维商品分别为 Lactron、Terramac 和 Plastarch,美国杜邦公司和孟山都等公司也开始开发 PLA 纤维。目前,商业化生产的 PLA 纤维是以玉米淀粉发酵制成乳酸,经脱水聚合反应制得聚乳酸酯溶液进行纺丝加工而成。PLA 纤维之所以受到众多纤维公司和消费者关注,并显示强大的生命力,主要是由于 PLA 有许多突出的优点:

(1) 原料来自天然植物,容易生物降解,降解产物是乳酸、二氧化碳和水,是新一代环保型可降解聚酯纤维。

(2) 有较好的亲水性、毛细管效应和水的扩散性。

(3) 模量和弯曲刚度是涤纶的一半,故手感柔软。

(4) 有良好的回弹性、抗皱性和保形性。

(5) 限氧指数较高(LOI 24～29),点燃后自熄性好、燃烧发烟量低,有较好的阻燃性。

(6) 有防紫外线能力,紫外线吸收率低。

(7) 折射率低、染色制品显色性好。

(8) 易染性,染色温度低于涤纶。

PLA 纤维也存在一些缺点:①耐磨性差;②熔点低(约 175 ℃)。

其他功能性涤纶　如抗紫外线(anti-UV)、中空蓄热纤维、抗菌防臭纤维(anti-bacterial)合成纤维、阻燃纤维、远红外纤维、负离子纤维等,这里不再一一介绍了。各种新纤维的开发成功拓展了纺织新原料,开发纺织新品种给纺织印染企业带来了许多挑战和机遇。

100 多年前,纺织用的材料全部来自天然物质。种植棉、麻,养蚕,牧羊,要占用大量土地,消耗许多人力物力。化学纤维出现以后,纺织工业的原料完全依赖农牧业的情况才开始发生变化。合成纤维作为重要的纺织纤维,其地位已经超过天然纤维,广泛应用于各个行业。

同时,合成纤维面临着原油价格的过度波动、原料国产能力严重不足、相对薄弱的研发能力、行业政策变化带来的风险、对外开放的冲击等问题。因此,中国必须加强合成纤维产业规划、加大产业链的优化整合力度、实行差别化发展、提升产品的竞争力、建立和完善反倾销预警机制,促进合成纤维持续健康发展。

单元一　硫酸工业产品生产

教学目标

1. 了解硫酸的性质、用途及生产原料。
2. 掌握硫铁矿焙烧流程与二氧化硫净化工艺流程。
3. 掌握二氧化硫催化氧化的原理、工艺条件和流程。
4. 掌握硫磺制酸工艺原理。

重点难点

1. 了解硫铁矿焙烧流程与二氧化硫净化工艺流程。
2. 了解三氧化硫吸收及尾气处理工艺。

项目一　原料预处理

硫酸的化学式是 H_2SO_4，相对分子质量为 98.08，硫酸在国民经济中占据重要的地位，广泛应用于国民经济的各个部门。在工业上，生产硫酸是以各种含硫物质作原料，主要以硫铁矿、硫磺为主。硫酸的性质影响着其应用，不同的生产工艺由于原料、工艺条件的不同，也会产生有不同的效果。

任务一　硫酸的生产原料

[知识目标]

1. 熟悉硫酸各生产原料的性质。
2. 熟悉硫酸各生产原料的分布来源。

[技能目标]

1. 能对硫酸的各生产原料进行初步的评价和比较。
2. 能对硫酸的生产原料进行合理的选择。

工业上生产硫酸是以各种含硫物质作原料，常见的有下列几种。

（1）硫铁矿。硫铁矿是硫元素在地壳中存在的主要形态之一，是硫化铁矿的总称，是世界上许多国家制硫酸的主要原料。我国硫铁矿资源丰富。

（2）硫磺。硫磺是制造硫酸使用最早而又最好的原料。用硫磺制造硫酸与用硫铁矿制酸相比，炉气中 SO_2 和 O_2 的含量都可相应提高，有利于提高主要设备的生产能力，且因硫磺含杂质少，炉气不必再经过复杂的精制，故可简化工艺过程，节省投资。同时不产生烧渣，减少后期处理。

（3）硫酸盐。自然界中硫酸盐种类很多。其中，石膏的蕴藏量最大。将硫酸盐先还原制得 SO_2 即可进行生产。为了降低成本及综合利用资源，工业上常把石膏制硫酸与生产水泥联合作业，烧渣即为水泥熟料。我国天然石膏资源和其他硫酸盐资源丰富，分布很广，为发展硫酸、水泥工业提供了有利的条件。

（4）冶炼烟气。冶炼有色金属过程中，含有大量 SO_2 的烟气，作为制造硫酸原料，不但回收了资源，而且消除了公害。但由于冶炼过程中产生的烟气特点不同，制酸的工艺流程差别较大。

（5）硫化氢气。在炼焦的过程中，煤中的硫化物转变成硫化氢而存在于焦炉气中。此外，发生炉煤气、水煤气和天然气中也含有硫化氢，均可回收作为生产硫酸的原料。

任务二　硫酸的生产过程

[知识目标]

1. 熟悉硫酸的生产流程。

2. 了解硫酸生产流程图中各设备的使用和原料的处理。

[技能目标]

1. 能够对硫酸的生产流程图进行初步分析。

2. 能够对硫酸的生产流程中的设备和原料进行选择和利用。

工业上硫酸的生产是先制取二氧化硫气体，二氧化硫继续被氧化成三氧化硫，然后与水结合生成硫酸。二氧化硫和氧很难直接反应，必须借助第三种物质来完成。根据采用的第三种物质的不同，工业上硫酸的生产方法有两种，即硝化法（或亚硝基法）和接触法。接触法具有较多优点，因此国内外硫酸生产绝大多数采用接触法。

接触法制取硫酸的过程随原料的不同而有所差异。即使同一种原料也有多种不同的生产流程，但以下三个程序是不可缺少的：

（1）由含硫原料制取二氧化硫气体，实现这一过程需将含硫原料焙烧，故工业上称为焙烧工序。

（2）将含二氧化硫和氧的气体催化转化为三氧化硫，工业上称为转化工序。

（3）将三氧化硫与水结合成硫酸，实现这一过程需将转化所得的三氧化硫气体用硫酸吸收，工业上称为吸收工序。

除此之外，工业上要完成硫酸的生产还要有原料的预处理工序、炉气的净化工序、成品储存计量工序及工业"三废"处理等工序。

实现上述这些工序所采用的设备和流程随原料种类、原料特点、建厂具体条件的不同而变化,主要区别在于辅助工序的多少及辅助工序的工作原理。

硫化氢制酸是一个典型的无辅助工序的过程,硫化氢燃烧后得到无催化剂毒物的二氧化硫气体,可直接进入后续转化和吸收工序。

硫磺制酸,如使用高纯度硫磺作原料,整个制酸过程只设空气干燥一个辅助工序。

冶炼烟气制酸和石膏制酸,焙烧在有色冶金和水泥制作过程中,所得的二氧化硫气体含有矿尘、杂质等,因而需在转化前设置气体净化工序。

硫铁矿制酸是辅助工序最多且最有代表性的化工过程。前述的原料加工、焙烧、净化、吸收、"三废"处理、成品酸储存和计量工序在该过程中均有,其生产流程如图 1-1 所示。

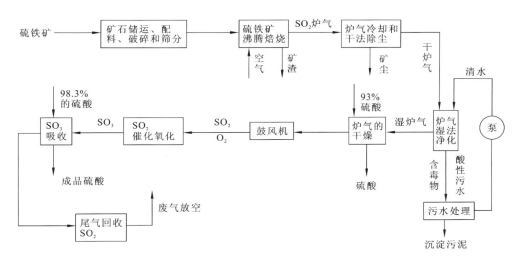

图 1-1 硫铁矿为原料生产硫酸的流程图

[复习与思考]

硫酸的浓度如何表示?

项目二 接触法生产硫酸

接触法生产硫酸包括焙烧、转化、吸收等基本工序以及原料储存和加工、净化、成品酸储存和计量、"三废"处理装置等辅助工序。以硫铁矿为原料,接触法生产硫酸的特点在于硫铁矿制酸是辅助工序最多且最有代表性的化工过程。

任务一 二氧化硫炉气的制备

[知识目标]

1. 掌握硫铁矿焙烧的基本原理。

2. 熟悉硫铁矿沸腾焙烧的基本流程和工艺条件。

[技能目标]

1. 能够利用硫铁矿焙烧的基本原理对反应过程进行分析。

2. 能够根据硫铁矿沸腾焙烧的工艺条件进行选择。

硫铁矿的主要成分为二硫化铁(FeS_2)。天然硫铁矿含有各种杂质。为满足生产要求,稳定操作,提高硫的烧出率和炉气质量,在焙烧之前,必须将不同来源、不同杂质含量的原料先进行搭配混合,以便充分利用天然资源,然后经过粉碎、干燥等预处理,以达到合格的工艺指标。

沸腾炉焙烧所用硫铁矿的规定指标如下:S>20%、As<0.5%、C<1.0%、Pb<0.1%、F<0.05%、H_2O<6%。

一、硫铁矿的焙烧

1. 硫铁矿的焙烧反应

硫铁矿焙烧反应很复杂,主要是矿石中的FeS_2与空气中的氧发生化学反应生成SO_2炉气。

$$4FeS_2 + 11O_2 \Longrightarrow 8SO_2 + 2Fe_2O_3 \qquad \Delta H_{298} = -3\,310.08 \text{ kJ}$$

除上述反应外,当温度较高和空气过剩量小时,则部分生成棕黑色的固态Fe_3O_4,其反应为

$$3FeS_2 + 8O_2 \Longrightarrow 6SO_2 + Fe_3O_4 \qquad \Delta H_{298} = -2\,366.28 \text{ kJ}$$

在上述反应中,硫与氧反应生成的SO_2及过量的氧气、氮气和水蒸气等气体统称炉气;铁与氧生成的氧化物及其他固态物质统称烧渣。

同时,在焙烧反应过程中,还产生许多其他的副反应。例如,生成SO_3和硫酸盐、高温下矿石与烧渣进行反应,特别是矿石中含有的 Pb、As、Se、F 等,在焙烧过程中会生成PbO、As_2O_3、SeO_2、HF 等气态物质,随炉气一并进入制酸系统,影响生产。因此,炉气净化的主要任务就是清除这些有害杂质。

2. 焙烧反应的速率

硫铁矿的焙烧属于气固相不可逆反应,其焙烧速率不仅与化学反应速率有关,还与传热和传质过程的速率有关。

由实验测得,影响硫铁矿焙烧速率的因素有温度、矿料粒度及氧的浓度等。其中温度对硫铁矿的焙烧速率起决定性作用,所以硫铁矿的焙烧是在较高温度下进行的。但不能过高,否则会造成焙烧物料的熔结。在沸腾焙烧炉中,一般控制温度在 900 ℃。

二、硫铁矿的沸腾焙烧过程

1. 沸腾焙烧

硫铁矿的焙烧是气-固非均相反应过程,反应是在气固两相的接触表面上进行,整个反应过程由一系列反应步骤组成:FeS_2的分解;氧向硫铁矿表面扩散;氧与FeS_2反应;生成的SO_2由矿粒表面向气流主体扩散。另外,还存在着硫磺蒸气向外扩散及氧与硫的反

应等。

　　硫铁矿的沸腾焙烧是在焙烧炉中进行的。随着固体流态化技术的发展,焙烧炉已由固定床型的块矿炉、机械炉发展成为流体床型的沸腾炉,硫铁矿的沸腾焙烧就是应用固体流态化技术来完成焙烧反应。焙烧过程中床层呈现固定床、流化床及流体输送三种状态。沸腾炉焙烧必须保持床层正常沸腾。

　　固体流态化技术是指固体颗粒在流体(气体或液体)流动的带动下,具有类似流体性质的操作技术。流态化技术在工业生产中的应用一般在容器(或管道)中进行,如图 1-2 所示。在容器底部安装多孔分布板,分布板上盛有一定数量的固体颗粒。当气体经过多孔板小孔通过固体颗粒层时,随着气体流速的变化将会出现下列几种情况:气体流速较低,只从固体颗粒间的缝隙通过,固体颗粒静止不动,此时称为固定床,如图 1-2(a)所示。许多气固相催化反应均属此类,如二氧化硫催化氧化器、氨合成塔等。

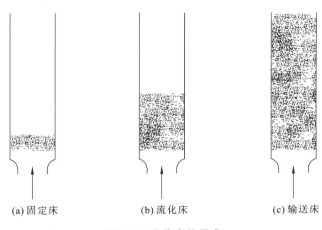

(a) 固定床　　　　　(b) 流化床　　　　　(c) 输送床

图 1-2　流化床的形成

　　气体流速逐渐增大到一定程度时,固体颗粒层开始膨胀松动,向上流动的气体带动每个固体颗粒都浮动起来,这是流化床开始形成的界线,称为临界流态化,此时的气体流速称为临界流态化速率。气体流速继续增加时,固体颗粒的浮动加剧,达到上下翻腾如同液体沸腾一般,固体颗粒已流态化,此时流化床又称沸腾床,如图 1-2(b)所示。沸腾炉的名称由此而来。气体流速再增大时,固体颗粒被气体流动带出容器,此时称为输送床,如图 1-2(c)所示,此时的气体流速称为最终流化速率。

　　生产中,在决定沸腾焙烧的操作速率时,既要保证最大颗粒能够流态化,又要能使最小颗粒不致被气流带走,这只有在高于大颗粒的临界速率、低于最小颗粒的吹出速率时才有可能。即首先要保证大颗粒能够流态化,在确定的操作气速超过最小颗粒的吹出速率时,被带出沸腾层的最小颗粒还应在炉内空间保持一定的停留时间以达到规定的烧出率。

2. 沸腾炉

　　沸腾炉的炉体由钢壳内衬保温砖和耐火砖构成,如图 1-3 所示,由下向上炉体可分为空气室、沸腾层、上部燃烧空间三部分。

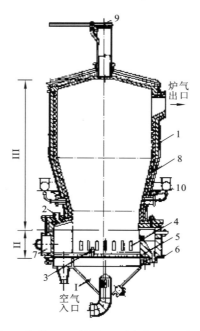

1—炉壳;2—加料口;3—风帽;4—冷却器;5—空气分布板;
6—卸渣口;7—人门;8—耐热材料;9—放空阀;10—二次空气进口;
I—空气室;II—沸腾层;III—上部燃烧空间

图1-3 沸腾焙烧炉

沸腾层是矿料焙烧的主要空间,炉内温度以此处为最高。为防止高温将矿料熔结,设有冷却装置,控制温度及回收热量。沸腾层的高度一般以矿渣溢流口高度为准。

在沸腾层上部有一段燃烧空间,在此加入二次空气,其目的主要是使细小的沸腾颗粒在炉内得到充分燃烧,同时降低气体流速,减少矿尘的吹出量,降低除尘的负荷。

空气室也称风室,是鼓入空气的一个空间,做成锥形的目的是使空气能够均匀地送到空气分布板的每个孔眼中,上升进入沸腾层。空气分布板的作用是帮助空气进入沸腾炉时分布均匀并有足够的流体阻力。它是由带有许多圆孔的钢制花板及插在圆孔中的风帽所组成。风帽的作用是保证整个炉截面上没有任何"死角"。同时也防止矿料从花板漏入风室。

随着科学技术的发展,近年来出现了新型的沸腾焙烧炉。其特点是使气体通过旋风分离器将夹带的烧渣收集下来再返回炉内,使炉内矿料颗粒的线速度可以高出颗粒的平均吹出速度几倍,因此焙烧强度不受颗粒小的限制而得到大大提高。即使在过剩氧不多的情况下,硫的燃烧程度也比相同温度下普遍采用的沸腾炉更加充分。过程的强化,可以实现硫铁矿的低温焙烧,因此可以简化废热回收装置。这种新型炉有双层沸腾焙烧炉和高气速沸腾焙烧炉两种。

三、沸腾焙烧工艺流程的确定及工艺条件的选择

1. 硫铁矿沸腾焙烧工艺流程

图 1-4 为硫铁矿沸腾焙烧工艺流程,由图 1-4 可看出,矿料由皮带运输机送到加料储斗,经圆盘加料器连续加料。矿料从加料口均匀地加入沸腾炉,鼓风机将空气鼓入沸腾炉下部的空气室,炉内进行焙烧反应。焙烧生成的炉气出沸腾炉后先到废热锅炉,炉气在废热锅炉内降温(利用炉气的热量产生蒸汽),同时除去一部分矿尘。炉气出废热锅炉再进入旋风除尘器,在此除去大部分矿尘进入电除尘器,经过废热锅炉、旋风除尘器、电除尘器多次除尘,使炉气(标准状态)中矿尘含量降到 $0.2\sim0.5$ g/m^3,最后送净化工序进行净化。沸腾炉的烧渣和上述除去的矿尘均由埋刮板机送到渣尘储斗,再由运渣车运出。

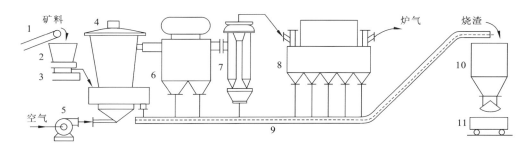

1—皮带运输机;2—加料储斗;3—圆盘加料器;4—沸腾焙烧炉;5—鼓风机;6—废热锅炉;

7—旋风除尘器;8—电除尘器;9—埋刮扳机;10—渣尘储斗;11—运渣车

图 1-4　沸腾焙烧工艺流程

2. 沸腾焙烧工艺条件的选择

(1) 沸腾层温度。沸腾层温度一般控制在 850～950 ℃,影响温度的主要因素是投矿量、矿料的含硫量以及空气加入量。为使沸腾层温度保持稳定,应使投矿量、矿料的含硫量以及空气加入量尽量固定不变。矿料的含硫量一般变化不大。通过调节空气加入量来改变温度,会影响炉气中 SO_2 的浓度,也会造成沸腾层气体速率的变化,进而影响炉底压力。因此,常用调节投矿量来控制沸腾层温度。

(2) 炉气中 SO_2 的浓度。空气加入量一定时,提高炉气中 SO_2 的浓度可以降低 SO_3 的浓度。SO_3 浓度的降低对净化工序的正常操作和提高设备能力是有利的。而 SO_2 浓度增大,空气过剩量就减少,造成烧渣中残硫量增加,这是不利的。因此,炉气中 SO_2 浓度一般控制在 10%～14% 为宜。

实际生产中观察烧渣的颜色有助于判断空气过剩量的大小。当空气过剩量大时,烧渣呈红棕色;反之,因有四氧化三铁生成,烧渣呈棕黑色。控制空气过剩量可使炉气中 SO_2 浓度保持在一定范围内。

(3) 炉底压力。炉底压力(表压)一般在 8.8～11.8 kPa。炉底压力应尽量维持稳定,压力波动会直接影响空气加入量,随后沸腾层温度也会波动,一般用连续均匀排渣来控制炉底压力稳定。

任务二　炉气的净化与干燥

[知识目标]

1. 熟悉炉气净化和干燥过程的原理和工艺流程。

2. 熟悉炉气中如矿尘、酸雾等有害物质的清除方法。

[技能目标]

1. 能够针对炉气中不同的有害物质进行清除方法的选择。

2. 能够根据原理和方法对净化和干燥过程的设备进行合理的选型。

硫铁矿经过沸腾焙烧炉得到的炉气中,除含有转化工序所需的二氧化硫和氧气及惰性气体氮气外,还含有由原料矿带入的三氧化二砷、二氧化硒、氟化物及水分、矿尘,少量三氧化硫等。它们均为有害物质,在进入转化工序之前必须除去,净化的目的就是为转化工序提供合格的原料气体。净化指标如下:

砷	$< 0.001 \text{ g/m}^3$	水分	$<0.1 \text{ g/m}^3$
氟	$< 0.001 \text{ g/m}^3$	酸雾	$<0.03 \text{ g/m}^3$
尘	$< 0.005 \text{ g/m}^3$		

一、炉气中有害物质的净化

1. 炉气中矿尘的清除

炉气中的矿尘不仅会堵塞设备和管道、增加系统阻力,而且沉积覆盖在催化剂外表会影响其催化活性,经常会造成停产、大修的状态。

目前在硫酸生产过程中,炉气的除尘多采用机械除尘和电除尘两种。对于尘粒较大(10 μm 以上)可采用自由沉降室或旋风除尘器等机械除尘设备;尘粒较小时,(0.1～10 μm)可采用电除尘器;更小颗粒(0.05 μm 以下)可采用液相洗涤法。

(1)旋风除尘器。旋风除尘器有多种形式,将利用离心力的作用除尘的设备统称旋风除尘器。多用于炉气的初级除尘(尘粒＞10 μm)。生产中控制气体的气速在 16～24 m/s 时,让气体沿切线方向进入旋风除尘器,并绕中央导管的中心线做旋转运动,尘粒在器内做辐射状运动到达器壁,在重力作用下沿器壁下落;而炉气则经中央导气管由顶部溢出。图 1-5 为几种常用的旋风除尘器。

旋风除尘器是一种结构简单、操作可靠、造价低廉、管理方便的初级除尘设备,除尘效率达 90% 左右。由于硫酸工业生产中的旋风除尘器是在负压下操作的,因此应注意气密性,防止漏入空气后效率降低。

(2)电除尘器。硫酸生产中广泛采用电除尘器来清除炉气中的细粒粉尘。电除尘器的结构如图 1-6 所示,主要由两部分构成。一部分是除尘室,主要由阳极板、电晕线、振打机构、外壳和排灰系统组成;另一部分是高压供电设备,用它将 220 V 或 380 V 的交流电转变为 50～90 kV 的直流电,送到除尘室的电极上。

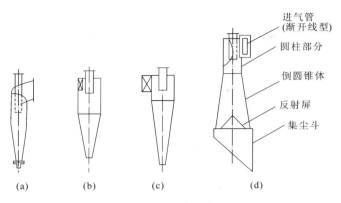

图 1-5 常用的旋风除尘器

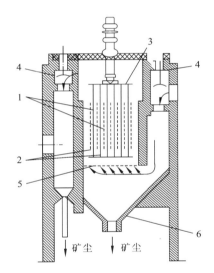

1—沉淀极;2—电晕极;3—悬挂电晕极的架子;
4—气体进出口的闸门;5—气体分布板;6—矿尘储斗
图 1-6 电除尘器

它的除尘原理是使带尘的炉气从电极间通过,正极与高压直流电源的阳极相连并一同接地称为沉降极,负极与阴极相连称为电晕极。两极间距离 125~150 mm,电晕极为直径 1.5~2.5 mm 的金属细丝。在两极间通入 50~90 kV 的高压直流电时形成不均匀的直流电场,电晕极上电场强度特别大,能使导线产生电晕放电,带负电的离子充满整个电场的有效空间。当带有大量尘粒的炉气通过时,尘粒在负离子撞击下而带电,移向沉降极(正极)放电后呈中性沉降下来,经振动后坠落在集尘斗中除去。

电除尘的特点是除尘效率高,可达 95%~99%,最高可达 99.9%;矿尘含量可降至 0.2 g/m³ 以下,能除去粒度为 0.01~100 μm 的尘粒。而且设备生产能力范围大,适应性广,阻力小。

2. 砷和硒的清除

经电除尘器除尘后的二氧化硫炉气中,还混有少量三氧化二砷与二氧化硒气体,它们均可使催化剂中毒,降低活性,并且硒又会使成品酸带色,必须除去。采用气体分离的方法不能将它们除去,工业生产中常采用湿法净化。

湿法净化是用水或稀硫酸来洗涤炉气,利用三氧化二砷与二氧化硒在气相中的蒸气压随着温度降低而迅速下降的特点,当炉气被酸洗或水洗冷却,温度降至 $50\sim70\ ℃$ 时,气体中的三氧化二砷和二氧化硒转变为固态,一部分被洗涤液洗去,同时还可将残余矿尘一并洗去。其余呈固体微粒悬浮在气相中成为酸雾冷凝中心。

3. 酸雾的生成与清除

由于三氧化硫炉气净化时,采用了水或硫酸溶液进行洗涤,洗涤液中有相当数量的水蒸气进入气相,使炉气中的水蒸气含量增加。水蒸气即与三氧化硫接触可生成硫酸蒸气。当温度降到一定程度,硫酸蒸气就会达到饱和,直至过饱和。当过饱和度等于或大于其临界值时,硫酸蒸气就会在气相中冷凝,形成悬浮在气相中的微小液滴,称为酸雾。

由实践证明,气体的冷却速度越快,蒸气的过饱和度越高,越容易达到临界值而形成酸雾。当用酸或水洗涤炉气时,炉气温度迅速降低,因而形成酸雾是不可避免的。

酸雾直径很小,运动速度较慢,是较难除去的杂质。通常采用电除雾器来完成。电除雾器的原理与电除尘器相同。由于电晕电极发生电晕放电,气体的酸雾颗粒带电而趋向电极,在电极上进行电荷传递变成液体附着在电极上。当这种液体聚集达到一定量时,无须振打,便靠自重顺着电极流下。

电除雾器的除雾效率与酸雾微粒的直径有关。直径越大,除雾效率就越高。生产中一般采用逐级增大粒径逐级分离的方法。一是逐级降低洗涤酸浓度,使气体中水蒸气含量增大,酸雾吸收了水分被稀释而增大粒径;二是气体被逐级冷却,使酸雾也冷却,气体中的水蒸气在酸雾表面冷凝而增大粒径。

近年来,国内有采用全塑型除雾器。

二、炉气的净化工艺流程

用硫铁矿为原料的接触法制硫酸有各种不同的工艺流程,但原则上的区别是净化工段的工艺过程。因此气体净化的工艺特点成为区分制酸流程的重要标志。常以净化方法来命名。

湿法净化中的水洗流程虽然简单、投资省、净化效率好、对原料要求不高,但排放大量酸性污水,并常有砷、氟等有毒杂质污染环境,同时硫的利用率低。故此流程已被逐渐淘汰。这里不再介绍。

酸洗流程是用稀硫酸洗涤炉气,除去其中的粉尘和有害杂质,降低炉气温度。大中型硫酸厂多采用酸洗流程。典型的酸洗流程有标准酸洗流程、"两塔两电"酸洗流程、"两塔一器两电"酸洗流程及"文泡冷电"酸洗流程。

1. "文泡冷电"酸洗流程

我国自行设计的"文泡冷电"酸洗净化流程,从环保角度考虑将水洗改为酸洗,流程如

图 1-7 所示。

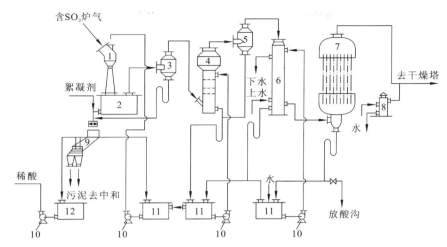

1—文氏管;2—文氏管受槽;3,5—复挡除沫器;4—泡沫塔;6—间接冷凝器;
7—电除雾器;8—安全水封;9—斜板沉降槽;10—泵;11—循环槽;12—稀酸槽
图 1-7　"文泡冷电"酸洗流程图

自焙烧工序来的含二氧化硫的炉气,进入文丘里洗涤器(文氏管),用 $15\%\sim20\%$ 稀酸进行第一级洗涤,洗涤后的气体经复挡除沫器除沫,再进入泡沫塔用 $1\%\sim3\%$ 的稀酸进行第二级洗涤。炉气经两级稀酸酸洗除去粉尘和杂质,其中的三氧化二砷、二氧化硒部分凝固为颗粒被除掉,部分成为酸雾的凝结核心;炉气中的三氧化硫与水蒸气形成酸雾,与凝结核心形成酸雾颗粒。再经复挡除沫器除沫,进入列管式间接冷凝器冷却,水蒸气进一步冷凝,酸雾粒径进一步增大,然后进入管束式电除雾器,借助于直流电场除去酸雾,净化后的炉气进入干燥塔。

2. 标准酸洗流程

这是以硫铁矿为原料的经典稀酸洗流程,由两个洗涤塔、一个增湿塔和两级电除雾器组成,故称为"三塔两电"酸洗流程,即"三塔二电"酸洗流程(图 1-8)。

来自电除尘器的炉气温度一般在 $290\sim350\,℃$,进入第一洗涤塔。为防止矿尘堵塞,该塔一般采用空塔(也称冷却塔)。塔顶用 $60\%\sim70\%$ 的硫酸进行喷淋洗涤,气体中大部分矿尘及杂质在此塔内除去,洗涤后的炉气温度降至 $70\sim90\,℃$,然后进入第二洗涤塔,用 30% 左右的硫酸喷淋,进一步将炉气中的矿尘除净,气体冷却至 $30\,℃$ 左右,其中的三氧化二砷、氟化氢和三氧化硫也大部分形成酸雾(少量酸雾在此冷凝)。炉气继续进入第一级电除雾器,大量酸雾在此被除去。炉气进入增湿塔,用 5% 的稀硫酸淋洒,以增大酸雾的粒径,然后进入第二电除雾器,进一步除去酸雾后,送往干燥塔。

硫酸在洗涤塔内喷淋后,其温度和浓度都有变化,并夹带了大量被洗涤下来的矿尘。为了使喷淋酸能循环使用,必须经过沉淀、冷却等。

这种流程具有污水少,污稀酸有回收利用的可能,以及二氧化硫、三氧化硫损失少等优点。但有流程复杂、金属材料耗用多、投资大等缺点。

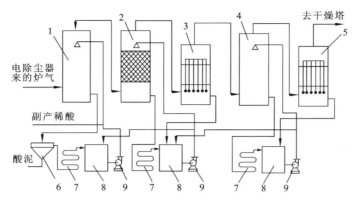

1—第一洗涤塔；2—第二洗涤塔；3—第一级电除雾器；4—增湿塔；5—第二级电除雾器；

6—沉淀槽；7—冷却器；8—循环槽；9—循环酸泵

图 1-8　标准酸洗（三塔二电）流程

3. 动力波净化流程

动力波净化工艺是目前比较先进的一种净化流程。它主要采用动力波洗涤器进行洗涤净化，净化的效率较高。动力波净化工艺的关键设备是动力波洗涤器。它是美国杜邦公司开发的气体洗涤设备，于 20 世纪 80 年代开始应用于制造硫酸过程中的气体净化。动力波洗涤器有多种形式，已成为一个系列。图 1-9 为逆喷型洗涤器的装置简图。

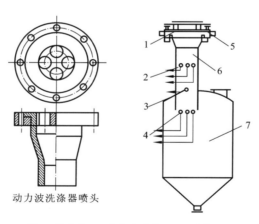

1—溢流槽；2,4—一段、二段喷嘴；3—应急水喷嘴；5—过渡管；6—逆喷管；7—集液槽

图 1-9　逆喷型洗涤器

洗涤液通过一个非节流的圆管，逆着气流喷入一直立的圆桶中。在此，工艺气体与洗涤液相撞击，动量达到平衡。此时生成的气液混合物形成稳定的泡沫区，该泡沫区浮在气流中，为一强烈的湍动区域，其液体表面积很大且不断更新，当气体经过该区域时，便发生颗粒捕集、气体吸收和气体急冷等过程。图 1-10 为常见的动力波三级洗涤器流程简图。

首先，含尘炉气进入一级逆喷型洗涤器，气体在这里急冷降温，酸雾被冷凝，同时除

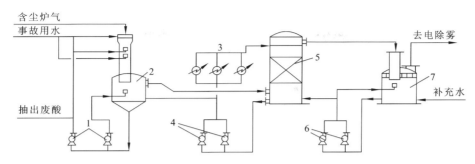

1,6——级和二级动力波洗涤器泵;2,7——级和二级动力波洗涤器;
3—板式冷却器;4—气体冷却塔泵;5—气体冷却塔

图 1-10　动力波三级洗涤器净化流程

尘,除尘效率可达 90% 左右。气体离开初级逆喷型洗涤器后,进入泡沫塔进一步冷却(也可用填充塔代替泡沫塔),同时除尘以及去除砷、硒、氟和酸雾等杂质。在泡沫塔后设一台二级逆喷型洗涤器,以脱除残留的不溶性颗粒尘埃及大部分残余酸雾。在该工艺中,只要设置单级电除雾器,就能达到净化要求。

动力波洗涤器的主要优点是没有雾化喷头及活动件,所以运行可靠、维修费用少,逆喷型洗涤器通常可以替代文氏管或空塔。多级动力波洗涤器组成的净化装置不仅降温和除砷、硒、氟的效率高,而且除雾效率也高于传统气体净化系统,还可以减小电除雾器的尺寸。

三、炉气的干燥工艺流程

含二氧化硫的炉气经酸洗或水洗后,会使炉气中含有一定量的水蒸气,如不除去,将在后边的转化工序与三氧化硫生成酸雾,直接影响催化剂的活性,且酸雾难以除去,造成硫的损失。炉气干燥的任务就是除去其中的水分,使其含量≤0.1 g/m³。

1. 干燥的原理

浓硫酸具有强烈的吸水性,故常用来做干燥剂。已知在同一温度下,硫酸的浓度越高,其液面水蒸气的平衡分压就越小。因此,当炉气中的水蒸气分压大于硫酸液面上的水蒸气分压时,炉气即被干燥。

2. 炉气干燥工艺流程

炉气干燥流程如图 1-11 所示。

净化后的湿炉气进入干燥塔底部,与塔顶喷淋下来的浓硫酸逆流接触,通过塔内的填料层使炉气中的水分被硫酸吸收。干燥后的炉气经捕沫器以除去夹带的酸沫,然后去转化工序。

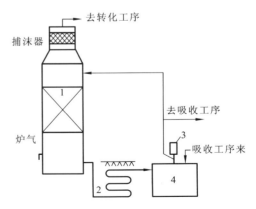

1—干燥塔;2—酸冷却器;3—酸泵;4—循环槽

图 1-11　炉气干燥流程示意图

吸收水分后的干燥酸温度升高,由塔底流入淋洒式酸冷却器降温后,再流入循环槽用酸泵送干燥塔顶循环使用。

喷淋酸吸收炉气中的水分后浓度下降,为了维持一定的浓度,必须由吸收工序引来98.3%硫酸在循环槽混合。经混合后多余的酸可送回吸收塔或作为成品酸进入酸库。

干燥过程中所用的浓硫酸一般采用93%~95%硫酸较合适,进塔酸温度一般在20~40 ℃,夏季不得超过45 ℃。

任务三　二氧化硫的催化氧化

[知识目标]

1. 掌握二氧化硫催化氧化的原理。
2. 熟悉二氧化硫催化氧化催化剂和工艺条件的选择原则。
3. 熟悉二氧化硫催化氧化的工艺流程。

[技能目标]

1. 能够根据二氧化硫催化氧化的原理进行催化剂和工艺条件的选择。
2. 能够根据二氧化硫催化氧化工艺流程进行主要设备的选择。

一、二氧化硫氧化的催化剂的选择

二氧化硫氧化成三氧化硫,在没有催化剂存在时,反应速率极为缓慢,即使在高温下,反应速率也很慢。在工业上必须采用催化剂来加快反应速率。

二氧化硫氧化反应所用的催化剂,有铂催化剂、氧化铁催化剂及钒催化剂等几种。目前硫酸生产中多采用钒催化剂,其有活性高、热稳定性好、机械强度高、价格便宜等优点。

钒催化剂由三部分组成。主要的活性组分是五氧化二钒,以氧化钾或氧化钠碱金属的硫酸盐类作助催化剂,以硅酸、硅藻土、硅酸盐作载体。有时为了加强催化剂的耐热性或抗毒能力,也会添加其他组分,如锡、锑、钙、铁及铝的氧化物。

钒催化剂成分及其质量分数分别为 V_2O_5 5%~9%,K_2O 9%~13%,Na_2O 1%~5%,SiO_2 50%~70%,并含有少量 Fe_2O_3、Al_2O_3、CaO、MgO 及水分等。

新型催化剂的起燃点温度(指催化剂具有催化作用,靠反应热使催化剂迅速升温的最低温度)都较低。采用低温催化剂时,由于降低了气体进转化器的温度,不但提高了总转化率和减少了换热面积,而且可以提高二氧化硫的浓度,提高了设备的能力。

引起钒催化剂中毒的主要物质是砷、氟、酸雾及矿尘等。

二、二氧化硫催化氧化的工艺参数的选择

1. 最适宜温度

已知二氧化硫氧化反应是可逆的放热反应,从化学平衡角度来看,降低温度可提高平衡转化率;但降低温度,反应速率也会降低,对操作不利。这两方面对温度的要求是矛盾的,同时催化剂本身有一个活性温度,这样就必须选择一个最适宜的温度。

由理论分析得知,反应速率与反应速率常数和平衡转化率有关,而反应速率常数和平衡转化率均与温度有关。当温度较低时,升高温度,反应速率常数增大较快,平衡转化率减小较慢。所以,反应速率是增大的。相反,当温度较高时,再升高温度,反应速率常数增大较慢,平衡转化率减小较快,反应速率是减小的。可见,随着温度的变化,反应速率由增大到减小的过程中,必然会出现一个最大反应速率,这个最大反应速率也必然有一个对应的温度,称之为最适宜温度,即为当炉气组成和瞬时转化率一定时,反应速率为最大时的温度。因此,最适宜温度不是固定的,而是随着炉气的起始组成和瞬时转化率而变化的。

在工业生产中,最适宜温度通常用作图法求取。如图 1-12 为混合气体的起始组成为 7% 的二氧化硫、11% 的氧气和 82% 的氮气时,温度与转化率的关系。

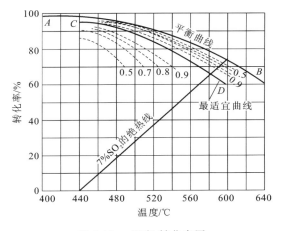

图 1-12　温度-转化率图

图中的 AB 线是平衡曲线,是理论上可能达到的最大的转化率曲线,下方的 CD 线是不同转化率时的最适宜温度曲线。在线上的任一点都有最大的反应速率。虚线为催化剂利用率曲线(一定的转化率下,过程的反应速率与最适宜温度下的最大反应速率之比,称为催化剂利用率)。

二氧化硫的氧化在最适宜温度曲线所示的温度条件进行操作,过程的速率最大。

图 1-12 中的直线为绝热线,表示二氧化硫氧化过程在绝热条件下进行时转化率与温度的关系。由图可见,按绝热线进行操作,不可能一次达到高的转化率。因此,要想得到高的转化率必须将气体冷却,再进行第二次,甚至更多次的绝热操作。因此,生产中为获得较高的转化率,以及在最适宜温度附近条件下操作,二氧化硫转化为三氧化硫的过程需分段进行。

2. 最适宜的二氧化硫的起始浓度

生产中进气的二氧化硫的含量是一个很重要的综合性技术经济指标。二氧化硫的最佳起始浓度受许多因素的影响,如生产能力、催化剂用量等。其总的原则是以生产硫酸的总费用最低为目标。

若增加炉气中二氧化硫的浓度,氧的浓度就相应地下降,这种情况会使反应速率下降,为达到一定的转化率,所需的催化剂用量将增加;同时最终转化率也是硫酸生产的主要指标之一,提高最终转化率可以减少尾气中二氧化硫的含量以减轻环境污染,同时提高硫的利用率,但也能导致催化剂用量和流体阻力的增加。因此只考虑减少催化剂用量,二氧化硫的浓度低一些是有利的。但是,降低炉气中二氧化硫浓度,会使生产每吨硫酸所需的原料气量增加,使设备的能力下降。因此,应综合考虑,选择最适宜的二氧化硫的起始浓度。通过经济核算得出,若以普通硫铁矿为原料,采用一转一吸流程,最终转化率为97.5%时,二氧化硫浓度为7%～7.5%最适宜;若以硫磺为原料,二氧化硫的最佳浓度为8.5%左右;以含煤硫铁矿为原料,二氧化硫的最佳浓度应小于7%。因而,最佳起始浓度应视原料改变和具体生产条件改变而改变。

三、二氧化硫氧化的工艺流程

二氧化硫氧化的工艺流程,根据转化次数分为一次转化一次吸收流程(简称"一转一吸"流程)和二次转化二次吸收(简称"两转两吸"流程)。由于一转一吸流程的最终转化率较低(97%～98.5%)、硫的利用率也不高、尾气中二氧化硫较高等,近年来,两转两吸流程发展较快,目前已有多种流程。在此只介绍国内采用较多的两种流程。

两转两吸工艺的关键是要保证系统的热量平衡,合理配置换热器。对用硫铁矿为原料的制酸系统,采用四段催化床催化氧化。流程的特征可用第一、第二次转化段数和含 SO_2 气体通过换热器的次序来表示。例如,3+1,三、一—四、二流程:指第一次转化用三段催化剂,第二次转化用一段催化剂;第一次转化前,含 SO_2 气体通过换热器的次序为第三换热器(指冷却从第三段催化床出来的转化气用的换热器)、第一换热器;第二次转化前,含 SO_2 气体通过换热器的次序为第四换热器、第二换热器,如图 1-13 所示。

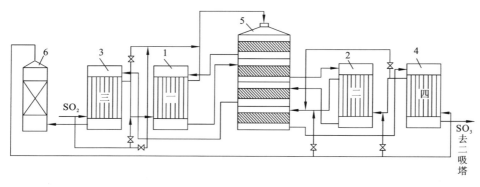

1—第一换热器;2—第二换热器;3—第三换热器
4—第四换热器;5—转化器;6—第一吸收塔
图 1-13　3+1,三、一—四、二两次转化流程

图 1-14 除催化剂两层分段不同外,在换热器配置上也不相同。称为 2+2,二、三—四、一两次转化流程。就转化率来看,后者优于前者。在进气二氧化硫含量 9.5% 的情况下,最终转化率达 99.5% 左右。就换热情况来看,图 1-13 流程优于图 1-14 流程,主要是把第一换热器用在第一次转化前,故除节省换热面积外,并对开车、平稳操作及操作条件

的调节都有利。

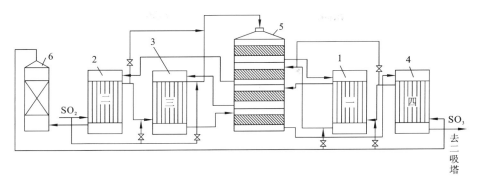

1—第一换热器；2—第二换热器；3—第三换热器；
4—第四换热器；5—转化器；6—第一吸收塔
图 1-14 2＋2，二、三—四、一两次转化流程

两转两吸流程的基本特点是，二氧化硫炉气在转化器中经过三段（或二段）转化后，送中间吸收塔吸收三氧化硫，未被吸收的气体返回转化器第四段（或三段），将未转化的二氧化硫再次转化，送吸收塔吸收三氧化硫。在两次转化之间除去了三氧化硫，使平衡向生成三氧化硫方向移动。因此，最终转化率可提高到 99.5%～99.9%。

四、二氧化硫转化的主要设备的选择

从工艺流程中清楚地看出，二氧化硫的催化、氧化过程是在转化器中进行的。转化器形式很多，但无论哪种形式，都应尽可能使反应过程沿最佳温度曲线进行，使设备的生产强度最大，且结构简单，便于操作、安装和检修。

二氧化硫转化器，通常采用多段换热的形式。其特点是气体的反应过程和降温过程分开进行。即气体在催化床层进行绝热反应，气体温度升高到一定程度时，离开催化剂层，经冷却到一定温度后，再进入下一段催化层，仍在绝热条件下进行反应。为了达到较高的最终转化率，需采用多段反应。但段数过多，管道阀门增多，系统阻力增大，使操作复杂。

我国目前普遍采用四～五段式固定床转化器。图 1-15 为四段外部间接换热型转化器。

转化器壳体由钢板焊制而成，四周在不同标高之处开有扁形气体进出口接口 8 和人孔 7。催化剂分五层装填，在每层底部垫一层鹅卵石，以防催化剂堵死算缝或下漏。在三、四段催化剂层的表面也铺一层鹅卵石，防止侧面进来的气流吹翻催化剂层。

在转化器一段出口与二段入口之间装有冷激气体分布器 3，分布器由气体分布管喷头和分布盘组成。在四、五段间装有内部排管换热器 10，分两排，上下错开，横穿转化器外壳。

除此之外，还有内部间接换热器、沸腾床转化器、径向转化器等。

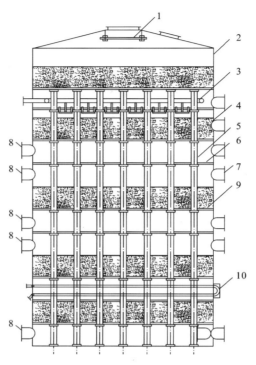

1—分布器;2—壳体;3—冷激气体分布器;4—催化剂;5—立柱;6—隔板;

7—人孔;8—气体进出口接口;9—箅子板;10—内部排管换热器

图 1-15　四段外部间接换热型转化器

任务四　三氧化硫的吸收

[知识目标]

1. 熟悉三氧化硫吸收的基本原理。

2. 了解三氧化硫的吸收和尾气处理工艺。

[技能目标]

1. 能够对三氧化硫吸收的工艺参数进行选择。

2. 能够对三氧化硫吸收工艺流程中的设备进行合理的选择。

一、三氧化硫吸收的工艺参数的选择

浓硫酸吸收三氧化硫的过程,是一个伴有化学反应的气液相吸收过程,也可以是一个气液反应过程。研究表明,该过程属于气膜扩散控制。影响该过程吸收速率的主要因素有用作吸收剂的硫酸含量、硫酸温度、气体温度、喷淋酸量、气速和设备结构等。

1. 吸收酸浓度的选择

若只为完成化学反应,可用任意浓度的硫酸或水来吸收三氧化硫。工业上为达到较高的三氧化硫吸收率,选用浓度 98.3% 硫酸作吸收酸,可以使气相中三氧化硫的吸收率达到最完全的程度。不同吸收酸浓度和温度对吸收率的影响程度见图 1-16。

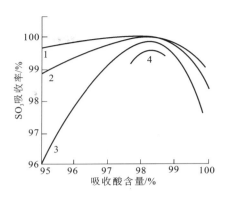

1—60 ℃;2—80 ℃;3—100 ℃;4—120 ℃

图 1-16 吸收酸浓度和温度对吸收率的影响

由图中看出,由于吸收酸浓度低于 98.3%,酸液面上三氧化硫的平衡分压较低,水蒸气分压较高。当气体中三氧化硫分子向酸液表面扩散时,绝大部分被酸液吸收,其中有一部分从酸液表面蒸发并扩散到气相中与水分子相遇,形成硫酸蒸气,然后在空间冷凝,产生细小的硫酸液滴即酸雾,造成损失、危害。

当吸收酸浓度高于 98.3% 时,液面上水蒸气平衡分压接近于零,而三氧化硫的平衡分压较高。吸收酸浓度越大、温度越高、SO_3 平衡分压越大,吸收推动力越小,吸收率降低。

同时由图 1-16 还可看出,在不同温度下吸收率和吸收酸含量的关系。当需要生产标准发烟硫酸(20% 发烟硫酸)时,可以采用标准发烟硫酸作为吸收剂,吸收后含量升高,加入 98.3% 硫酸稀释到标准发烟硫酸的含量。

2. 吸收酸温度

吸收酸的温度与吸收率关系很大(图 1-16)。当吸收酸浓度一定时,由于三氧化硫的吸收为一个放热反应,所以温度越低,吸收率越高。

在吸收三氧化硫的过程中,反应放出的热量使吸收酸的温度升高。为了减小吸收过程中的温度变化,生产中采用增大液气比的方法加以解决。通常情况下,用喷淋冷却器来冷却吸收酸时,酸温度控制在 60～75 ℃。

注意:三氧化硫吸收过程中温度不可过低。因为焙烧后的炉气经过干燥后仍含有少量的水分,转化后冷却的过程中,这些残留的水分便与三氧化硫结合成为硫酸蒸气。如果气体温度过低,不可避免地出现局部温度低于硫酸蒸气的露点温度,易生成酸雾。

3. 进塔气的温度

一般来说,进入吸收塔的三氧化硫气体温度低时,对吸收是有利的;但是三氧化硫进塔温度也不能太低,尤其在炉气干燥不彻底的情况下,气体温度即使并不太低,也会出现酸雾,使吸收后的尾气中产生酸雾白烟,不但造成硫的损失,也造成对环境的污染。

一般控制进入吸收塔的三氧化硫气体温度为 180～230 ℃。

仅几十年来,随着两转两吸工艺的广泛应用,以及低温位余热利用技术的成熟,采用较高酸温和进塔气温的高温吸收工艺既可避免酸雾的生成,减小酸冷器的换热面积,又可提高吸收酸余热利用的价值。其中关键在于设备和管道的防腐技术。

二、三氧化硫吸收的工艺流程

干燥系统和吸收系统是硫酸生产过程中两个不相连贯的工序。由于在两个系统中均以浓硫酸为吸收剂,彼此需进行串酸维持调节各自浓度,而且采用的设备相似,所以在设计和生产上都把它们划为同一工序,称为干吸工序。

目前中国硫酸生产,仍采用一转一吸工艺,少数配有105%发烟酸吸收塔,生产20% SO_3(游离)标准发烟硫酸时,可采用如图1-17所示的典型吸收工艺流程。

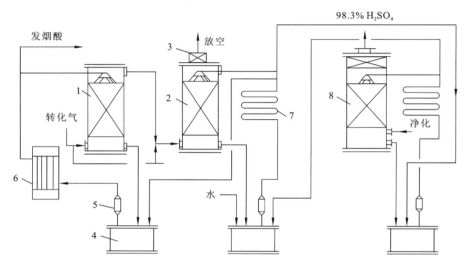

1—发烟硫酸吸收塔;2—浓硫酸吸收塔;3—捕沫器;4—循环槽;5—泵;6,7—酸冷却器;8—干燥塔

图1-17 生产发烟硫酸时的吸收-干燥流程

转化气依次通过发烟硫酸吸收塔1和98.3%浓硫酸吸收塔2,气相中三氧化硫含量可降至0.1%~0.01%,通过尾气烟囱放空或送入尾气回收工序。

吸收塔1用发烟硫酸自上而下与转化器逆流接触,吸收了三氧化硫的硫酸从塔底引出时,浓度和温度均升高。吸收塔1流出的发烟硫酸在循环槽中与98.3%硫酸混合,以保持发烟硫酸的浓度。混合后的发烟硫酸经过酸冷却器6冷却后,其中一部分作为标准发烟硫酸送入发烟硫酸库,大部分送入吸收塔1循环使用。

吸收塔2用98.3%硫酸喷淋,塔底排出酸的浓度和温度均升高,在循环槽4与来自干燥塔8的93%硫酸混合,以保持98.3%硫酸的浓度。经冷却器冷却后的98.3%硫酸有一部分送往发烟硫酸循环槽,另一部分送往干燥酸循环槽以保持干燥酸的浓度,大部分送往吸收塔2循环使用,同时可抽出部分作为成品酸。

两转两吸干吸系统工艺,工艺流程见图1-18,此工艺设置两个98.3%硫酸的硫酸吸收塔,各使用一个酸液循环系统。此流程未配标准发烟硫酸生产塔,若配,一般设置在第一吸收塔前,其他基本同一次吸收工艺的主要设备是吸收塔。干燥(吸收)塔一般均采用填料塔,其结构相同,塔体为钢壳圆筒,塔壁内衬石棉板,再砌耐酸瓷砖衬里。气、液二相在塔内的填料层逆流通过。由于发烟硫酸对钢制设备的腐蚀率较低,钢制发烟硫酸吸收塔也可以不加衬里,填料也可采用钢质制造。塔的下部有用以支承填料层的支承结构。塔的底部多数为平底,也有用球形底的。塔的上部为槽式或管式分酸装置。为减少出塔气体的雾沫夹带,顶部设有除雾沫装置。干燥(吸收)塔结构如图 1-19 所示。

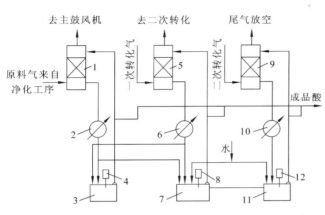

1—干燥塔;2,6,10—酸冷却器;3—干燥用酸循环槽;4,8,12—浓酸泵;
5—中间吸收塔;7,11—吸收用酸循环槽;9—最终吸收塔

图 1-18　冷却后、泵前串酸干吸工序流程图

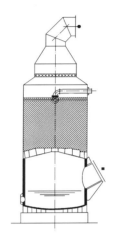

图 1-19　典型的鲁奇吸收塔

任务五　接触法生产硫酸的全流程

[知识目标]

1. 熟悉接触法生产硫酸工艺条件的选择原则。
2. 熟悉接触法生产硫酸的全流程图。

[技能目标]

能够根据生产工艺原则对流程图进行合理的选择。

当今世界上绝大部分硫酸都是用接触法生产的。接触法生产硫酸的原料有多种,其中每一种原料的制酸工艺也有多种,因此接触法制硫酸的工艺过程种类很多。如以硫铁矿为原料,采取沸腾焙烧、“文、泡、电”水洗净化、两转两吸的生产工艺原则流程和全流程图分别如图 1-20 和图 1-21 所示。精选硫铁矿加入沸腾焙烧炉,炉底用鼓风机送入空气。硫铁矿在炉内于 $800 \sim 1\,000\ ℃$ 的温度下燃烧,产生二氧化硫和氧化铁。二氧化硫含量为 $10\% \sim 14\%$ 的气体从炉顶排出后,经废热锅炉冷却后,经除尘器、洗涤器和电除雾净化和冷却。净化的炉气经干燥后送至转化器使其中的二氧化硫转化为三氧化硫,然后在吸收塔中被硫酸吸收,尾气由吸收塔顶排入大气。

[复习与思考]

1. 接触法生产硫酸的基本工序有哪几个?
2. 硫铁矿焙烧的总反应如何表示?

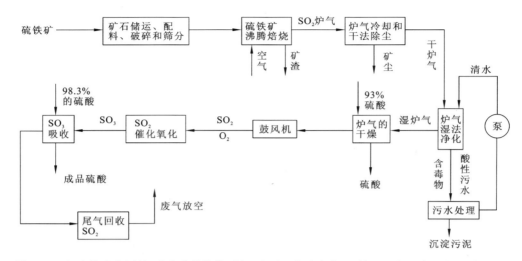

图 1-20 以硫铁矿为原料，采取沸腾焙烧、"文、泡、电"水洗净化、两转两吸的生产工艺原则流程图

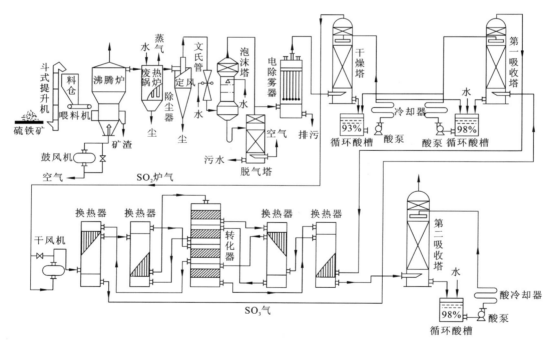

图 1-21 以硫铁矿为原料的全流程图

3. 沸腾焙烧炉可分为哪几个部分？

4. 在硫铁矿焙烧炉中，引起二氧化硫浓度升高的主要原因是什么？均采用什么方法处理？

5. 二氧化硫炉气净化的目的是什么？

6. 酸雾是如何形成的? 如何去除?

7. 叙述标准酸洗流程。

8. 动力波洗涤器的主要优点是什么?

9. 含二氧化硫的炉气为什么要进行干燥?

10. 影响二氧化硫平衡转化率的因素有哪些?

11. 在三氧化硫吸收制取浓硫酸的过程中,98%酸的浓度提不上来,是什么原因造成的? 如何处理?

项目三 硫 磺 制 酸

天然硫磺的开发和从天然气中回收硫磺为硫酸生产提供了丰富的原料资源。硫磺制酸的特点是生产流程简单,生产成本低;热能便于回收利用;生产过程没有污水、污酸及废渣排出,有利于环境保护;对建厂地区适应性较强。

任务一 硫磺制酸生产中工艺的控制

[知识目标]

1. 了解硫磺的性质和来源。

2. 熟悉硫磺制酸的特点和工艺流程。

[技能目标]

1. 能够选择合适的原料进行硫磺制酸的工艺研究。

2. 能够熟知硫酸制酸工艺流程中发生的各化学反应。

以硫磺为原料,接触法生产硫酸的原则流程如图 1-22 所示。

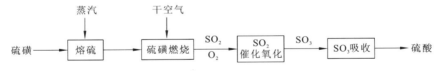

图 1-22 硫磺为原料生产硫酸的原则流程

在使用固体硫磺为原料时,硫酸的生产过程可分为熔硫、焚硫、干吸和转化几个工序。

首先将固体硫磺从仓库送入熔硫槽。熔硫槽内设有搅拌器和加热用的蒸汽盘管。固体硫磺在 135~145 ℃的温度下熔融为液体。在这个温度下,液态硫磺的流动性最好。

从熔硫槽出来的液态硫磺,进入沉降槽除去固体杂质和灰尘。由于液态硫磺的黏度大,沉降时间长,所以沉降槽的面积较大。可以用液态硫磺过滤器代替沉降槽,使效率提高。

使用经过熔融和过滤的液态硫磺与直接用液态硫磺为原料一样,送入焚硫炉用空气燃烧,生成二氧化硫气体。以硫磺为原料生产硫酸经过 3 个化学反应:第一个是单体硫在空气中燃烧反应生成二氧化硫;其余两个反应与硫铁矿制酸中的后两个反应完全相同。

用硫磺制酸的主要化学反应为

$$S + O_2 \xrightarrow{\quad} SO_2$$

当采用不含砷、硒、氟的天然硫磺为原料时,可制得合格的二氧化硫炉气,转化工序前不需设净化工序,从燃硫炉出来的气体经过适当降温后,便可直接进入转化炉进行二氧化硫气体的催化氧化,然后经吸收制成不同规格的硫酸产品。

以硫磺为原料制酸的各种工艺流程,主要区别在于对生产过程中热能回收利用的方式不同。其典型的生产流程如图 1-23 所示。

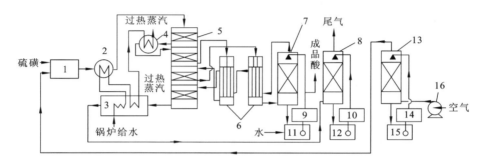

1—焚硫炉;2—废热锅炉;3—省煤-过热器;4—第一过热器;5—转化器;6—第一换热器;7—第一吸收塔;
8—第二吸收塔;9,10,14—冷却器;11,12,15—酸储槽;13—干燥塔;16—鼓风机

图 1-23　硫磺制酸生产流程图

空气经鼓风机加压后送入干燥塔,用浓硫酸干燥。干燥空气在焚硫炉内与喷入的液体硫磺反应,生成二氧化硫气体。高温二氧化硫气体直接进入废热锅炉,气温降到合适温度进入转化器。转化采用 3+1 式两次转化工艺:一次转化时,转化气分别通过一段床、第一过热器、二段床、第一换热器一、三段床、第一换热器二,再进入第一吸收塔;经过一次吸收后的转化气再次通过第一换热器二(壳程)、第一换热器一(壳程),再进入转化器四段,进行第二次转化;从转化器四段出来的气体,在省煤-过热器内冷却,然后进入第二吸收塔,用浓硫酸将第二次生成的三氧化硫吸收,尾气通过烟囱排入大气。

任务二　硫磺制酸生产中设备的选择

[知识目标]

1. 熟悉硫磺制酸生产流程中所选择的设备。

2. 了解硫磺制酸生产流程中所采用的新技术。

[技能目标]

1. 能够对硫磺制酸生产流程中的设备进行选择。

2. 能够熟知硫磺制酸生产流程中所采用的新技术。

焚硫炉是硫磺制酸装置中的关键设备。目前使用较多的为喷雾式焚硫炉,主要包括炉体、耐火砌体、挡墙、鞍座等,如图1-24所示为常见喷雾式焚硫炉结构示意图。其结构简单、容积强度大。炉型为卧式,一般均为钢制圆筒内衬保温砖和耐火砖。硫磺通过喷枪喷入炉内,空气由端部进气口进入,经旋流装置与雾化后的硫磺充分接触燃烧。炉内设置几道挡墙,以强化硫磺与空气混合均匀。为防止其燃烧不够完全,常设二次风,用于补充氧量及调节炉膛温度,促使反应完全,不致产生升华硫。

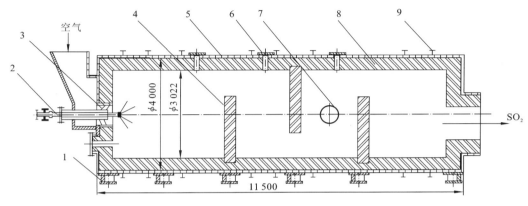

1—鞍座;2—硫磺喷枪;3—旋流装置;4—挡墙;5—筒体;6—温度点保护套管;
7—二次风入口;8—耐火砌体;9—加强圈
图1-24　喷雾式焚硫炉

国外硫磺制酸工艺近十几年来有很大发展,生产规模日趋大型化,不断采用新技术和新设备,制酸过程的自动化水平大大提高。

[复习与思考]

1. 用硫磺制硫酸的主要化学反应是什么?
2. 用硫磺制硫酸主要包括哪些工序?
3. 用硫磺制硫酸的主要设备是什么?

项目四　硫酸生产中的技术经济问题

工艺流程的配置一般需要满足一定的原则,如工艺路线技术先进、生产操作安全可靠、经济指标合理有利等。安全、优质、高产和低消耗是化工生产的目标,评价化工生产效果和工艺技术经济的优劣有多种指标。技术指标有主要设备的生产效率、生产强度和设备利用率;经济指标有产品的消耗定额、生产成本和劳动生产率等。

任务一　硫酸生产中的技术经济指标

[知识目标]

1. 了解化工生产工艺的技术指标和经济指标。

2. 熟悉不同专业术语如单耗等代表的含义。

[技能目标]

1. 能够根据计算公式对技术和经济指标进行初步计算。

2. 能够根据指标对化工生产的效果和经济型进行评价。

在硫酸生产中的技术经济指标依照石油化学工业生产统计指标计算办法的有关规定,主要有以下指标,如表1-1和表1-2所示。

表 1-1 原化工部对 40 kt/a 以上硫酸装置 20 项指标要求

指标名称		酸洗	水洗
系统开工率/%		85	85
矿耗/(kg/t)		985	985
电耗/[(kW·h)/t]		120(有破碎)	95(有破碎)
		110(无破碎)	85(无破碎)
烧出率/%		≥98.5	≥98.5
净化收率/%		≥98.0	≥98.0
转化率[1]/%		≥99.5	≥99.5
吸收率/%		≥99.5	≥99.5
硫利用率[2]/%		≥94.8	≥94.8
鼓风机出口酸雾含量/(g/m³)		≤0.03(文氏管或一级电除雾器)	≤0.03(文氏管或一级电除雾器)
		≤0.005(二级电除雾器)	≤0.005(二级电除雾器)
鼓风机出口水分含量/(g/m³)		≤0.1	≤0.1
鼓风机出口气体含尘量/(g/m³)		≤0.005	≤0.005
净化污水总酸度/(g/L)		—	≤2.0
尾气中 SO₂ 浓度		(GB1282—84 规定)	
排放污水中有害杂质含量		(GB4282—84 规定)	
余热回收量(以蒸气计算)/(kg/t)		800	800
设备完好率/%		≥95	≥95
湿润率/(×10⁻³)		≤0.5	≤0.5
指标合格率/%		(达到各项要求)	
硫酸质量	商品酸	国家一级	国家一级
	磷肥用酸	国家二级	国家二级
工人实物劳动生产率/(t/(a·人))		400	400

注:(1) 转吸为转化率+(100−转化率)×尾气回收率×1/100

(2) 硫利用率中无名损失的计算:达到国家二级企业的为 0.5%;达到清洁文明工厂的为 0.7%;达无湿润工厂、省级先进企业的为 0.8%;其余为 1.0%

表 1-2　有色冶炼烟气制酸主要经济技术指标

指标名称		酸洗	水洗	热浓酸	干法
鼓风机出口酸雾/(g/m³)	二级<0.005	<0.005	<0.0035		
	一级<0.03	<0.03			
鼓风机出口水分/(g/m)		<0.1	<0.1	<0.1	
污水总酸度/(g/L)			<2		
放空尾气含 SO_2/%	两转两吸	<0.1	<0.1	<0.1	
	有尾气回收	<0.07	<0.07	<0.07	<0.2
净化回收率/%		>99	>97	>99	
转化率/%	两转两吸	>99	>99	>99	
	一转一吸	>96	>96	>96	>90
吸收率(或酸率)/%		>99.95	>99.95	>99.9	>99.5
矿耗/(t/t)	有尾气回收	0.98	0.98	0.98	
	无尾气回收	1.02	1.02	1.02	
电耗/[(kW·h)/t]		<100	<100	<100	<200
触煤消耗/(L/t)		<0.15	<0.15	<0.25	
加工成本/(元/t 酸)			<30	<45	<80
劳动生产率/(t/(a·人))		>1000	>1000	>1000	>1000

注:矿耗以每吨酸耗含硫 35%矿计

一、产 量

硫酸产品产量按使用不同原料(硫铁矿、硫磺、铜、铅、锌、黄金等有色金属冶炼烟气、石膏)制酸的实物产品产量和以实物产品产量为基础,按产品实际浓度分别计算上报100%产品产量。

$$100\%产品产量(t) = 各批[实物产量(t) \times 实际浓度(\%)]之和$$

硫酸产品产量不包括使用硫酸过程中再回收的废硫酸,外购硫酸加工的电瓶酸、试剂硫酸,也不包括生产过程中引出的二氧化硫、三氧化硫气体,以及酸化焙烧的烧渣。

二、产品的消耗定额

产品的消耗指标,指单位产品在整个生产过程中消耗的原材料的数量,习惯称为"单耗"。以公式来表示:

$$产品单耗 = \frac{某种原材料消耗总量}{产品总量}$$

对硫酸生产而言,单耗是指每生产 1 t 100%硫酸(按规定浓度折算的产量)所消耗的原料如硫铁矿(或硫磺或烟气)、水、电、钒触媒等的数量,以及副产品的原料消耗数量。

(1) 硫铁矿消耗:每吨 100%硫酸耗用含硫 35%硫铁矿石千克数。

$$硫铁矿消耗量 = \frac{硫铁矿耗用总量(折标)(kg) - 中间产品耗硫铁矿量(折标)(kg)}{合格产品(折100\%)产量(t)}$$

硫铁矿消耗包括从投入焙烧炉开始到出成品为止的生产全过程所消耗和损失的量，也包括长期维持炉火的用矿量。

（2）硫磺消耗

$$硫磺消耗量 = \frac{硫磺耗用总量(kg) - 中间产品耗硫磺量(kg)}{合格产品产量(100\%)(t)}$$

中间产品硫磺消耗量是指生产硫酸以外供二氧化硫、三氧化硫产品用硫磺量。

（3）冶炼烟气制酸 100% SO_2 消耗

$$100\% \ SO_2 \ 消耗量 = \frac{100\% \ SO_2 \ 耗用总量(m^3) - 中间产品 \ 100\% \ SO_2 \ 耗用量(m^2)}{本期合格产品产量(100\%)(t)}$$

（4）电消耗

$$电耗 = \frac{电耗用总量(kW \cdot h)}{合格产品量(t) + 中间产品折硫酸量(t)}$$

电耗用总量包括自矿石破碎工序（有矿石干燥设备的，从矿石干燥工序）开始至硫酸产品入库为止生产全过程用电量（包括矿石仓库吊车用电），设备开停用电，检修（不包括大修）用电，以及为硫酸生产系统服务的接力水泵和循环水泵用电。但不包括进入生产车间前的线路损失，生活用电，使用井水或循环水时向车间供水的深井泵和水源水泵的用电。

（5）水消耗

$$水消耗 = \frac{水耗用总量(t)}{合格产品产量(t) + 中间产品折硫酸数量(t)}$$

水耗用总量指新鲜水量和循环水量，包括自矿石破碎工序（有矿石干燥设备的，从矿石干燥工序）开始，至硫酸产品入库为止生产全过程用水量，设备开停用水及检修（不包括大修）用水。不包括生活用水，中间产量用水。

水的消耗应分别列出补充的新鲜水量和循环水量。

（6）钒触媒消耗

$$钒触媒消耗 = \frac{更换期补充触煤量(kg)}{更换期产品产量(100\%)(t)}$$

三、技术经济指标

（1）烧出率：是指矿石在焙烧过程中酸被烧出的百分率。烧出率按矿石含硫量和矿渣（尘）含硫量的分析结果计算而得，不同种类的矿石，计算烧出率的公式也不同。

焙烧普通硫铁矿（FeS_2）时

$$烧出率 = 100\% - \frac{(160 - G_{s矿}) \times G_{s渣}}{(160 - 0.4 G_{s渣}) \times G_{s矿}} \times 100\%$$

式中，$G_{s矿}$ 为干燥矿石的含硫量（$\%$）；$G_{s渣}$ 为干燥矿渣和矿尘的平均含硫量（$\%$）。

（2）转化率：是指在转化过程中 SO_2 转化成 SO_3 的效率。

不采用空气冷激时,按下式计算:

$$转化率 = \frac{A-B}{A(1-0.000\,015B)} \times 100\%$$

采用空气冷激时,按下式计算:

$$转化率 = \frac{A-(1+K)B}{A(1-0.000\,015B)} \times 100\%$$

其中

$$K = \frac{冷激空气量(m^3)}{进转化器\ SO_2\ 气体总量(m^3)}$$

式中,A 为转化前气体中 SO_2 含量(%);B 为转化后气体中 SO_2 含量(%)。

(3)吸收率:是指 SO_3 被吸收的效率。

$$吸收率 = 100\% - \frac{C(1-0.015A)}{A-B} \times 100\%$$

式中,A、B 同转化率计算公式;C 为吸收后气体中 SO_3 含量(%)。

(4)尾气回收率:是指未经转化的 SO_2 气体在回收设备中进行回收的效率。

$$尾气回收率 = 尾气回收率(\%) \times \frac{分解率(\%)}{100}$$

其中

$$尾气吸收率 = \frac{D_1 - D_2}{D_2} \times 100\%$$

$$分解率 = \frac{d_1 - d_2 \times 1.1}{d_2} \times 100\%$$

式中,D_1 为吸收塔出口气体中 SO_2 含量(%);D_2 为尾气吸收后气体中 SO_2 含量(%);d_1 为尾气回收母液分解前总 SO_2 含量(g/L);d_2 为尾气回收母液分解后总 SO_2 含量(g/L);1.1 为由于分解后母液体积增加而增加的校正系数。

(5)总硫利用率:表示含硫原料中,硫被利用的程度。

$$总硫利用率 = \frac{A}{B} \times 100\%$$

式中,$A=$[产品产量(t)+中间产品折硫酸量(t)]×0.934;B 为消耗硫铁矿折标数量(t)。

(6)焙烧强度:是指焙烧设备生产强度。沸腾炉以包括前室在内的全部焙烧面积计算;焚硫炉以焚硫炉容积计算。

$$沸腾炉烧强度 = \frac{硫铁矿实际投放量(折标)(t) \times 0.35 \times 1\,000 \times 24}{\sum[每台焙烧炉有效作业面积(m^2) \times 实际作业时数(h)]}$$

$$焚硫炉焙烧强度 = \frac{硫磺实际投入量(t) \times 1\,000 \times 24}{\sum[每台焚硫炉有效作业容积(m^3) \times 实际作业时数(h)]}$$

式中,实际作业时数为日历小时数减大中小修理及其他停炉时间。

计算时间以时为准,凡作业时间在 30 min 以上的按 1 h 计算,不足 30 min 的可忽略不计。

任务二　热能的回收利用

[知识目标]

1. 了解硫酸生产中热能的损失。
2. 熟悉硫酸生产中热能利用的方式。

[技能目标]

1. 能够对硫酸生产中产生的废热类型进行分类。
2. 能够有效合理地对硫酸生产中废热利用的方式进行选择。

一、硫酸生产中废热类型的分析

任何生产过程都要消耗能量。但是很多化学反应过程常伴随有热量放出,如果能合理地回收利用这些能量,就可以减少原始能量的消耗,甚至可以提供生活或其他生产所需的能量。

接触法硫酸生产主要包括含硫原料的燃烧、二氧化硫的氧化及气体干燥与三氧化硫的吸收三个过程,这些过程均伴有释放大量的反应热,如硫磺制酸三个过程的理论反应热分别约占总反应热的 56%、19% 和 25%,其中,燃烧反应的放热量随原料的不同而大小不等,其他部分则相同。

携带上述各项反应热的物料(称为载热体或载热介质)的温位高低各不相同,物态也各异,有气态的、固态的和液态的。随着热载体在生产过程中的流动,其温位也随之发生相应的变化。

废热可按载热介质的物态、温度、压力等不同特性进行分类。根据热力学第二定律,热变功的经济性不仅取决于热能的数量,而且在很大程度上取决于热能的质量,亦即数量相等的热量,由于温度不同其利用价值是不同的。如 40～50 ℃ 的热水,不管水量多大,对能量利用来说是没有价值的;100 ℃ 的热水可用于采暖和供应热水,但要用它来发电则要花很大代价;而利用 1 000 ℃ 的高温废热产生蒸汽并发电却是很成熟的技术。为此废热常按载热介质温位高低来分类。化工行业将温度在 500 ℃ 以上的废热称为高温位废热,可用来产生高、中压蒸汽。温度在 250～500 ℃ 的废热称为中温位废热,可用来加热给水,预热空气或产生蒸汽。而载热介质温度低于 250 ℃ 的废热称为低温位废热,用作加热给水,或用低沸点工质发电。以此对照硫酸生产过程中产生的废热,习惯上也将其分为三类:焙烧或燃烧过程中产生的 1 000 ℃ 左右的热烟气及沸腾床中 850 ℃ 床层的余热,称为高温位废热;转化过程 500～600 ℃ 的转化气的热能,称为中温位废热;干燥、吸收过程 100 ℃ 左右循环酸的热能,称为低温位废热。

(1) 高温位废热:含硫原料燃烧生成二氧化硫气体所释放的反应热使烟气温度升高,从焙烧炉或焚硫炉出来的气体,温度在 900～1 100 ℃。

以硫磺或硫化氢为原料的制酸系统,从焚硫炉出来的高温烟气经废热锅炉冷却降温至 420～440 ℃ 直接进入转化工序,即在焚烧工序回收 55%～60% 的燃烧反应热量,其余热量随载热体流动被带入转化器。

以硫铁矿为原料的制酸系统,沸腾床的余热几乎全部被回收,而高温烟气的热量在废热锅炉中一般只能回收 55%～65%,其余部分几乎全部在后继的净化工序中损失掉,因此,在满足与锅炉相接的电除尘器等设备的操作条件的情况下,废热锅炉出口的烟气温度越低,高温位废热回收效率将越高。

(2)中温位废热:二氧化硫氧化反应的温度一般在 420～600 ℃。从转化器各段排出的转化气即载热介质,其热量可通过蒸汽过热器、废热锅炉、省煤器等设备加以回收。

不管以何种原料制酸,每吨酸在转化过程放出的反应热虽基本相等,但可资回收利用的热量却依所用原料类别和工艺流程的不同而异。以硫磺为原料时,除了散热损失和转化气出工序带走的热量外,从锅炉出来进入转化器时气体所带的热能和全部氧化反应热可以得到利用。以硫铁矿为原料时,中温位载热体用于加热从干燥塔或从中间吸收塔进入转化器的冷气体,因而没有或较少中温位废热可以回收利用。

降低出转化工序的气体温度,可增加转化工序回收的热量。出转化工序省煤器的转化气温度以不低于其露点为原则,一般为 130～135 ℃。

(3)低温位废热:干吸工序化学反应产生的热量,使循环酸温度升高,然后被循环酸从干燥、吸收塔中带出,酸温大多在 100 ℃以下,长期以来都采用淋洒式酸冷却排管,由冷却水带出热量。低温位废热的回收利用必须将循环酸温度提高到工艺和设备耐腐蚀所允许的温度,以生产热水的形式几乎全部回收这部分热量。

二、硫酸工业废热利用方式的选择

我国从 20 世纪 50 年代末期开始对硫酸装置废热回收利用的实践,以回收高温位废热为起点,最初采用的低压废热锅炉无法解决炉气中三氧化硫对炉管的露点腐蚀问题。60 年代初,专家、学者们积极投身于废热利用的研究开发工作。1966 年和 1968 年,强制循环和自然循环中压废热锅炉相继投运并获成功,1970 年第一套凝汽式汽轮发电机组又并网发电,为回收高温位废热奠定了基础。目前,达到经济规模的硫酸生产装置都利用高温位废热生产蒸汽,用来发电或供热。有些硫酸厂还利用中温位废热和低温位废热。

我国硫铁矿资源丰富,但各地区矿源品位高低相差较为悬殊;此外,硫酸装置的生产规模差别较大,为了满足不同规模生产装置和不同品位硫铁矿的需要,多年来,硫酸工业废热利用技术主要是致力于硫铁矿制酸废热锅炉的开发和改进,我国在硫铁矿制酸废热锅炉的设计、制造、安装和运行方面积累了丰富的经验。硫铁矿制酸废热锅炉的摸索开发、改进完善和消化吸收国外先进技术的过程一定程度上代表了我国高温位废热回收利用的发展历程,形成了一条结合我国国情的发展路线,这是我国硫酸废热利用的特色之一。

废热回收是利用废热的基础,废热利用是回收废热的目的。针对我国中小型硫酸厂大多是没有其他热用户的特点,目前回收废热生产出的蒸汽绝大部分用于发电,发展小型发电装置是我国硫酸装置废热利用技术的特色之二,随着大型磷化工企业的兴建,以硫酸装置废热锅炉为中心的综合型蒸汽系统的设计和运行正在逐步受到重视,热电(功)联产技术必将进一步得到发展,硫酸生产废热利用技术的研究重点将由废热锅炉转移到中低温位废热回收设备与高中低温位废热综合利用系统优化方面,通过系统优化提高热量回收利用效率。

随着利用高中温位废热产生蒸汽的技术渐趋成熟,大部分硫酸生产装置对含硫原料燃烧和二氧化硫氧化产生的高中温位热能尽可能进行了回收利用,如果低温位废热不加以回收利用,装置总热回收效率也只达到65%左右,各国都在积极开发低温位热能的回收和利用,硫酸生产中废热的回收利用程度已成为衡量硫酸工业技术的一项重要指标,在高中温位热能普遍得到回收利用的情况下,合理开发利用低温位余热,具有重大的现实意义。低温位热能回收技术,美国孟山都(Monsanto)、德国鲁奇(Lurgi)、加拿大凯米迪(Chemetics)公司都成功开发了该技术。其原理都是通过提高吸收系统循环酸温度,用吸收反应热来产生低压蒸汽。硫酸生产装置低温位余热的利用大体来说有三种形式:

(1) 利用低温位余热加热工艺物料,如预热锅炉给水,加热生活用水和工业用水,加热造纸液,浓缩硫酸、磷酸等。

(2) 以低沸点物料为载体,带动透平发电机组发电,如以氟利昂透平蒸汽动力循环,其热源就可以用80～90 ℃ 热水、120～130 ℃低压蒸汽或200～300 ℃烟气,但其理论效率仅为8%～14% ,1 GJ/h 热量的发电量只有 23.9～35.8 kW/h。也有采用低沸点介质丙烷作为工质产生丙烷蒸气,过热后来驱动汽轮机发电。因低沸点工质的传热性能通常较差,在换热温度和热负荷较低的条件下运行时,需要的传热面积往往很大,导致耗用大量的昂贵金属。此外,低沸点工质往往易燃易爆并具有毒性,故系统的密封性要求很高。因此,在利用低温位余热加热低沸点工质进行余热发电设计时,要进行可行性研究及技术经济比较,由于技术和经济方面的问题,未能推广应用。

(3) 采用高温吸收,生产低压蒸汽,增加发电量。美国 Monsanto 公司的 HRS(Heat Recovery System)技术得到较多的推广应用,孟山都开发的 HRS 是由具有两段填料层的热回收塔、酸槽与循环泵、釜式锅炉、酸稀释器及锅炉给水预热器等组成。热量回收塔替代两转两吸流程中的第一吸收塔,塔底部流出的硫 $w(H_2SO_4)$ 为 99.5%～99.9% ,温度为 200～220 ℃,经锅炉回收热量并稀释后回流至热量回收塔的 $w(H_2SO_4)$ 控制在99.0%。从最终吸收塔循环系统引来的 $w(H_2SO_4)$ 为 98.5% 的低温硫酸进入热量回收塔上部,确保较高的吸收率,采用这种工艺,每生产 1 t 硫酸可多回收 0.3～1 MPa 的低压蒸汽约0.5 t,使硫酸厂总的热能回收率达到 90% 以上,产汽率可达 1.8 t/t,这是硫酸工业低温废热利用的一项突破性的技术。

国内低温位热能回收(DWRHS)技术的开发:低温位热能回收系统包括高温吸收塔、高温循环酸泵、蒸汽发生器、混合器、锅炉给水加热器等。来自转化系统的一次转化气由高温吸收塔底部进入,经塔顶部喷淋 $w(H_2SO_4)$ 约 99% 的高温浓硫酸吸收三氧化硫后再进入低温吸收塔,吸收了三氧化硫后的高温浓硫酸流入高温循环酸泵槽,然后由高温循环酸泵送入蒸汽发生器加热锅炉给水使其产生低压蒸汽,酸温降低后进入混合器,与水混合调节 $w(H_2SO_4)$ 到 99% 左右后进入高温吸收塔循环。多余的高温浓硫酸由蒸汽发生器出口引出,经锅炉给水加热器降温后送去干吸塔酸循环槽,也可在锅炉给水加热器后再串联一台脱盐水预热器,进一步回收串向干吸塔酸循环槽硫酸中的热量。低温吸收塔的吸收过程与传统吸收塔的吸收过程相同,以进一步吸收其中剩余的三氧化硫并除去酸雾。经高、低温吸收塔吸收后的气体再去转化系统进行二次转化。其工艺流程见图 1-25。

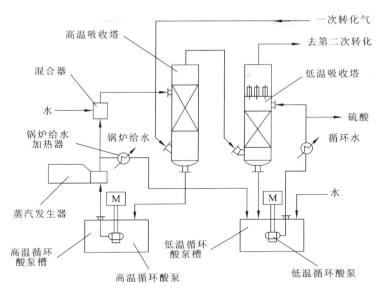

图 1-25　DWRHS 工艺流程示意图

任务三　"三废"处理与综合利用

[知识目标]

1. 熟知硫酸生产过程中排放的"三废"污染物。

2. 了解"三废"的处理过程和循环利用过程。

[技能目标]

1. 能够对生产中产生的"三废"循环使用。

2. 能够采取安全得当的措施,有效治理"三废"。

为保护环境和人民身体健康,国家对硫酸生产中"三废"治理提出了很高的要求。

硫酸生产过程中排放的"三废"污染物,主要是指 SO_2、SO_3 和含酸雾的尾气,固体烧渣和酸泥,有毒酸性废液废水等。对它们应综合利用,变废为宝,减少公害,降低生产成本,使污染物达到国家的排放标准。

一、污水的处理

用硫铁矿炉焙烧制取 SO_2 原料气时排放出数量不等的含污酸的污水。其中含有一些有毒杂质、有色金属及稀有元素,如铁、铅、硒、砷、氟等。砷是剧毒物质,氟危害人体骨骼及牙齿,酸严重影响水生物的生存。可根据排出液的成分及当地条件而采用因地制宜的处理方法。

目前,普遍采用碱性物质中和法,如石灰石、石灰乳、电石渣及其他废碱液。常用的石灰乳中和污水的主要化学反应如下：

$$Ca(OH)_2 + H_2SO_4 \Longrightarrow CaSO_4 \downarrow + 2H_2O$$

$$Ca(OH)_2 + 2HF \Longrightarrow CaF_2 \downarrow + 2H_2O$$

$$Ca(OH)_2 + 2H_3AsO_3 \Longrightarrow Ca(AsO_2)_2 \downarrow + 4H_2O$$

$$Ca(OH)_2 + FeSO_4 \Longrightarrow Fe(OH)_2 + CaSO_4 \downarrow$$

$$4Fe(OH)_2 + 2H_2O + O_2 \Longrightarrow 4Fe(OH)_3$$

$$3As_2O_3(s) + 2Fe(OH)_3 \Longrightarrow 2Fe(AsO_2)_3 + 3H_2O$$

由反应式看出，石灰乳与酸作用，生成难溶的 $CaSO_4$ 和 CaF_2，可除去有害物质 HF。污水中的砷主要靠 $Fe(OH)_3$ 的吸附作用除去。

$Fe(OH)_3$ 是一种胶体物质，表面积很大，吸附能力强，在凝聚过程中吸附溶解在水中的砷以及其他化合物，使其共同沉淀，达到进一步除砷的目的。

经过中和沉降处理，达到排放标准的清液可以排入下水道或返回系统循环使用。

二、烧渣的综合利用

硫铁矿或硫精矿焙烧后残余大量的烧渣，烧渣除含铁和少量残硫外，还含有一些有色金属和其他物质。沸腾焙烧时得到的烧渣分为两部分：一部分是从炉膛排渣口排出的烧渣，粒度较大，铁品位低，残硫较高，占总烧渣量的 30% 左右；另一部分是从除尘器卸下的粉尘，粒度细，铁品味高，残硫较低，有色金属含量也稍高一些。以硫铁矿（硫铁矿含硫量为 35%～25% 时）为原料，每生产 1 t 硫酸，副产 0.7～0.8 t 烧渣。

烧渣和尘灰宜分别利用。它们可用于以下几个方面：

（1）作为建筑材料的原料。代替铁矿石作助溶剂用于水泥生产以增强水泥强度；制矿渣水泥；用硫酸处理并与石灰作用以生产绝热材料；用于生产碳化石灰矿渣砖。用于这些配料的量均不大，如 1 t 水泥约用含铁大于 30% 的矿渣 60 kg。

（2）作为炼铁的原料。1 个年产 40 万 t 硫酸厂的烧渣如能全部利用，可炼钢 10 万～20 万 t。就可利用性而言，烧渣含铁量低于 40% 时，几乎没有作为炼铁原料的利用价值。一般来说，在高炉炼铁时，入炉料的含铁品位提高 1%，高炉焦比可降低 1.5%～2.5%，生铁产量增加 2.6%～3%，因为随入炉料含铁量的增加，脉石量减少，溶剂消耗量降低，燃烧消耗量减少。

国外不少厂矿为提高硫铁矿对硫磺的竞争力，将硫铁矿精选到含硫 47%～52%，使烧渣达到炼铁精料的要求，降低硫酸成本。

（3）回收烧渣中的贵重金属。有些硫化矿来自黄金矿山的副产，经过焙烧制取 SO_2 炉气后，烧渣中金、银等贵重金属含量又有所提高，成为提取金银的原料。

（4）用来生产氧化铁颜料铁红，制硫酸亚铁，玻璃研磨料，钻探泥浆增重剂。

三、尾气的处理

硫酸厂尾气中的有害物质主要为 SO_2（0.3%～0.8%）及微量的 SO_3 和酸雾。提高 SO_2 的转化率是减少尾气中 SO_2 含量的根本方法。当采用"两转两吸"流程，SO_2 的转化率可达 99.5% 以上，不需处理即可排放。未采用"两转两吸"流程的工厂，尾气仍需处理。

尾气回收的方法很多,常用的方法有氨-酸法、碱法、金属氧化法、活性炭法等。目前国内大多数厂采用氨-酸法处理尾气。

氨-酸法是用氨水吸收尾气中的 SO_2、SO_3 及酸雾,通过吸收、分解、中和三个过程。

(1) 吸收。氨水吸收 SO_2,先生成 $(NH_4)_2SO_3$ 和 NH_4HSO_3 溶液。

(2) 分解。因补充氨而使吸收液量有所增加,多余的吸收液用93%硫酸进行分解,可得含有一定量水蒸气的纯 SO_2 和 $(NH_4)_2SO_4$ 溶液。

(3) 中和。分解过程加入的过量 H_2SO_4 需再用氨水中和,生成亚硫酸铵和亚硫酸氢铵溶液,最终生成硫酸铵溶液。主要化学反应可表示为

$$SO_2 + 2NH_3 + H_2O \Longrightarrow (NH_4)_2SO_3$$
$$2(NH_4)_2SO_3 + SO_3 + H_2O \Longrightarrow 2NH_4HSO_3 + (NH_4)_2SO_3$$
$$2(NH_4)_2SO_3 + O_2 \Longrightarrow 2(NH_4)_2SO_4$$

尾气经吸收后,SO_2 含量符合排放标准(0.2%~0.3%)即可放空。分解出来的 SO_2 气体,用硫酸干燥后,得到100%的 SO_2 气体,可单独加工成液体 SO_2,或在分解塔内通入空气吹出,返回系统循环制酸。

[背景知识]

一、硫酸的性质

1. 硫酸的组成

硫酸的化学式是 H_2SO_4,相对分子质量98.08。纯硫酸是一种无色透明的油状液体,相对密度为1.8269,冰点10.4℃。工业硫酸是三氧化硫和水的混合物。如果其中三氧化硫与水的物质的量(n)之比等于1称为无水硫酸;物质的量之比小于1称为含水硫酸;物质的量之比大于1称为发烟硫酸。发烟硫酸是无色至棕色油状黏稠液体。

在生产中,硫酸浓度的表示方法通常以其中所含三氧化硫的质量分数来表示。发烟硫酸的浓度是以其中所含游离三氧化硫或总的三氧化硫质量分数来表示。生产上还习惯把质量分数为98%左右的硫酸简称"98酸"。同样把20%的发烟硫酸简称"105酸"。

常见硫酸的组成见表1-3。

表 1-3　硫酸的组成

名称	$\dfrac{SO_3}{H_2O}$物质的量	硫酸质量分数/%	三氧化硫质量分数/%	
			游离	总和
92%硫酸	0.680	92.00	—	75.10
98%硫酸	0.903	98.00	—	80.00
100%硫酸	1	100.00		81.63
20%发烟硫酸	1.30	104.50	20	85.30
65%发烟硫酸	2.29	114.62	65	93.57

2. 硫酸的物理性质

(1) 硫酸的结晶温度。在硫酸分子中三氧化硫含量不同,结晶温度变化较大。浓硫酸中结晶温度最低的是93.3%硫酸,其结晶温度为−38℃。高于或低于此浓度的硫酸,

其结晶温度都将提高。例如,98%硫酸结晶温度是 0.1 ℃,99%硫酸结晶温度是 5.5 ℃。因此,商品硫酸的品种应具有较低的结晶温度,一般可将产品浓度调整在 93%左右,结晶温度约为－35 ℃,以防止在运输、储藏过程中结晶的可能性。

(2) 硫酸的密度。硫酸水溶液的密度随着硫酸含量的增加而增大,当浓度达到98.3%时密度达到最大值,之后则递减;发烟硫酸的密度也随其中三氧化硫的含量的增加而增大,当游离三氧化硫为 62%时达最大值。继续增加游离三氧化硫含量,发烟硫酸的密度也减少。在生产中,则通过测定硫酸的温度和密度来确定硫酸的浓度,并进行生产操作控制和产量计算。

(3) 硫酸的沸点。在常温下,硫酸的沸点随着质量分数的增加而不断升高。98.3%时沸点为 336.6 ℃,达到最大值,之后则下降。100%的硫酸沸点为 296.2 ℃。发烟硫酸的沸点则随着游离三氧化硫含量的增加而下降,直至 44.7 ℃(液体三氧化硫的沸点)为止。当浓缩稀硫酸时,通过蒸发使其浓度不断增加,直到 98.3%硫酸时,气相与液相组成相同,含量保持恒定,即 98.3%的硫酸为一恒沸混合物。加热发烟硫酸和 98.3%以上的硫酸水溶液时,最终硫酸浓度也是 98.3%,并非 100%。

3. 硫酸的化学性质

硫酸是三大强酸之一,具有强酸的所有通性,能与碱、金属及金属氧化物生成硫酸盐,浓硫酸还具有吸水性、脱水性、强氧化性、腐蚀性等特殊性质。

(1) 硫酸与金属、金属氧化物反应,例如

$$Zn + H_2SO_4 \Longrightarrow ZnSO_4 + H_2 \uparrow$$
$$Al_2O_3 + 3H_2SO_4 \Longrightarrow Al_2(SO_4)_3 + 3H_2O$$

(2) 硫酸与氨及其水溶液反应,生成硫酸铵:

$$2NH_3 + H_2SO_4 \Longrightarrow (NH_4)_2SO_4$$

(3) 硫酸与其他酸类的盐反应,生成较弱和较易挥发的酸。例如,磷酸及过磷酸钙的生产

$$Ca_3(PO_4)_2 + 3H_2SO_4 + 6H_2O \Longrightarrow 2H_3PO_4 + 3[CaSO_4 \cdot 2H_2O]$$
$$2Ca_5F(PO_4)_3 + 7H_2SO_4 + 3H_2O \Longrightarrow 3[Ca(H_2PO_4)_2 \cdot H_2O] + 7CaSO_4 + 2HF$$

(4) 浓硫酸是强脱水剂,蔗糖或纤维能被浓硫酸脱水,生成游离的碳。浓硫酸还能严重破坏动植物的组织,如损坏衣物和烧伤皮肤等。

(5) 在有机合成中,硫酸可作磺化剂。如苯的磺化:

$$C_6H_6 + H_2SO_4 \Longrightarrow C_6H_5SO_3H + H_2O$$

二、硫酸的应用

硫酸的用途极其广泛。无论在国民经济各个部门还是发展生产,科学技术研究,加强国防力量建设等方面都有重要作用。

在化学工业中,硫酸是生产各种硫酸盐、化学纤维、塑料、油漆、医药、农药等行业的原材料;在冶金工业中,钢材加工及其成品的酸洗,炼铝、炼铜、炼锌等也需要大量硫酸;石油的炼制中用硫酸除去不饱和烃及硫化物等杂质;在国防工业中,浓硫酸与浓硝酸的混合物可用于制取硝化甘油、硝化纤维、三硝基甲苯等炸药;原子能工业、火箭工业也需要大量硫酸。

目前,我国硫酸的最大用途是生产化学肥料。且高浓度磷肥用酸量最大。据中国硫酸工业协会介绍,2014 年我国化肥用酸占总消费量的 60.9%,其中磷肥用酸量占化肥用酸的 86.3%,占硫酸总消费量的 52.5%,而高浓度磷肥用酸量占磷肥用酸的 92.8%。在磷铵、重过磷酸钙、硫铵等的生产中,都需要消耗大量的硫酸。

三、硫酸工艺发展的现状

我国硫酸工业是化学工业中建立较早的一个产业。1874 年,天津机器制造局三分厂建成中国最早的铅室法制造硫酸装置。1934 年,河南巩县兵工厂建成第一座接触法制造硫酸装置。

20 世纪 80 年代以前,我国硫酸工业的装置大多规模较小,工艺陈旧,污染较严重,效率低、能耗大;80 年代以后,引进了一批大型生产装置,使得硫酸产能大幅度提高。目前,中国硫酸装置正向大型化发展,硫磺制酸 20 万 t/a 以上装置已达 80%,国产单系列规模最大已达 80 万 t/a;冶炼烟气制酸 20 万 t/a 以上装置已达 75%,国产单系列规模最大已达 75 万 t/a;硫铁矿制酸 20 万 t/a 以上装置已达 45%,国产单系列规模最大已达 40 万 t/a,同时产业集中度进一步提高,2014 年前十名企业的硫酸产量占总产量的 32.8%,到 2012 年底,全国规模以上硫酸生产企业产能已达到 1.06 亿 t。硫磺、冶炼烟气、硫铁矿是我国制酸的主要原料,其中硫磺制酸占 49.7%,冶炼酸占 26.2%,矿制酸占 23.3%,其他制酸占 0.8%;2015 年硫酸行业年会公布,到 2014 年底,我国硫酸产能已达到 1.24 亿 t。2014 年硫磺制酸企业 106 家、硫铁矿制酸企业 174 家,冶炼酸产量大幅增长近 20%,占总产量的比例首次超过 30%。硫酸工业的高速发展,不仅表现在产量的增加,还表现在生产技术水平的提高上。主要体现在以下几个方面:①原料品种方面,块矿和浮选硫铁矿同时使用;高品位矿和低品位矿同时使用;②在焙烧技术方面,目前,用硫铁矿制酸的生产装置已全部使用沸腾焙烧炉,做到了既可烧富矿又可烧贫矿,既可进行氧化焙烧又可进行磁性焙烧和硫酸化焙烧;③在工艺流程方面,由过去水洗净化、一转一吸流程,逐渐过渡到酸洗净化、二转二吸流程,同时采用多种高效率净化设备;④在热能回收方面,基本上做到了大型硫酸厂高温热能利用发电过渡到中、低温位热能同时利用,使热回收率接近 90%。

我国硫酸工业要适应飞速发展的现代化建设的需要,还需更合理利用热能;“节能减排”和“清洁文明生产”将成为“十三五”的发展主线。

四、二氧化硫催化氧化的基本原理

1. 二氧化硫催化氧化的化学平衡

二氧化硫转化为三氧化硫的化学反应为

$$SO_2 + 1/2O_2 \Longleftrightarrow SO_3 \qquad \Delta H_{298} = -96.25 \text{ kJ}$$

这是一个可逆、放热、体积减小且需催化剂的反应。根据化学平衡原理,降低温度和提高压力都有利于反应的进行。

当反应达平衡时,反应物 SO_2 与产物 SO_3 之间的关系可用平衡常数表示:

$$K_p = \frac{p^*_{(SO_3)}}{p^*_{(SO_2)} p^{*0.5}_{(O_2)}}$$

式中,K_p 为化学反应平衡常数;$p^*_{(SO_3)}$ 为平衡状态下三氧化硫的分压;$p^*_{(SO_2)}$ 为平衡状态下二氧化硫的分压;$p^*_{(O_2)}$ 为平衡状态下氧的分压。

温度在 400~700 ℃ 范围内,平衡常数与温度的关系如下

$$\lg K_p = \frac{4\,905.5}{T} - 4.645\,5$$

由于二氧化硫转化为三氧化硫为可逆过程,不可能全部转化。生产中常用转化率表示二氧化硫转化为三氧化硫的程度,即已反应的二氧化硫对起始的二氧化硫总量之比的百分数。反应达平衡时的转化率称为平衡转化率(X_T),是该条件下可能达到的最大转化率,用下式表示:

$$X_T = \frac{p^*_{(SO_3)}}{p^*_{(SO_2)} + p^*_{(SO_3)}}$$

由以上几个公式知,影响平衡转化率的因素有温度、压力和气体的起始组成。

(1)温度。二氧化硫的转化为放热反应,当二氧化硫的起始含量以及压力一定时,降低温度,反应的平衡常数增加,平衡转化率也增加。反之,平衡转化率越低。

温度与转化率的关系如表1-4及表1-5所示。表1-4是压力为0.1 MPa,焙烧硫铁矿时的炉气平衡转化率与温度的关系。由表可清楚地看出,当压力一定,二氧化硫和氧气的起始浓度一定时,降低反应温度,反应的平衡常数增加,因而平衡转化率也增加。

同样由表1-5也可看出,当压力、炉气的起始组成一定时,降低温度,平衡转化率亦增加。

表 1-4　温度与转化率的关系

温度/℃	$x(SO_2)/\%$							
	5	6	7	7.5	8	9	10	12
	$x(O_2)/\%$							
	13.9	12.4	11	10.5	9	8.1	6.75	5.5
	$X_T/\%$							
400	99.3	99.3	99.2	99.1	99.0	98.8	98.4	90.0
440	98.3	98.2	97.9	97.8	97.5	97.1	96.1	88.5
480	96.2	95.8	95.4	95.2	94.5	93.7	91.7	83.8
520	92.2	91.5	90.7	90.3	89.1	87.7	84.8	76.7
560	85.7	84.5	83.4	82.8	81.0	79.0	75.4	67.9
600	76.6	75.1	73.4	72.6	70.4	68.1	64.2	57.7

表 1-5　平衡转化率与压力及温度的关系

温度/℃	压力/MPa					
	0.1	0.5	1.0	2.5	5.0	10.0
400	0.99	0.99	0.99	0.99	0.99	0.99
450	0.97	0.98	0.99	0.99	0.99	0.99
500	0.93	0.96	0.97	0.98	0.99	0.99
550	0.85	0.92	0.94	0.96	0.97	0.98
600	0.73	0.85	0.89	0.93	0.95	0.96

（2）压力。二氧化硫氧化反应是体积缩小的反应，故增大压力可提高平衡转化率，由表 1-5 可知，当其他条件不变时，平衡转化率随压力增大而增大。但压力的改变对平衡转化率的影响没有温度的影响显著，因为常压下平衡转化率已达 95％～98％以上。

（3）炉气的起始组成。由表 1-4 可看出，在相同的压力和温度下，氧气的起始含量越大，平衡转化率越高。

2. 二氧化硫氧化的反应速率

实践证明，除温度对反应速率有很大影响外，炉气的起始浓度对反应速率也有影响。炉气中二氧化硫起始浓度增大时，氧气的起始浓度则相应减少，反应速率随之减慢。为保持一定的反应速率，炉气中的二氧化硫起始浓度不宜过大。

与其他的催化反应一样，二氧化硫的氧化在催化剂存在时反应速率也会大大加快。

五、三氧化硫的吸收原理

炉气中的二氧化硫经催化氧化后，转化器气中约含有 7％的三氧化硫，其余为氮、氧和 0.2％左右未转化的二氧化硫。

用硫酸水溶液吸收转化气中的三氧化硫，可制得硫酸和发烟硫酸。反应式为

$$nSO_3 + H_2O \Longrightarrow H_2SO_4 + (n-1) SO_3 + Q$$

随着三氧化硫和水的物质的量之比的不同，可以生成各种浓度的硫酸。如前所述，如果 $n<1$，生成含水硫酸；$n=1$，生成无水硫酸；$n>1$，生成发烟硫酸。

实际生产中，一般用循环硫酸来吸收三氧化硫。吸收酸在循环过程中增浓，需要用稀酸或水稀释，与此同时，不断地取出部分循环酸作为产品。

产品酸的浓度可根据需要来确定。通常有浓度为 98％或 92.5％的浓硫酸及含 20％游离三氧化硫的标准发烟硫酸（俗称 105％酸）。

［复习与思考］

1. 硫酸生产中的技术经济指标有哪些？
2. 硫酸生产中的"三废"主要指什么？
3. 硫酸生产中尾气的主要成分是什么？采用哪种方法处理？

单元二　合　成　氨

教学目标

1. 了解氨的性质和用途。
2. 了解氨合成原料气的生产和净化方法。
3. 掌握合成原料气的生产和净化原理、工艺参数的控制及工艺流程。
4. 掌握氨合成塔的结构选型。
5. 掌握氨的合成原理、工艺条件和工艺流程。

重点难点

1. 合成氨过程中工艺参数的控制方法分析。
2. 合成氨生产过程中合理工艺的选择与设计。

[背景知识]

氨的分子式为 NH_3，在标准状态下为无色气体，比空气轻，具有刺激性气味。氨易溶于水，并放出大量的热，常温常压下 1 体积水可溶解 700 倍体积氨，可生产 15％～30％ 的氨水，氨水溶液显弱碱性，易挥发。氨易液化，在 0.1 MPa 的压力下，将氨冷却至 −33.5 ℃，或在常温下加压到 0.7～0.8 MPa，氨就能冷凝成无色液体，同时释放大量热，液氨是一种优良的溶剂。液氨很容易气化，降低压力可急剧蒸发，并吸收大量热量，常用作冷冻剂。氨具有强烈的毒性，空气中含有 0.5％（体积分数）的氨，就能使人在几分钟内窒息而死。

氨在常温下化学性质稳定，在高温、电火花或紫外光的作用下可分解为氮气和氢气。氨是一种可燃性物质，燃点 630 ℃，一般较难点燃。空气中含有 15.5％～28％（体积分数）的氨时，遇明火可能发生爆炸。氨在纯氧中燃烧时产生淡黄色火焰，生成氮气和水。氨与二氧化碳作用生成氨基甲酸铵，脱水生成尿素，采用浓氨水吸收二氧化碳气体能获得碳酸氢铵产品，氨还能生成各种配位化合物。

氨是重要的化工产品之一，有着很广泛的用途，氨是世界上产量最多的无机化合物之一，80％ 以上的氨被用于制作化肥。氨还是一种重要的工业原料，广泛用于制药、炼油、合成纤维、合成树脂以及国防工业和尖端技术领域。

1901 年,法国化学家勒夏特列(Le Chatelier)第一个提出氨的合成条件是在高温、高压下,并采用适当的催化剂。德国化学家哈伯(Haber)研究了在高压条件下将生成的氨除去,再将高压气体进行循环的方法,并于 1908 年申请了"循环法"专利。哈伯提出在锇催化剂存在下,氮气和氢气在压力为 17.5～20 MPa 和温度为 500～600 ℃下可直接合成氨,反应器出口氨含量达到 6%,并于 1909 年建立了一个 80 g/h 合成氨的实验装置。德国 BASF 公司对哈伯的研究工作很感兴趣,确信其直接合成法有很高的经济价值,于是聘请了德国工业化学家博施(Bosch)参与工作,使哈伯的研究成果直接法合成氨实现了工业化,人们称这种方法为哈伯-博施法。

不同的合成氨厂,生产工艺流程不完全相同,但是无论哪种类型的合成氨厂,直接法合成氨生产均包括以下三个基本过程,如图 2-1 所示。

图 2-1　合成氨生产工艺流程示意图

原料气制造工序:原料气制造工序的主要任务是制造生产合成氨所用的粗原料气,即氢气和氮气的混合物。氢气来源于水蒸气和含有碳氢化合物的各种燃料,用于制造原料气的原料可分为固体原料、液体原料和气体原料三种。目前工业上普遍采用煤、焦炭、天然气、轻油、重油等燃料,在高温下与水蒸气反应的方法制造氢气。固体原料主要有煤和焦炭,液体原料主要有原油、轻油、重油等,常用的气体原料有天然气、油田气、炼厂气和焦炉气等四种。氮气来源于空气,如以煤为原料制气时,在制氢过程中直接加入空气,将空气中的氧与可燃性物质反应而除去,剩下的氮气与氢气混合,即得到氢、氮混合原料气。

原料气净化工序:该工序的主要任务是将来自原料气制造工序的合成氨粗原料气经脱硫、变换、脱碳、精炼等过程,除去原料气中的杂质后才能满足合成氨的要求。

氨合成工序:氨合成工序将符合要求的氢、氮混合气压缩到一定压力下,在高温、高压及催化剂存在的条件下,将氢氮气合成为氨。

我国以煤为原料的中型合成氨厂多数采用 20 世纪 60 年代开发的三催化剂净化流程,即采用脱硫、变换及甲醇化三种催化剂来净化气体,以代替传统的铜氨液洗涤工艺,如图 2-2 所示。以煤为原料的小型氨厂则采用碳化工艺,用浓氨水吸收二氧化碳,得到碳酸氢铵产品,将脱碳过程与产品生产过程结合起来,如图 2-3 所示。

图 2-4 所示为以天然气为原料生产合成氨工艺流程,适用于天然气、油田气、炼厂气等气体原料,稍加改进也可适用于以石脑油为原料的合成氨厂。天然气、炼厂气等气体原料制氨的工艺流程,使用了 7～8 种催化剂,需要有高净化度的气体净化技术配合。图 2-5 所示为以重油为原料的工艺流程,采用部分氧化法制气,从气化炉出来的原料气先清除炭黑,经一氧化碳耐硫变换、低温甲醇洗和液氮洗、再压缩、合成得到氨,该流程中需设置空气分离装置,提供氧气将油气化,氮气用于液氮洗涤脱除残余的一氧化碳。

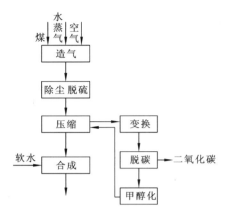

图 2-2 以煤为原料中型氨厂的合成氨流程

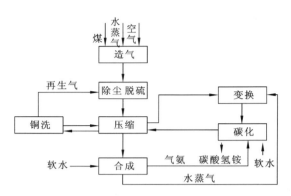

图 2-3 以煤为原料小型氨厂的合成氨流程

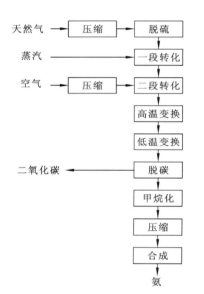

图2-4 以天然气为原料生产合成氨工艺流程

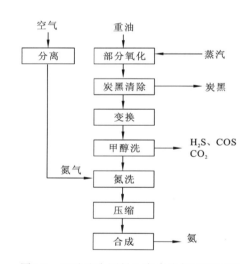

图 2-5 以重油为原料生产合成氨工艺流程

项目一　合成氨原料气的制取

　　合成气是以一氧化碳和氢气为主要组分,用作化工原料的一种原料气。合成气的原料范围很广,可由煤或焦炭等固体燃料气化产生,也可由天然气和石脑油等轻质烃类制取,还可由重油经部分氧化法生产。工业上通常先在高温下将这些原料与水蒸气作用制得含氢气、一氧化碳等组分的合成气,这个过程称为造气。

任务一　合成氨原料气制取方法的选择

[知识目标]

1. 了解合成氨原料气制取方法。
2. 掌握固体燃料气化法生产煤气的种类。

[技能目标]

1. 能够分析比较合成氨原料气生产方法。
2. 能够根据设定情境选择最佳的造气方式。

合成氨原料气中的氢气主要由天然气、石脑油、重质油、煤、焦炭、焦炉气等制取,常用的造气方法有三种:固体燃料气化法、烃类蒸气转化法和重油部分氧化法。

一、固体燃料气化法

固体燃料气化法是指采用氧或含氧气化剂对固体燃料如焦炭、块煤或型煤等进行热加工,使其转化为可燃性气体。煤的气化是有控制地将氧或含氧化合物(如 H_2O、CO_2 等)通入高温煤炭(焦炭层或煤层)发生有机物的部分氧化反应,从而获得含有 H_2、CO 等可燃气体的过程,这些气体可作为化工原料。气化炉中煤在高温条件下与气化剂反应,使固体燃料转化成气体燃料,只剩下含灰的残渣。粗煤气中的产物是 CO、H_2 和 CH_4,伴生气体是 CO_2、H_2O 等。此外,还有硫化物、烃类产物和其他微量成分。

工业上以煤为原料,采用不同的气化剂,可得到以下几种不同的煤气。

(1)空气煤气:一种可燃性气体,煤和空气作用制得,主要成分为 N_2、CO_2 等。合成氨生产中也称吹风气。

(2)水煤气:一种低热值气体燃料,利用水蒸气通过炽热的焦炭而生成的气体,主要成分是 H_2 和 CO,用于合成氨、合成液体燃料等的原料。

(3)混合煤气:以空气和蒸汽同时作为气化剂所制得的煤气,其配比量以能够维持反应的自热平衡为原则。

(4)半水煤气:将适量空气和蒸汽按一定比例一起吹入煤气发生炉中与赤热的无烟煤或焦炭作用而产生的煤气,是水煤气和发生炉煤气的混合气体,所得到气体组成符合 $(CO+H_2)/N_2=3.1\sim3.2$(物质的量比),作为合成氨原料气。上述四种工业煤气的组成如表 2-1 所示。

表 2-1　四种工业煤气组成(V/V)

名称	气化剂	组成/%						热值/(kJ/m^3)	主要用途
		H_2	CO	CO_2	N_2	CH_4	O_2		
空气煤气	空气	2.5	9.9	14.6	72.0	0.5	0.5	3 800~4 600	燃料
混合煤气	空气、水蒸气	13.4	27.3	5.5	52.8	0.5	0.5	5 000~5 200	燃料
水煤气	水蒸气	48.2	38.4	6.0	6.4	0.5	0.5	10 000~11 300	燃料
半水煤气	水蒸气、空气	38.7	30.5	8.0	21.8	0.5	0.5	8 800~9 600	合成氨、原料气

表 2-1 中,空气煤气中含氮量过高,而水煤气中氮含量又过低,若将空气煤气和水煤气按一定比例混合,则可使成分达到合成氨原料气的要求,工业上称这样的煤气为半水煤气,其组成要求为 $(CO+H_2)/N_2=3.1\sim3.2$(物质的量比),这是因为 CO 在后续变换工序中不能完全转化为 H_2,因此原料气中的 $(CO+H_2)/N_2$ 比理论比值稍大。

二、烃类蒸气转化法

烃类蒸气转化是将烃类与水蒸气的混合物流经管式炉管内催化剂床层,管外加燃料供热,使管内大部分烃类转化为 H_2、CO 和 CO_2。然后将此高温(850～860 ℃)气体送入二段炉,此处送入合成氨原料气所需的加 N_2 空气,以便转化气燃烧并升温至 1 000 ℃以上,使 CH_4 的残余含量降至约 0.3%,从而制得合格的原料气。

以天然气制氢气具有如下特点:①天然气既是原料气也是燃料气,无需运输,氢能耗低、消耗低、氢气成本最低,适合于较大规模制氢;②自动化程度高、安全性能高;③与煤造气比较,具有占地面积小、无污染、无废渣、环保性能好等优势。

天然气制氢气的工艺流程示意图见图 2-6。

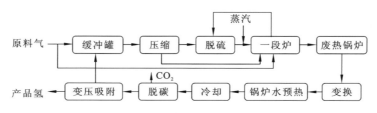

图 2-6　天然气制氢气总流程图

目前,以气态烃为原料,生产合成氨原料气的方法按热量供给方式的不同,主要有以下两种:

(1)蒸汽转化法。蒸汽转化法分两段进行,先在一段炉装有催化剂的转化管内,蒸汽与气态烃进行吸热的转化反应,反应所需热量由管外提供。气态烃转化到一定程度后,送入装有催化剂的二段炉内,加入适量空气,与部分可燃性气体燃烧,为剩余烃进一步转化提供热量,同时为合成氨的生产提供氮气。该法投资省、能耗低,是生产合成氨最经济的方法,目前在国内外得到广泛应用。

(2)间歇催化转化法。间歇催化转化法的生产过程分为吹风和制气两个阶段,并不断交替进行。在吹风阶段,气态烃与空气在燃烧炉内燃烧,生成的烟道气使催化剂达到烃类蒸气转化反应所需的温度。在制气阶段,气态烃与蒸汽在催化剂层进行转化反应,制取合成氨原料气。该法不需要制氧装置,投资省、建厂快,但热利用率低、原料烃消耗高、操作复杂,因而应用受到一定限制。

以气态烃为原料,不论采用哪种生产方法制得的半水煤气,都应该满足下列要求:①$(CO+H_2)/N_2=3.1\sim3.2/L$;②$CH_4$ 残余量<0.5%;③O_2 残余量<0.2%;④炭黑含量<10 mg/m³;⑤不饱和碳氢化合物为痕量。

三、重油部分氧化法

重油部分氧化是指重质烃类和氧气进行部分燃烧,反应放出的热量,使部分碳氢化合物发生热裂解以及裂解产物的转化反应,最终获得以 H_2 和 CO 为主体,含有少量 CO_2 和 CH_4(CH_4 通常在 0.5%以下)的合成气。

四、合成氨原料气制取方法的选择

我国石油资源不足,存在"富煤、少气、贫油"的能源格局,天然气探明储量仅占世界储量的 1.7%,所以以煤炭作为主要原料(包括以炼焦过程中产生的焦炉煤气为原料的),占据整个合成氨的 76%。而且随着天然气价格的不断上涨,这个比例还会持续升高,用重油和渣油作原料的造气工艺所占比例更少,故本部分主要讲述以固体煤为原料的制取半水煤气工艺。

任务二 固定层间歇气化法制取原料气

[知识目标]

1. 了解气化炉燃料层的分区、间歇气化法的工作循环。
2. 掌握间歇气化工艺流程、工艺条件和气化炉结构。

[技能目标]

1. 能够对固定层间歇气化法造气生产过程进行工艺控制。

2. 能够绘制固定层间歇气化工艺流程示意图。

一、分析间歇气化的生产条件

1. 煤气炉内燃料层的分区

工业上间歇气化过程,是在固定层煤气炉中进行的。固体燃料由顶部间歇加入,气化剂通过燃料层进行气化反应,气化后的灰渣自炉底排出。在固定层煤气发生炉中,固体燃料的气化反应并不是遍布整个燃料层的。当空气(或氧、富氧空气)自下而上通过燃料层进行气化反应时,可以将发生炉内部分为五层,煤气炉内燃料层的分区如图 2-7 所示。燃料层从上到下可分为干燥层、干馏层、气化层(氧化层和还原层)、灰渣层。

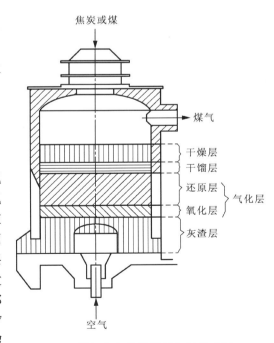

图 2-7 煤气发生炉燃料层分区示意图

(1) 干燥层。干燥层位于燃料层顶部,上升的热煤气与刚入炉的燃料在这一层相遇,进行热交换,燃料中的水分受热蒸发。一般认为干燥温度在 25～150 ℃,这一层的高度也随不同的操作情况而异,没有相对稳定的层高。

(2) 干馏层。干馏层在干燥层下面、还原层的上面,燃料发生分解,放出挥发分及其他干馏产物变成焦炭,焦炭由干馏层转入气化层进行化学反应。干馏层温度在 150～700 ℃,高度随燃料中挥发分含量及煤气炉操作情况而变化,一般>100 mm。

(3) 还原层。在还原层,二氧化碳和水蒸气被碳还原成一氧化碳和氢气,从上升的气体中得到大量热量,还原层温度较高,为 800～1 100 ℃。

(4) 氧化层。氧化层也称燃烧层(火层),从灰渣中升上来的气化剂中的氧与碳发生剧烈的燃烧而生成二氧化碳,并放出大量的热量。氧化层的高度一般为 100～200 mm,温度一般小于煤的灰熔点,控制在 1 200 ℃左右。

(5) 灰渣层。煤燃烧后产生灰渣,形成灰渣层,它在发生炉的最下部,覆盖在炉箅之上。可保护炉箅和风帽,可预热气化剂,灰渣层还可使进入的气化剂在炉膛内均匀分布。

在实际生产的发生炉中,分层分布也不是很严格,相邻两层往往是相互交错的,各层温度也是逐步过渡的,很难具体划分。

2. 间歇法造气的工作循环

间歇法制造半水煤气时,需要向煤气炉内交替地送入空气和蒸汽。自上一次开始送空气到下一次开始送空气为止,称为一个工作循环。实际生产中,为了安全、燃料层温度均衡、提高煤气的产量和质量,制气过程不能仅以吹风和制气循环进行。采用吹风阶段送入空气,制气阶段送入蒸汽和适量空气的生产流程时,每个工作循环包括以下五个阶段。

(1) 吹风阶段。空气自炉底送入,与碳发生燃烧反应,目的是放出的热量储存于燃料层中,为制气阶段碳与蒸汽的反应提供热量。吹风气的主要成分是 N_2 和 CO_2,也含有少量的 CO。如图 2-8 所示,阀门 1、7、9 打开。

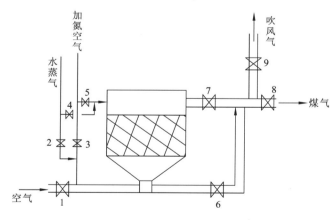

图 2-8　间歇法制半水煤气各阶段气体流向示意图

(2) 上吹制气阶段。吹风时的炉温升到规定的范围后,此时从炉底部通入混有适量空气的蒸汽,与碳反应生成的水煤气从出口引出。制气阶段给蒸汽中加入空气的目的主要是得到 N_2,制取$(CO+H_2)/N_2＝3.1～3.2$ 的半水煤气,故称为加氮空气。其次,加氮空气与碳的反应,也为蒸汽与碳的反应提供了热量。如图 2-8 所示,阀门 2、3、7、8 打开。

（3）下吹制气阶段。在上吹制气阶段,蒸汽和加氮空气自下而上通过燃料层,气化剂温度比较低且气化反应大量吸热,将使气化层底部的燃料温度降低,甚至熄灭,因而气化层变薄,而燃料层上部不断被高温煤气加热,使气化层上移,煤气炉上部温度升高,煤气带走的显热损失增加。为了避免上述现象的发生,在上吹制气阶段之后,必须改变气流方向,将蒸汽和加氮空气自炉顶送入,生成的半水煤气由炉底引出。这一过程称为下吹制气阶段。如图 2-8 所示,阀门 4、5、6、8 打开。

（4）二次上吹制气阶段。下吹制气以后,燃料层温度大幅度下降,需要再送入空气提高炉温。但当下吹制气结束后,煤气炉下部及燃料层内残留着半水煤气,如果立即吹风,空气和半水煤气在炉底部相遇,就会发生爆炸。因此,当下吹制气阶段之后,蒸汽和加氮空气再次改变方向,自下而上通过燃料层,进行二次上吹制气,将炉底部残留的半水煤气排净,为送入空气创造安全条件。二次上吹阶段也能生产半水煤气,但主要是防止爆炸。如图 2-8 所示,阀门 2、3、7、8 打开。

（5）空气吹净阶段。二次上吹后转入吹风,但煤气炉上部空间及煤气系统中充满着半水煤气,如果随着转入吹风阶段就立即放空,不仅损失了半水煤气,而且水煤气排出烟囱口时和空气混合,遇到火星也可能引起爆炸。因此,在转入吹风之前,从炉底部吹入空气,所产生的空气煤气与原来残留的水煤气一并送入气柜,加以回收。这一过程称为空气吹净阶段。然后转入吹风阶段,重复循环。如图 2-8 所示,阀门 1、7、8 打开。

在我国部分小氮肥企业,采用上下吹制气阶段只送入蒸汽,不采用送入加氮空气的流程。由于制气阶段只能得到水煤气,为了能获得氮气,除了在空气吹净阶段回收一部分吹风气外,在吹风阶段后期,将生成的吹风气不放空,送入气柜（因为这时炉温较高,气体中 CO 含量较高）,与水煤气混合,得到半水煤气。这一过程称为回收阶段。因此,一个工作循环由吹风、回收、一次上吹、下吹、二次上吹和空气吹净六个阶段组成。与上、下吹制气阶段具有加氮空气的流程相比,工作循环基本相同,所不同的是增加了回收阶段。

3．间歇式制半水煤气工艺参数的控制

（1）炉温的控制。燃料层中温度以氧化层为最高,操作温度一般指氧化层温度,简称炉温。气化层温度高是煤气优质、高产的必要条件,同时它可以加快气化反应的速率,提高蒸汽分解率和煤气炉气化强度。对煤耗及汽耗影响也很大,因此应尽可能将气化层温度控制在高限,但气化层最高温度受煤灰分熔点的限制,超过灰熔点就会使气化层严重结疤结块,破坏正常的气化作业。根据燃料的性质不同,一般控制在 1 000～1 200 ℃（低于灰熔点 50～100 ℃）范围内。表 2-2 为不同原料制气时煤气发生炉顶底的推荐温度。

表 2-2　为不同原料制气时煤气炉顶底推荐温度

入炉原料	炉顶温度/℃	炉底温度/℃
焦炭	500	<250
碳化煤球	350～450	<250
清水煤棒	300～350	<250
块煤	400～500	<250

（2）气化剂的流速。

a. 吹风速度。前已叙述对于碳和氧气的气化反应，在一般操作条件下，碳和氧的燃烧反应属于扩散控制，因此提高空气流速有利于加快反应速率，炉温得到迅速提高，且增加了有效制气时间。而燃烧反应所得的 CO_2 在还原层的还原反应属化学动力学控制，即反应速率缓慢，因此提高空气流速可以减少 CO_2 与碳的接触时间，使 CO_2 还原机会减少，这样吹风气中 CO 含量减少，热损失也较少。

当气体的流速过大会使带出物大量增加，燃料层吹成风洞甚至吹翻，造成气化条件严重恶化。一般情况下，带出物允许范围为总入炉煤量 2%～4%。气化无烟煤时吹风速度以 0.5～0.85 m/s 为宜；气化焦炭时吹风速度可提高到 1.0～1.2 m/s；气化清水煤棒时吹风速度以 0.7～0.8 m/s 为宜。在实际生产中吹风速度的提高，往往受到鼓风机出口压力（气化炉的阻力）的限制，因此必须根据选用燃料及炉内阻力选用适宜的高效风机。

b. 蒸汽流速。蒸汽流速一般控制在 0.10～0.35 m/s。当原料煤化学活性高，气化层温度高时，气化剂和煤的反应速率极快，所以蒸汽用量可以大一些，但蒸汽流速不能过大，它使蒸汽分解率下降，未分解的蒸汽又带走了气化层中的热量，导致气化层温度急剧下降，使煤气质量产量受到明显的影响，蒸汽及煤耗也增加。

（3）蒸汽用量。蒸汽用量是改善煤气产量与质量的重要手段之一。蒸汽用量随蒸汽流速和加入的延续时间而变化。由于气化过程吸收热量，而炉温迅速下降，蒸汽分解率也随之下降。只有在高炉温时，增大蒸汽流速才能增加煤气产量，提高制气效率。蒸汽流速过小时，气化强度降低，相对地增大了热量损失，也使制气效率下降。蒸汽用量过大，蒸汽分解率将降低，吹蒸汽量增加。蒸汽分解率一般为 30%～50%，耗蒸汽量约为 2～3.5 t。

（4）炭层高度。适当提高炭层高度可以利于吹风反应热量的储存，对提高制气阶段的产气量及气体质量是有利的。如果炭层选择过高，则阻力增加会影响风速的提高，增加风机负荷，使吹风时间延长，这样吹风反应中 CO_2 还原成 CO 的反应机会增多，吹风气中 CO 含量升高，热损失也增加。但炭层也不宜过薄，否则吹风时容易形成风洞，造成煤气中氧含量升高。

对于 $\phi 2\ 600$ mm 煤气炉，一般从风帽算起，燃料层高度为 1.4～1.6 m；$\phi 2\ 740$ mm 煤气炉，燃料层高度为 1.6～1.8 m。燃料的粒度在操作中对燃料层高度的控制是一个重要的因素。燃料粒度大或热稳定性较好，燃料层孔隙大，其阻力小，应适当提高燃料层高度；燃料粒度小或热稳定性差，其燃料层阻力大，应适当降低燃料层高度。

（5）循环时间的分配。吹风过程与制气过程的每一个工作循环所需的时间称为循环时间。如果吹风时间长，炉温高，吹风气中 CO 高，储存炭层中的热量就相应减少。如果制气时间长，燃料层温度下降得多，煤气的产量及质量也随之下降。如果循环时间太长，则气化层温度和煤气的产量、质量波动大。循环时间短，气化层的温度波动小，煤气的产量和质量也较稳定，但阀门开关占有的时间相对延长，缩短了设备的有效生产时间，而且因阀门开关过于频繁，容易损坏。一般循环时间为 2～3 min。

循环中各阶段的时间分配，随燃料的性质和工艺操作的具体要求不同而异。吹风时间以使燃料层具有较高温度为原则，其长短主要取决于燃料的性质和空气的流速等条件。在燃料活性高、粒度均匀、机械强度高、燃料层阻力比较小的条件下，可以提高吹风速度，从而缩短吹风时间。上、下吹制气时间,以维持气化层稳定和保证煤气质量为原则。一次上吹制气时,虽然炉温较高,煤气产量和质量较好,但时间过长,将使气化层急剧上移,影响正常操作。下吹制气时,能使气化层恢复正常,并且下吹蒸汽如果采用过热蒸汽,蒸汽入炉前温度较高,制气效果好,所以一般下吹制气时间较上吹制气的时间长。二次上吹制气和空气吹净的时间,以能够达到排净煤气炉下部空间和上部空间残留煤气为原则,一般很少改变。

吹风和制气时间分配均与入炉煤的粒度、机械强度、热稳定性、灰熔点等性质有关。如入炉煤活性好,灰熔点低,吹风时间不宜过长。如入炉煤机械强度及热稳定性差,只能适当延长吹风时间。入炉煤机械强度及热稳定性较好,粒度较大,气化层易上移,上吹制气时间不宜过长,粒度较小或灰熔点较低,下吹制气时间过长将易使炉内结疤。为了降低煤气中甲烷含量,适当延长上吹制气时间使炉上温度稍高也是有效的办法。

吹风时间一般控制在 $20\%\sim30\%$,上吹制气时间为 $20\%\sim30\%$,下吹制气时间为 $35\%\sim45\%$。二次上吹制气时间和空气吹净的时间一般为 $5\%\sim8\%$。不同燃料气化时,每一工作循环中各阶段时间的分配范围,大致如表 2-3 所示。

表 2-3　不同燃料循环时间的分配范围

燃料品种	时间分配/%				
	吹风	上吹	下吹	二次上吹	空气吹净
无烟块煤(25~75 mm)	24.5~25.5	25~26	36~37	7~9	3~4
无烟块煤(15~25 mm)	25.5~26.5	26~27	35~36	7~9	3~4
焦炭(15~50 mm)	22.5~23.5	24~26	40~42	7~9	3~4
碳化煤球	27.5~29.5	25~26	36~37	7~9	3~4

(6) 气体成分。气体成分主要是要求半水煤气中 $(H_2+CO)/N_2=3.1\sim3.2$,$(H_2+CO)\geqslant68\%$。调节氮含量的方法可以改变加氮空气量,或者增减回收阶段及空气吹净的时间,改变吹风气量。此外,应尽量降低半水煤气中 CH_4、CO_2 和 O_2 的含量,特别是要求 O_2 含量 $\leqslant0.5\%$。若 O_2 含量过高时,有引起爆炸的危险;O_2 含量过高还会烧坏催化剂,影响催化剂的使用寿命;增加半水煤气消耗(O_2 含量增加 1%,半水煤气增加消耗 3%),吨氨多耗蒸汽 1 075 kg。半水煤气中硫含量的高低,主要取决于燃料的性质和气化方法,大多数优质块煤含硫量低于 1 g/Nm³,劣质煤的含硫量有的高达 10 g/Nm³。半水煤气中的硫主要以 H_2S 的形态存在,只有极少量呈有机化合物的形态。硫化物对合成氨生产的主要危害有:①毒害催化剂;②腐蚀设备和管道;③污染溶液和污染环境;④降低产品质量,使产品呈黑色或红色等。

二、识别间歇式煤气发生炉结构

目前中、小型合成氨企业常用的煤气炉有 $\phi2.26$ m、$\phi2.4$ m、$\phi2.6$ m/$\phi2.65$ m、$\phi2.74$ m/$\phi2.8$ m、$\phi3$ m、$\phi3.3$ m 及 $\phi3.6$ m 等几种。固体燃料在煤气炉内与空气和蒸汽反应,生成半水煤气。其煤气炉的基本结构相同,现以 $\phi2$ 740 mm 煤气炉为例,介绍煤气炉的结构。如

图 2-9 所示,其结构可分为五个部分。

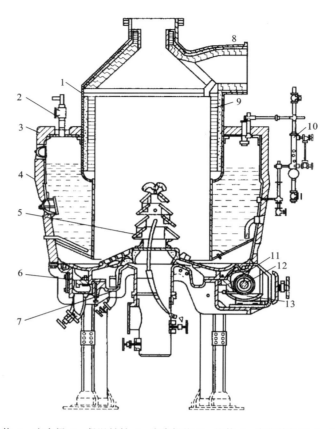

1—炉体;2—安全阀;3—保温材料;4—夹套锅炉;5—炉箅;6—灰盘接触面;7—底盘;
8—保温砖;9—耐火砖;10—液位计;11—蜗轮;12—蜗杆;13—油箱
图 2-9 φ2 740 mm 煤气发生炉

(1)炉体。钢板焊接的炉壳 1,上部内衬有二层耐火砖 9 及保温砖 8,下部是夹套锅炉 4。底部由于灰渣块的挤碾,最易磨损,故焊有保护钢板。炉口有铸钢护圈,以防加料时磨损耐火砖。

(2)夹套锅炉。夹套锅炉 4 的传热面积约 16 m^2,容水量约 15 t。外壁和炉外壁均包覆石棉绒保温层 3,以防热量损失。夹套锅炉的作用主要是防止由于燃料层温度过高,灰渣粘在炉壁上而发生挂炉现象,并副产低压蒸汽。夹套锅炉的高度以保证炉内燃料层能得到充分冷却而不发生熔结挂炉为原则,适当增加夹套锅炉的高度,有利于提高气化层温度和炭层高度。此外,夹套锅炉上还安装有液位计 10、水位自动调节器、安全阀 2 等附件。与夹套锅炉相连的汽包又称集汽包,由筒体、水位表、安全阀、液位计等组成。

(3)底盘。煤气炉的底盘 7 由两个半圆形铸件组合而成,两侧有灰斗。底盘与炉壳通过大法兰连成一体,用填料密封。底盘的底部中心管与吹风和下吹管线呈 Y 形连接。中心管下侧装有通风阀门和清理阀门。底盘上部有轴承轨道,用以承托机械除灰装置、灰渣及燃料层的重量。底盘上有溢流排污管和水封桶,用以排泄冷凝水和油污,并防止气体外逸。水封桶内水封高度约 2 m,当煤气炉内压力超过 19.6 kPa 时,气体将冲破水封,使炉内压力降低,起安全保护作用。

(4)机械除灰装置。除灰装置包括炉箅(或称炉条)5、能够转动的灰盘 6、蜗轮 11、蜗杆 12 以及固定不动的灰犁等。灰盘承受灰渣和燃料的重量,由内外两个外缘倾斜的环形铸铁圈组成,外圈称为外灰盘,内圈称为内灰盘,一般都是由四块耐热铸铁件组合而成,在灰盘的倾管面上固定有四根月牙形灰筋,称为推灰器,作用是将灰渣推出灰盘,并将内外灰盘连成一体。灰盘底下的轴承轨道压合在底盘轴承轨道上旋转。宝塔形炉条固定在内灰盘上,随灰盘旋转。外灰盘底部有一个铸齿的大蜗轮,被传动装置带动而使灰盘旋转。固定在出灰口上的灰犁,在灰盘旋转过程中将灰渣刮入灰斗,再定期排出。

(5)传动装置。机械除灰机构的运行是由电动机提供动力,通过齿轮减速装置来完成的。蜗杆、蜗轮与铸齿的大蜗轮的连接部件都是密封的,以防气体逸出。传动装置带动注油器,向各加油点输送润滑油。

三、绘制间歇式煤制气工艺流程

间歇式煤制气工艺流程中一般设有煤气发生炉、煤气除尘、余热回收、降温及气体储存等设备。对于一般的间歇式制气,吹风气须放空,故备有两套管路轮流使用,以分别进行吹风和制气作业。由于每个工作循环中有五个不同的阶段,所以流程中必须安装足够的阀门,并自动控制阀门的启闭。由于热能回收的程度、方法不同,形成了不同的间歇式制半水煤气的工艺流程。

1. 中型氨厂块煤制气工艺流程

我国采用固定床间歇式制半水煤气的中型氨厂,所用煤气发生炉主要有 $\phi2.74$ m/$\phi2.8$ m、$\phi3$ m、$\phi3.3$ m 及 $\phi3.6$ m 等几种,目前使用较多的是 $\phi2.74$ m/$\phi2.8$ m 和 $\phi3$ m 两种。中型氨厂块煤制气工艺流程基本相同,如图 2-10 所示。

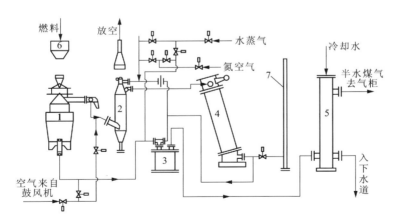

1—煤气发生炉;2—燃烧室;3—水封槽(即洗气箱);4—废热锅炉;5—洗气塔;6—燃料储仓;7—烟囱

图 2-10 中型氨厂块煤制气(U.G.I 型)工艺流程图

燃料由燃料储仓 6 从煤气发生炉 1 顶部加入炉内,吹风阶段,由鼓风机送来的空气 (压力 1.76~24.5 kPa)从炉底进入燃料层,生成的吹风气由炉顶出来,带出的燃料细粒大部分坠落在集尘器中。然后吹风气进入燃烧室 2,与鼓风机送来的二次空气混合,空气中的 O_2 与吹风气中的 CO 及其他可燃性气体燃烧,放出的热量使燃烧室 2 内的蓄热砖温度升高,同时吹风气中的细尘坠落在燃烧室的锥形底部。吹风气再经废热锅炉 4 回收显热后由烟囱 7 排入大气。一次上吹阶段,蒸汽与加氮空气混合后自煤气发生炉 1 底部进入燃料层,与碳反应生成的半水煤气自炉上部出来,经燃烧室 2(此时不加二次空气)和废热锅炉 4 回收显热后,再经洗气箱 3 及洗气塔 5 进入气柜。下吹制气阶段,蒸汽和加氮空气混合后先进入燃烧室 2,被预热后由煤气发生炉 1 顶部进入燃料层进行气化反应,生成的半水煤气由煤气发生炉 1 底部排出,经洗气箱 3、洗气塔 5 送入气柜。二次上吹阶段的流程与一次上吹阶段相同。空气吹净阶段,空气从煤气发生炉 1 底部进入燃料层,再从炉的上部出来的煤气经燃烧室 2(此时不加二次空气)、废热锅炉 4、洗气箱 3、洗气塔 5 后进入气柜。燃料气化后生成的灰渣,以旋转炉算由刮刀刮入灰箱,定期排出煤气发生炉 1 外。

在制气阶段,每当变换上、下吹时,加氮空气阀要比蒸汽阀适当迟开早关一些,避免加氮空气与半水煤气相遇,发生爆炸或半水煤气中氧含量升高。

2. 小型氨厂固体燃料制气工艺流程

我国采用固定床间歇式制半水煤气的小型氨厂,煤气发生炉常用的主要有 $\phi2.26$ m、$\phi2.4$ m、$\phi2.6$ m/$\phi2.65$ m 等几种。小型氨厂固体燃料气化制半水煤气工艺流程,如图 2-11 所示。

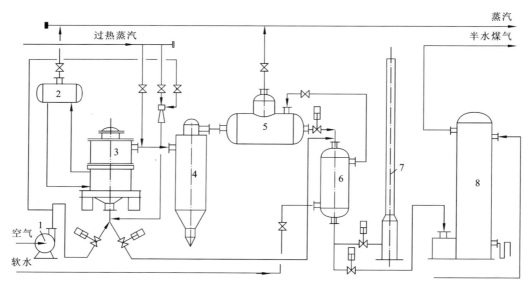

1—鼓风机;2—汽包;3—煤气发生炉;4—旋风除尘器;5—废热锅炉;6—软水加热器;7—烟囱;8—洗气塔

图 2-11 小型氨厂固体燃料气化制半水煤气工艺流程图

该流程采用以设备代替配管,简化了工艺流程,加大了系统气体通道截面积,降低了气体的流速,减轻了气体中带出物的磨损和阻塞现象,回收了吹风气、上行和下行煤气的显热。因进洗涤塔的气体温度较低,节省了洗涤、冷却用水量。流程中吹风气只进行了显热的回收,而对吹风气的潜热没有进行回收。目前绝大部分小氮肥企业,回收了上行煤气和吹风气的显热,其中主要是副产低压蒸汽或者过热蒸汽。

任务三 富氧-水蒸气连续气化法制取原料气

[知识目标]

1. 掌握富氧-水蒸气连续气化生产原理。

2. 掌握德士古气化工艺流程、工艺条件和气化炉结构。

[技能目标]

1. 能够对德士古气化造气生产过程进行工艺控制。

2. 能够绘制德士古气化工艺流程示意图。

一、富氧-水蒸气连续气化生产原理

在煤气炉内,当富氧空气与煤炭燃烧时产生放热反应的同时,蒸汽与灼热的煤炭产生吸热反应,两反应基本达到平衡时,气化过程便会连续平稳的进行。为了符合半水煤气成分的要求,一般将富氧空气中的 O_2 含量控制在 $47\% \sim 52\%$。富氧空气、蒸汽、煤炭的化学反应式如下

$$C + O_2 \Longrightarrow CO_2 \qquad \Delta H = -393.77 \ kJ/mol \qquad (2\text{-}1)$$

$$C + \frac{1}{2}O_2 \Longrightarrow CO \qquad \Delta H = -110.595 \ kJ/mol \qquad (2\text{-}2)$$

$$C + CO_2 \Longrightarrow 2CO \qquad \Delta H = -172.84 \ kJ/mol \qquad (2\text{-}3)$$

$$C + H_2O \Longrightarrow CO + H_2 \qquad \Delta H = 131.39 \ kJ/mol \qquad (2\text{-}4)$$

$$C + 2H_2O \Longrightarrow CO_2 + 2H_2 \qquad \Delta H = 90.20 \ kJ/mol \qquad (2\text{-}5)$$

最终生成气体达到半水煤气反应平衡。

富氧空气与煤炭在氧化层内发生放热反应如反应式(2-1)和反应式(2-2),以获得足够的热量供应还原层以反应式(2-3)、反应式(2-4)、反应式(2-5)进行,提高燃料层高度将有利于反应式(2-3)、反应式(2-4)的发生,对降低半水煤气中的 CO_2 有好处。

实现富氧连续气化后,由于取消了空气吹风阶段,减少了因吹风燃烧炭的损失,气体带出物减少和炉渣含碳量的降低等原因,炭的利用率得到提高,煤耗有所降低。另外,由于气体空速低,可以应用小粒煤和型煤进行气化。

由于该技术是连续气化,炉温相对比较稳定,蒸汽分解率比空气间歇式气化要高。另外,因为高温煤气全部进入废锅,余热回收效果好,因副产蒸汽量增加,氨系统可以实现蒸汽自给。主要代表性工艺有德士古水煤浆富氧连续气化、壳牌(Shell)加压气化技术等。

二、德士古水煤浆富氧连续气化生产参数控制

1. 水煤浆加压气化过程原理

水煤浆气化反应是一个很复杂的物理和化学反应过程,水煤浆和氧气喷入气化炉后瞬间经历煤浆升温及水分蒸发、煤热解挥发、残炭气化和气体间的化学反应等过程,最终生成以 CO、H_2 为主要组分的粗煤气(或称合成气、工艺气),灰渣采用液态排渣。

2. 水煤浆加压连续气化工艺条件的优化

以德士古气化炉为例,其主要操作条件包括煤浆浓度、气化温度、气化压力、气化时间和氧碳比。

(1)煤浆浓度。水煤浆的浓度是指水煤浆中所含煤粉的质量百分比,通常要求其大于 60%,水煤浆的浓度与煤质、制浆技术以及用户使用要求有关,一般标准是 70%。目前,我国一些制浆厂出售的水煤浆浓度在 65%～70%。煤浆浓度是德士古水煤浆气化法重要的操作控制指标,水煤浆浓度直接影响水煤浆的热值,浓度越大,水煤浆的热值越高,但在高浓度范围内,水煤浆的黏度将随其浓度增大而显著增大,通常浓度每增加 1%,黏度可提高几百倍,黏度过大,不利于水煤浆的雾化和完全燃烧,也不利于运输。研究开发高浓度水煤浆,需涉及煤粉粒度级配技术以及添加剂技术等。德士古水煤浆气化法煤浆浓度一般控制在 66%左右。

(2)气化温度和气化压力。气化温度和气化压力对水煤浆气化过程影响显著,为了提高气化效率,德士古气化炉采用较高的气化温度,一般控制在 1 350～1 500 ℃,高于煤的灰熔点,采用液态排渣。当煤炭的灰熔点超过 1 500 ℃时,则需添加助溶剂,使灰熔点降至 1 500 ℃以下。升高压力,有利于提高气化炉的单炉生产能力,煤气用于生产合成氨一般控制气化压力为 8.5～10.0 MPa。

(3)气化时间。煤气化的时间比油气化长,一般为油气化的 1.5～2 倍,水煤浆在德士古炉内的气化时间控制在 3～10 s,它取决于煤的细度、活性以及气化温度和压力。

(4)氧碳比。氧碳比是指气化过程中氧耗量与煤中碳消耗量之比,它与煤的性质、煤浆浓度、煤浆粒度分布等有关,其值一般控制在 0.9～0.95。

3. 水煤浆加压连续气化工艺流程的设计

德士古水煤浆加压气化工艺采用水煤浆进料,制成 60%～65%浓度的水煤浆,在气流床中加压气化,水煤浆和氧气在高温高压下反应生成合成气,液态排渣。使用气化压力在 2.7～6.5 MPa,气化温度在 1 300～1 400 ℃,(CO+H_2)达到 80%。世界上德士古气化炉单炉日最大投煤量为 2 000 t/d,德士古气化过程对环境污染影响较小。

加压水煤浆气化有三种工艺流程:激冷流程、废锅流程和废锅-激冷流程。激冷流程设备简单,投资少,粗煤气中可达到较高的水气比,能满足 CO 全变换的需要,特别适用于合成氨生产;废锅流程可以利用高位能副产高压蒸汽,主要用于联合循环发电;废锅-激冷流程适用于 CO 部分变换的需要,若单独生产甲醇,宜采用该流程。废锅流程和废锅-激冷流程有一个共同的缺点,就是废锅庞大而复杂,投资比较大。

(1)激冷流程(图 2-12)。原料煤经称量后加入磨煤机,与一定量的水和添加剂混合

制成一定浓度的煤浆,然后由高压煤浆泵送入气化喷嘴。在喷嘴内,煤浆与氧气一起混合雾化喷入气化炉,在燃烧室中发生气化反应。气化炉燃烧室排出的高温气体和熔渣经激冷环被水冷激后,沿下降管导入激冷室进行水浴,熔渣迅速固化,粗煤气被水饱和。出气化炉的粗煤气质点洗涤器用水进一步润湿洗涤,除去残余的飞灰。生成的灰渣留在水中,并迅速沉淀通过锁渣罐系统定期排出界外。激冷流程气化炉的燃烧室和激冷室连为一体,设备结构紧凑,粗煤气和熔渣所携带的显热直接被激冷水汽化所回收,同时熔渣被固化分离。激冷流程特别适合于合成氨生产,这样气化炉出来的粗煤气,直接用水激冷,被激冷后的粗煤气含有较多水蒸气,可直接送入变换系统而不需再补加蒸汽,因无废锅投资较少。

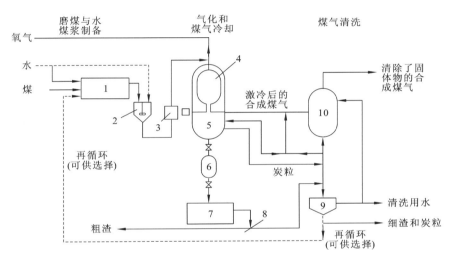

1—湿式磨煤机;2—水煤浆储箱;3—水煤浆泵;4—气化炉;5—激冷室;6—锁气式排渣斗
7—炉渣储槽;8—炉渣分离器;9—沉降分离器;10—质点洗涤器
图 2-12　德士古水煤浆加压气化激冷工艺流程

　　(2) 废锅流程(图 2-13)。气化炉燃烧室排出物经过紧连其下的辐射废锅间接换热副产高压蒸汽,高温粗煤气被冷却,熔渣开始凝固;含有少量飞灰的粗煤气再经对流废锅进一步冷却回收热量,95%左右的灰渣留在辐射废锅的底部水浴中。出对流废锅的粗煤气用水进行洗涤,除去残余的飞灰,送下一工序。粗渣、细灰及灰水的处理方式与激冷流程相同。废锅流程将粗煤气和熔渣携带的显热充分回收,粗煤气中含水蒸气极少,适合于燃气透平循环联合发电工程,副产高压蒸汽用于蒸汽透平发电机组。对产品气用作羟基合成气并生产甲醇仅需要对粗煤气进行部分变换,通常采用废锅和激冷联合流程,也称半废锅流程即从气化炉出来粗煤气经辐射废锅冷却到 700 ℃左右,然后用水激冷到所需要的温度,使粗煤气显热产生的蒸汽能满足后工序部分变换的要求。

　　[复习与思考]

　　1. 工业煤气有哪几种? 主要成分有哪些? 哪种煤气适宜作为合成氨生产的原料气?

　　2. 生产合成氨的固体燃料有几类? 生产半水煤气对固体燃料的要求是什么?

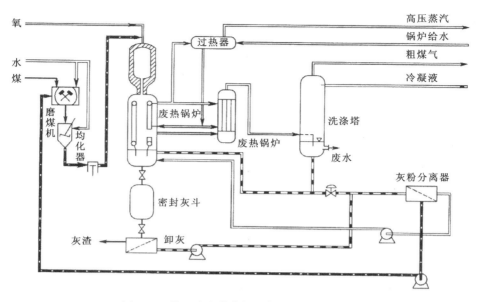

图 2-13　德士古水煤浆加压气化废热工艺流程

3. 煤气化大多采用间歇式制气的原因是什么？如何才能使生产连续化？

4. 间歇式制半水煤气的工作循环包括哪几个阶段？各阶段的作用是什么？

5. 间歇式制半水煤气时，选择操作温度、吹风速度、蒸汽速度和蒸汽用量、燃料层高度、循环时间的分配及气体成分的依据是什么？对固体燃料有什么要求？

6. 画出小型氨厂固体燃料制气工艺流程图，并叙述其工艺过程。

7. 影响水煤浆气化的因素有哪些？

项目二　合成氨原料气的净化

由各种原料所制取的合成氨粗原料气，都含有氢气、氮气、硫化物、一氧化碳、二氧化碳、甲烷、少量氩及其他杂质等。这些气体中，除氢气和氮气是合成氨所有用的组分外，其他组分中有的是有用的物质，必须加以回收利用；有的对合成氨催化剂有毒害作用；有的是惰性气体。为此，在气体进入氨的合成工序前必须将这些组分加以脱除。

习惯上将原料气中硫化合物的脱除过程称为"脱硫"，将一氧化碳和水蒸气反应生成二氧化碳和氢气的过程称为"变换"，将二氧化碳的脱除过程称为"脱碳"，将少量一氧化碳、二氧化碳和少量杂质的脱除过程称为"精制"。

任务一　原料气中含硫化合物的脱除

[知识目标]

1. 了解原料气脱硫的目的及方法。

2. 掌握栲胶法脱硫原理、工艺参数控制及工艺流程。

3. 掌握钴钼加氢串联氧化锌法脱硫原理、工艺参数控制及工艺流程。

[技能目标]

1. 能够根据脱硫工艺原理对脱硫过程工艺参数进行优化。

2. 能够在生产实践中设计和选用合理的脱硫工艺流程。

[预备知识]

合成氨原料气中的硫化物主要有无机硫化物和有机硫化物,其中无机硫化物以硫化氢为代表,有机硫化物主要有二硫化碳、硫氧化碳、硫醇、噻吩、硫醚等。原料气中硫化物以硫化氢的含量最多,占原料气中总硫含量的 90% 以上。

原料气中硫化物对合成氨生产过程的主要危害有:①严重腐蚀设备、管道和阀门;②使合成氨生产过程中的催化剂如转化催化剂、甲烷化催化剂、合成氨催化剂等多种催化剂中毒而失去活性。因此,必须将原料气中硫化物脱除,并回收利用这些硫资源。

工业上脱除合成氨原料气中硫化物的方法很多,按照脱硫剂的状态分为干法脱硫和湿法脱硫。

湿法脱硫是以溶液作为吸收剂脱除硫化氢气体,一般用于含硫高、处理量大的气体的脱硫。具有吸收速率快、生产强度大、脱硫过程连续、脱硫剂可再生、可回收硫磺等优点,但脱硫净化度低,运行费用高,有物料损耗,适合于原料气中硫化物含量高的场合。按其脱硫机理的不同又分为化学吸收法、物理吸收法、物理-化学吸收法和湿式氧化法。

化学吸收法是常用的湿式脱硫工艺有一乙醇胺法(MEA)、二乙醇胺法(DEA)、二异丙醇胺法(DIPA)以及近年来发展很快的改良甲基二乙醇胺法(MDEA)。

物理吸收法是利用有机溶剂在一定压力下进行物理吸收脱硫,然后减压而释放出硫化物气体,溶剂得以再生。主要有低温甲醇法(rectisol)、碳酸丙烯酯法(fluar)等。低温甲醇法可以同时或分段脱除 H_2S、CO_2 和各种有机硫,还可以脱除 HCN、C_2H_2、C_3 及 C_3 以上气态烃、水蒸气等,能达到很高的净化度。

物理-化学吸收法是将具有物理吸收性能和化学吸收性能的两类溶液混合在一起,脱硫效率较高。常用的吸收剂为环丁砜-烷基醇胺(如甲基二乙醇胺)混合液,前者对硫化物是物理吸收,后者是化学吸收。

湿式氧化法一般只能脱除硫化氢,不能或只能少量脱除有机硫。最常用的湿式氧化法有蒽醌法(ADA 法)、栲胶法、MSQ 法和 PDS 法等。

干法脱硫是指应用粉状或粒状吸收剂或催化剂来脱除硫化物,它的优点是工艺过程和设备简单,净化度高,操作方便,能耗低,缺点是设备庞大、投资大,操作不连续,脱硫剂难再生,难以回收硫磺,一般适应于脱除有机硫和精细脱硫,常与湿法脱硫联合应用。目前干法脱硫有氧化锰法、氧化锌法、活性炭法、氧化铁法、变压吸附法等多种方法。

工业上通常采用湿法脱硫脱除原料气中的硫化氢,然后采用干法脱硫脱除少量的有机硫。

一、栲胶法脱除原料气中的硫化氢

栲胶法脱硫属于湿式氧化法,湿式氧化法脱硫的基本原理是利用含催化剂的碱性溶

液吸收 H_2S,以催化剂作为载氧体,使 H_2S 氧化成单质硫,催化剂本身被还原。再生时通入空气将还原态的催化剂氧化复原,如此循环使用。

1. 栲胶脱硫基本原理

栲胶是由某种植物的皮、果、叶和杆等物质,由水的萃取液熬制而成,主要成分是单宁,含有大量的邻二或邻三羟基酚,约占 66%。单宁的分子结构十分复杂,但大多数具有醌式结构(氧化态栲胶)和酚式结构(还原态栲胶)的多羟基化合物。

栲胶法脱硫是利用含碳酸钠的碱性水溶液脱除 H_2S,其反应过程如下。

(1) 吸收塔中发生的反应:

a. 脱硫塔中,碱性栲胶水溶液吸收原料气中的 H_2S。

$$Na_2CO_3 + H_2S \Longrightarrow NaHS + NaHCO_3 \tag{2-6}$$

b. 液相中,硫氢化钠与偏钒酸钠反应生成焦钒酸钠,并析出单质硫。

$$2NaHS + 4NaVO_3 + H_2O \Longrightarrow Na_2V_4O_9 + 4NaOH + 2S \tag{2-7}$$

c. 氧化态栲胶与焦钒酸钠反应,生成还原态栲胶,而焦钒酸钠则被栲胶氧化,生成偏钒酸钠。

$$Na_2V_4O_9 + 2 栲胶(氧化态) + 2NaOH + H_2O \Longrightarrow 4NaVO_3 + 2 栲胶(还原态) \tag{2-8}$$

(2) 再生塔中发生的反应:还原态栲胶被空气中的 O_2 氧化。

$$栲胶(还原态) + O_2 \Longrightarrow 栲胶(氧化态) + H_2O \tag{2-9}$$

(3) 副反应:
$$2NaHS + 2O_2 \Longrightarrow Na_2S_2O_3 + H_2O \tag{2-10}$$

因此,一定要防止硫以硫氢化钠形式进入氧化塔。

2. 栲胶法脱硫工艺参数的控制

(1) 溶液的 pH 及组成。溶液的 pH 与总碱度有关,总碱度为溶液中 Na_2CO_3 与 $NaHCO_3$ 的浓度之和。提高总碱度是提高溶液吸收能力的有效手段。总碱度提高,溶液的 pH 增大,对吸收有利,但对再生不利。pH 过高,溶液吸收二氧化碳的量增多,且易析出碳酸氢钠的结晶,同时降低了钒酸盐与硫氢化物的反应速率,并且加快了生成硫代硫酸钠的速率。所以,一般选择栲胶法脱硫液的 pH 在 8.5~9.2 较合适。

偏钒酸钠含量高,氧化 HS^- 的速率快。偏钒酸钠含量取决于它能否在进入再生槽前全部氧化完毕,否则就会有硫代硫酸钠生成。偏钒酸钠含量太高不仅造成浪费,而且直接影响硫磺的纯度和强度。因此,生产上一般选择偏钒酸钠的浓度为 1~1.5 g/L。

栲胶浓度:含量低,影响再生效果和吸收效果;含量高,易被硫泡沫带走,影响硫磺纯度,生产中一般控制在 0.6~1.2 g/L。

(2) 温度。提高温度,能加快吸收和再生反应速率,但会降低硫化氢在溶液中的溶解度,同时也加快生成 $Na_2S_2O_3$ 副反应的速率。温度降低,溶液再生速率慢,生成的硫磺过细,硫化氢难分离,并且会因碳酸氢钠、硫代硫酸钠和栲胶等溶解率下降而析出沉淀堵塞填料。为了使吸收、再生和析硫过程更好地进行,生产中吸收温度应控制在 30~45 ℃,再生槽温度应控制在 60~75 ℃。

(3) 再生空气用量和再生时间。理论值为每氧化 1 kg 硫化氢需空气量 1.57 m³ 生产实际中空气的作用:①满足氧化反应需要;②还需要有一定的吹风强度,使溶液中的悬浮硫呈泡沫浮至溶液表面,以便溢流回收;③使得溶解在吸收液中的 CO_2 吹出来。所以实际空气用量往往比理论用量要大很多倍。喷射再生槽控制在 $60\sim110$ $m^3/(m^2 \cdot h)$。

再生时间越长,再生越完全,在喷射再生槽内为 $8\sim10$ min。

3. 绘制栲胶法脱硫的工艺流程

栲胶法可用于年产 10 万~15 万 t 合成氨工厂半水煤气中硫化氢的脱除和变换气的脱硫。脱硫塔内装填聚丙烯鲍尔环和木格填料。工艺流程主要由脱硫和再生两部分构成,另外,有贫液泵、富液泵、鼓风机等辅助设备。半水煤气栲胶法脱硫工段工艺流程如图 2-14 所示。

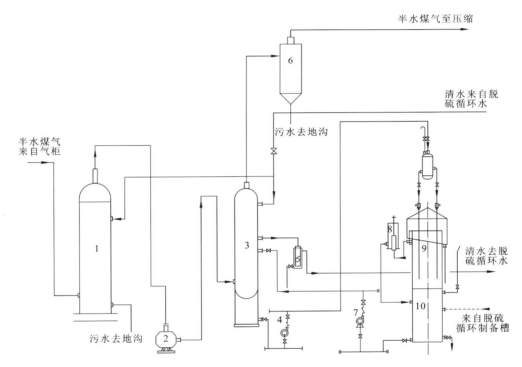

1—洗气塔;2—罗茨鼓风机;3—脱硫清洗塔;4—富液泵;5—清洗塔水封;
6—气液分离器;7—贫液泵;8—液位调节器;9—再生槽;10—贫液槽

图 2-14　半水煤气栲胶法脱硫工段工艺流程

由气柜来的半水煤气经洗气塔 1 除去煤气中的粉尘和部分焦油后,经罗茨鼓风机送入脱硫塔。脱硫后的气体进入气液分离器除去夹带的液体后送压缩机工段。脱硫液经泵送入再生槽除去硫泡沫后进入再生槽进行再生。再生液经贫液泵送回脱硫塔。

该法的优点是气体净化度高、溶液硫容量大、硫回收率高、无硫磺堵塞脱硫塔的问题,并且栲胶价廉,在碱性溶液中栲胶能与铜、铁反应并在材料表面上形成一层薄膜,从而具有防腐作用。

二、钴钼加氢串联氧化锌法脱硫

氧化锌脱硫剂只能脱除硫化氢和一些简单的有机硫化物,不能脱除噻吩等一些复杂的有机硫化物。而所有的有机硫化物在钴钼催化剂作用下,能全部加氢转化成容易脱除的硫化氢,然后用氧化锌脱硫剂除去。

1. 钴钼加氢法将有机硫转化为无机硫

钴钼加氢催化剂主要成分是 MoO_3 和 CoO,以 Al_2O_3 为载体。在钴钼催化剂作用下,原料气中的有机硫加氢转化为 H_2S,反应式如下。

$$COS + H_2 =\!\!=\!\!= CO + H_2S \tag{2-11}$$

$$CS_2 + 4H_2 =\!\!=\!\!= CH_4 + 2H_2S \tag{2-12}$$

$$R-SH + H_2 =\!\!=\!\!= RH + H_2S \tag{2-13}$$

$$R-S-R' + 2H_2 =\!\!=\!\!= RH + R'H + H_2S \tag{2-14}$$

$$C_4H_4S + 4H_2 =\!\!=\!\!= C_4H_{10} + H_2S \tag{2-15}$$

上述中,前四个反应的反应速率都很快,只有噻吩加氢转化反应速率最慢,因此有机硫加氢反应速率取决于噻吩加氢转化反应速率。

工业上钴钼加氢转化操作条件为:温度 350~430 ℃,压力 0.7~7.0 MPa,入口空间速度 500~1 500 h^{-1},所需加氢量一般维持反应后气体中含有 5%~10% 的氢。

钴钼加氢法结合氧化锌法脱硫可以使脱硫后原料气中 H_2S 含量小于 0.1 cm^3/m^3(标)。但其主要缺点是需要高温热源,能耗高,开车时间较长。目前一些常温精细脱硫工艺正在开发应用。

2. 氧化锌脱硫剂脱硫

氧化锌是一种内表面积大、硫容量高的固体脱硫剂,能以极快的速率脱除原料气中的硫化氢和部分有机硫(噻吩除外),净化后的原料气中硫含量可降至 0.1 cm^3/m^3 以下。

(1) 基本原理。氧化锌脱硫剂能直接吸收 H_2S,生成十分稳定的硫化锌。氧化锌也可以脱除硫醇、二硫化碳、硫氧化碳等酸性硫化合物,其中以脱除硫醇的性能最好。

$$H_2S + ZnO =\!\!=\!\!= ZnS + H_2O \tag{2-16}$$

$$C_2H_5SH + ZnO =\!\!=\!\!= ZnS + C_2H_5OH \tag{2-17}$$

$$C_2H_5SH + ZnO =\!\!=\!\!= ZnS + C_2H_4 + H_2O \tag{2-18}$$

当气体中有 H_2 存在时,CS_2、COS 等有机硫化物先转化成 H_2S,然后被氧化锌吸收。反应方程式为

$$CS_2 + 4H_2 =\!\!=\!\!= 2H_2S + CH_4 \tag{2-19}$$

$$COS + H_2 =\!\!=\!\!= H_2S + CO \tag{2-20}$$

氧化锌不能脱除噻吩,所以氧化锌法能全部脱除 H_2S,但有机硫只能脱除部分。

氧化锌吸收硫化氢的反应在常温下就可以进行,但吸收有机硫的反应要在较高温度下才能进行。由于硫化物在脱硫剂的外表面通过毛细孔达到脱硫剂内表面的内扩散为反应的控制步骤,因此脱硫剂粒度越小,孔隙率越大,越有利于脱硫反应的进行。

(2) 钴钼加氢串氧化锌法脱硫工艺流程设计。当原料气中硫含量较低时,可直接采

用双床串联的钴钼加氢串氧化锌脱硫流程,如图 2-15 所示。

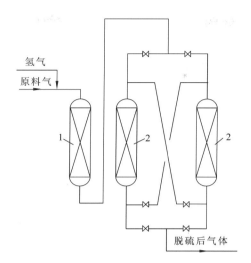

1—钴钼加氢脱硫槽;2—氧化锌槽

图 2-15 加氢串氧化锌脱硫流程

原料气预热到 $300 \sim 400$ ℃与 H_2 混合后,先通过一个钴钼加氢转化器,有机硫在催化剂层加氢转化为硫化氢,然后气体进入两个串联的 ZnO 脱硫槽将硫化氢吸收脱除。氧化锌脱硫主要在第一脱硫槽内进行,第二脱硫槽起保护作用,即采用双槽串联倒换操作法。

任务二 原料气中一氧化碳变换

[知识目标]

1. 了解原料气一氧化碳变换的目的及意义。

2. 掌握变换催化剂的分类及适用对象。

3. 掌握一氧化碳变换原理及工艺参数的控制方法。

4. 掌握变换炉的操作控制方法。

[技能目标]

1. 能够对实际生产中变换过程工艺参数进行优化控制。

2. 能够根据生产实际设计合理的变换工艺流程。

3. 能够对生产实际中变换炉进行操作控制。

[预备知识]

在合成氨生产中,各种方法制取的原料气除了合成氨需要的两种组分是 H_2 和 N_2,都含有 CO,其体积分数一般为 $12\% \sim 40\%$,CO 不仅不是合成的原料气,而且能使催化剂中毒。因此送往合成工序之前需要彻底除去合成气中的 CO。通过一氧化碳与水蒸气的

变换反应可产生更多合成氨原料气氢气，用于调节 H_2/CO 的比例，达到合成氨的要求。变换反应如下

$$CO(g) + H_2O(g) \rightleftharpoons H_2(g) + CO_2(g) \qquad \Delta H = -41.19 \text{ kJ/mol} \qquad (2\text{-}21)$$

该反应也是可逆放热反应，从平衡角度考虑，低温下进行 CO 变换反应有利于降低出口 CO 含量，但是必须高于其活性温度并且不能结露。于是人们开发出适用于低温或宽温的多种催化剂和中、低温变换催化剂组合的工艺流程。由于 CO 变换过程是强放热过程，必须分段进行以利于回收反应热，并控制变换段出口残余 CO 含量。第一步是高温变换，使大部分 CO 转变为 CO_2 和 H_2；第二步是低温变换，将 CO 含量降至 0.3% 左右。因此，CO 变换反应既是原料气制造的继续，又是原料气净化的过程，为后续脱碳过程创造条件。

一、认识变换催化剂的类型

一氧化碳变换反应无催化剂存在时，反应速率极慢，即使温度升至 700 ℃ 以上反应仍不明显，因此必须采用催化剂。一氧化碳变换催化剂视活性温度和抗硫性能的不同分为铁铬系、铜锌系和钴钼系三种。

1. 铁铬系催化剂

铁铬系催化剂的化学组成以 Fe_2O_3 为主，促进剂有 Cr_2O_3 和 K_2CO_3，活性组分为 Fe_3O_4，开工时需用 H_2 或 CO 将 Fe_2O_3 还原成 Fe_3O_4 才有催化活性，适用温度范围 300～550 ℃，因此，铁铬系催化剂也称为铁铬中（高）变催化剂。此外，为了改善催化剂的催化活性，还添加助催化剂如 K^+ 等。催化剂因为使用温度较高，反应后气体中残余 CO 含量最低为 3%～4%。如要进一步降低 CO 残余含量，需在更低温度下完成。

为了改善催化剂的使用性能，国内外开发了一系列铁铬系催化剂。①低铬型铁铬中变催化剂。减少了 Cr_2O_3 对人体和环境的影响，主要型号有 B112、B116、B117 等，其铬含量一般在 3%～7% 范围内。②耐硫型铁铬中变催化剂。通过添加铝等金属化合物来提高催化剂的耐硫性能，主要型号有 B112、B115、B117 等。③低水汽比铁铬中变催化剂。通过添加铜促进剂，改善了铁铬中变催化剂对低水汽比条件的适应性，特别是节能型烃类蒸汽转化流程（水碳比小于 2.75），主要型号有 B113-2 等。

各种铁铬系催化剂的共同特点：①具有较高的催化活性，在活性温度范围内，反应速率较快，可以满足一般工艺的要求；②具有较好的机械强度和较长的使用寿命；③活性温度较高，不利于变换反应的化学平衡，蒸汽消耗较高；④具有一定的抗毒性能，对硫的耐受限度为 200 mg/m^3（视不同催化剂而不同），但磷、砷、氟、氯、硼等化合物是催化剂的毒物；⑤对水汽浓度有一定的要求，当水汽浓度过低时会导致催化剂过度还原。

2. 铜锌系催化剂

金属铜对一氧化碳的变换反应具有较高的活性，但纯的金属铜在催化剂的操作温度（温度区间为 200～280 ℃，常称为低温）下会烧结而引起表面积减小，从而失去活性。因此必须加入结构性助催化剂以减缓催化剂的烧结。通常使用最多的结构性助催化剂是氧

化锌,因此也称铜锌低变催化剂。此外,为了改善铜锌低变催化剂的某一方面的性能而引入其他的助催化剂。

铜锌系催化剂由铜、锌、铝(或铬)的氧化物组成,又称低变换催化剂。其化学组成以 CuO 为主,ZnO 和 Al_2O_3 为促进剂和稳定剂。铜锌系催化剂的活性组分为金属铜,开工时先用氢气将氧化铜还原成具有活性的细小铜晶粒,操作时必须严格控制氢气浓度,以防催化剂烧结。铜锌系催化剂的弱点是易中毒,低温变换催化剂对硫特别敏感,而且其中毒属于永久性中毒,所以原料气中硫化物的体积分数不得超过 0.1×10^{-6}。铜锌系催化剂适用温度范围 $200 \sim 280$ ℃,反应后残余 CO 可降至 $0.2\% \sim 0.3\%$(体积分数)。铜锌系催化剂活性高,若原料气中 CO 含量高时,应先经高温变换,将 CO 降至 3% 左右,再接低温变换,以防剧烈放热而烧坏低变催化剂。

为了改善铜系催化剂对硫、水等毒物的耐受性,常添加少量的 Cr_2O_3,但因其毒害作用影响人体和环境,还原期放热量大易导致超温而逐步被淘汰。主要型号有 B203 等。为了改善铜锌低变催化剂的热稳定性,常添加少量 Al_2O_3,Al_2O_3 能阻止 Cu 和 ZnO 微晶的长大,从而稳定催化剂的内部结构,保证其在正常工艺条件下长期运行。主要型号有 B205、B206 等。

铜锌低变催化剂具有共同的特性:①催化活性温度较低,在 200 ℃ 以下就有很好的催化活性;②催化剂的耐毒性能较差,硫、氯等都是催化剂的毒物,极少量的硫、氯就会引起催化剂中毒;③催化剂的热稳定性也较差,超过 300 ℃ 就会引起催化剂的活性组分金属铜的烧结而失活;④催化剂的选择性较好,一般不会发生副反应。

3. 钴钼系催化剂

钴钼系催化剂是 20 世纪 50 年代后期开发的一种耐硫变换催化剂,主要成分为钴、钼氧化物。活性温度不同,有只适用于高温变换的,也有适于高、低温变换的。其化学组成是钴、钼氧化物并负载在氧化铝上,活性组分为钼的硫化物,反应前将钴、钼氧化物转变为硫化物(预硫化)才有活性,故开工时需先进行硫化处理。钴钼系耐硫催化剂适用温度范围 $160 \sim 500$ ℃,属宽温变换催化剂。其特点是耐硫抗毒,使用寿命长。耐硫变换催化剂具有很好的低温活性、突出的耐硫和抗毒性,并且强度高。

二、一氧化碳变换工艺流程的设计和选择

一氧化碳变换流程有许多种,包括常压、加压变换工艺,两段中温变换(也称高变)、三段中温变换(高变)、高-低变串联变换工艺等。一氧化碳变换工艺流程的设计和选择,首先应依据原料气中的一氧化碳含量高低来加以确定。一氧化碳含量很高,宜采用中温变换工艺,这是由于中变催化剂操作温度范围较宽,使用寿命长而且价廉易得。当一氧化碳含量大于 15% 时,应考虑将变换炉分为二段或多段,以使操作温度接近最佳温度。其次是依据进入变换系统的原料气温度和湿度,考虑气体的预热和增湿,合理利用余热。最后还要将一氧化碳变换和残余一氧化碳的脱除方法结合考虑,若后工序要求残余一氧化碳含量低,则需采用中变串低变的工艺。

1. 中变串低变工艺

当以天然气或石脑油为原料制造合成气时,水煤气中 CO 含量仅为 $10\% \sim 13\%$(体

积分数),只需采用一段高变和一段低变的串联流程,就能将 CO 含量降低至 0.3%,图 2-16 是该流程示意图。

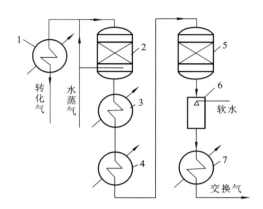

1—废热锅炉;2—高变炉;3—高变废热锅炉;4—预热器;
5—低变炉;6—饱和器;7—贫液再沸器
图 2-16 一氧化碳高变-低变工艺流程图

来自天然气蒸气转化工序含有一氧化碳为 13%～15% 的原料气经废热锅炉 1 降温至 370 ℃ 左右进入高变炉 2,经高变炉变换后的气体中一氧化碳含量可降至 3% 左右,温度为 420～440 ℃,高变气进入高变废热锅炉 3 及甲烷化进气预热器 4 回收热量后进入低变炉 5。低变炉绝热温升为 15～20 ℃,此时出低变炉的低变气中一氧化碳含量在 0.3%～0.5%。为了提高传热效果,在饱和器 6 中喷入少量软水,使低变气达到饱和状态,提高在贫液再沸器 7 中的传热系数。

2. 多段中变工艺

以煤为原料的中小型合成氨厂制得的半水煤气中含有较多的一氧化碳气体,需采用多段中变流程。而且由于来自脱硫系统的半水煤气温度较低,水蒸气含量较少。气体在进入中变炉之前设有原料气预热及增湿装置。另外,由于中温变换的反应放热多,应充分考虑反应热的转移和余热回收利用等问题。图 2-17 为目前中小型合成氨厂应用较多的多段中温变换工艺。

半水煤气首先进入饱和热水塔 1,在饱和塔内气体与塔顶喷淋下来的 130～140 ℃ 的热水逆流接触,使半水煤气提温增湿。出饱和塔的气体进入气水分离器 2 分离夹带的液滴,并与电炉 5 来的 300～350 ℃ 的过热蒸汽混合,使半水煤气中的汽气比达到工艺条件的要求,然后进入主热交换器 3 和中间换热器 4,使气体温度升至 380 ℃ 进入变换炉,经第一段催化床层反应后气体温度升至 480～500 ℃,经蒸汽过热器、中间换热器与蒸汽和半水煤气换热降温后进入第二段催化床层反应。反应后的高温气体用冷凝水冷激降温后,进入第三段催化剂床层反应。气体离开变换炉的温度为 400 ℃ 左右,变换气依次经过主热交换器、第一水加热器、热水塔、第二热水塔、第二水加热器回收热量,再经变换气冷却器 9 降至常温后送下一工序。

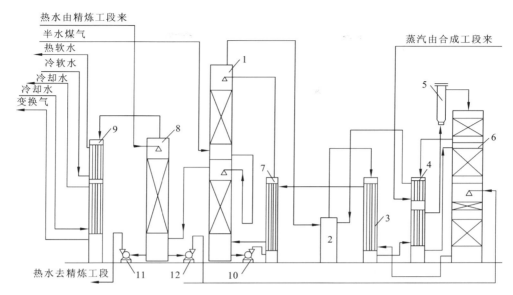

1—饱和热水塔；2—气水分离器；3—主热交换器；4—中间换热器；5—电炉；6—中变炉；
7—水加热器；8—第二热水塔；9—变换气冷却器；10—热水泵；11—热水循环泵；12—冷凝水泵

图 2-17　一氧化碳多段中温变换工艺流程

3. 全低变工艺

全低变工艺是针对传统中变、低变工艺存在的缺点，使用宽温区的钴钼耐硫低温变换催化剂取代传统的铁铬系耐硫变换催化剂，使变换系统处于较低的温度范围内操作，入炉的汽气比大大降低，蒸汽消耗量大幅度减少。但也由于入炉原料气的温度低，气体中的油污、杂质等直接进入催化剂床层造成催化剂污染中毒，活性下降。

全低变工艺流程如图 2-18 所示。全低变工艺是将原中温变换系统热点温度降低 100 ℃以上，从而非常有利于一氧化碳变换反应的平衡，实际吨氨蒸汽消耗量仅为 250 kg 左右，且热回收设备面积小。该工艺带来的效益是显而易见的，具体优点如下：①原中变催化剂用量减少 1/2 以上，降低了床层阻力，提高了变换炉的设备能力；②床层温度下降 100～200 ℃，气体体积缩小 25%，降低了系统阻力，减少了压缩机功率消耗；③换热面积减少 50% 左右；④从根本上解决了中变催化剂的粉化问题，改善了催化剂的装卸劳动卫生条件；⑤提高了有机硫的转化能力，在相同操作条件和工况下全低变工艺比中串低或中低低工艺有机硫转化率提高 5%；⑥操作容易，启动快，增加了有效运行时间；⑦降低了对变换炉的材质要求，催化剂使用寿命长，一般可使用 5 年左右。

近年来开发的无饱和塔全低变流程的优点更为明显，从根本上杜绝了设备的腐蚀，减少了因变换腐蚀而导致的停车，设备减少，系统的阻力降低，压缩机出力提高，减少了原饱和塔循环热水泵的用电，降低了热水排放的能耗，减轻了对设备的腐蚀，更重要的是提高了有机硫的转化能力。因为在传统的饱和热水塔工艺中，煤气中的各种有机硫通过循环热水溶解，再通过变换气释放出来。无饱和塔流程可以解决这个问题，不仅精脱硫中的有

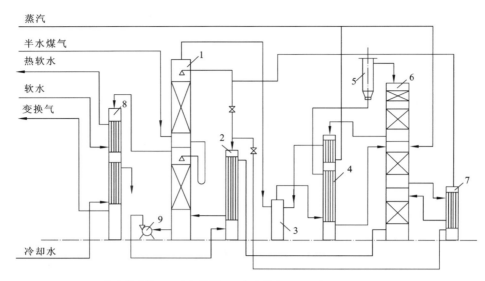

1—饱和热水塔;2—水加热器;3—气水分离器;4—热交换器;5—电炉;

6—变换炉;7—调温水加热器;8—锅炉给水加热器;9—热水泵

图 2-18　钴钼耐硫系全低变工艺流程图

机硫转化部分可以去掉,同时煤气中非 COS 等有机硫也不会串到后工段,对甲烷化或合成催化剂是极为有利的。

三、一氧化碳变换工艺参数的控制

欲使变换过程在最佳工艺条件下进行,达到高产、优质和低耗的目的,就必须分析各工艺条件对反应的影响,综合选择最佳条件。

1. 温度

变换反应是放热的可逆反应,提高温度对反应速率和化学平衡有着矛盾的两方面的影响,因此反应存在最适宜温度。反应不同瞬间有不同的组成,对应着不同的变换率,把对应于不同变换率时的最适宜温度的各点连成的曲线,称为最适宜温度曲线。尽管按最适宜温度曲线进行最为理想,实际上完全按最适宜温度曲线操作是不可能的,因为很难按最适宜温度的需要准确地、不断地移出反应热,且在反应开始时($X=0$ 时)最适宜温度大大超过一般高变催化剂的耐热温度。实际生产中选定操作温度的原则是:①操作温度必须控制在催化剂的活性温度范围内,反应开始温度应高于催化剂活性温度 20 ℃左右,且反应中严防超温。②使整个变换过程尽可能在接近最适宜温度的条件下进行。由于最适宜温度随变换率升高而下降,因此,需要随着反应的进行及时移出反应热从而降低反应温度。工业上采用多段床层间接冷却式,用原料气和饱和蒸汽进行段间换热,移走反应热。段数越多,变换反应过程越接近最适宜温度曲线,但流程也更复杂。③还要根据变换系统换热设备的负荷、半水煤气中 CO 含量的高低以及催化剂的起始活性温度等因素来决定出口温度。因为半水煤气需要变换气来加热,因此出炉变换气与半水煤气的温差不宜过小,一面换热器面积太大,对于半水煤气最终依靠变换气来升温的水冷激流程,温差以20～30 ℃为宜。

2. 压力

一氧化碳变换是一个等分子反应,压力对变换反应的平衡几乎无影响,但加压变换有以下优点:①加压可加快反应速率,提高催化剂的生产能力,从而可采用较大空速提高生产强度。②设备体积小,布置紧凑,投资较少。③湿变换气中蒸气冷凝温度高,有利于热能的回收利用。此外加压变换也提高了过剩蒸汽的回收价值,提高了热能的利用价值。加压变换强化了传热、传质过程,使变换系统设备更紧凑。但提高压力会使系统冷凝液酸度增大,设备腐蚀加重,如果变换过程所需蒸汽全部由外界加入新鲜蒸汽,加压变换会增大高压蒸汽负荷,减少蒸汽做功能力。因此,操作压力不宜过高,具体操作压力则依据大、中、小型合成氨厂的工艺特点,特别是工艺蒸汽的压力及压缩机各段出口压力的合理配置而定。一般中、小型厂用常压或 2 MPa 以下,大型合成氨厂因原料及工艺的不同差别较大。

3. 水碳比

水碳比(H_2O/CO)即变换原料气中蒸汽与一氧化碳的摩尔数(或体积)之比,水碳比是影响 CO 变换反应的主要因素之一。提高蒸汽比例,有利于提高 CO 变换率,从而降低CO 残余含量,因此生产上均采用过量蒸汽操作。另外,过量的蒸汽还起到热载体的作用,减少催化剂床层的温升。但是,过高的水碳比使得变换过程的消耗增加,床层阻力增加,并使余热回收设备负荷加重。实践表明,变换反应的平衡变换率及化学反应的速率虽然都随蒸气的增加而加快,但变化趋势总是先快后慢,到一定程度后趋势就越来越不明显了。同时蒸汽量增加过多,从催化剂床层带走的热量也多,催化剂床温不易维持,而且又增加了系统阻力,动力消耗和热能损失均加大。所以,蒸气的添加量并不是无限制的,选择一个合适的水碳比显得尤为重要。水碳比的高低还受催化剂的制约,根据催化剂的特性和各段反应出口 CO 浓度及最终 CO 浓度的要求,高水碳比对反应平衡和速率均有利,但太高时效果已不明显,反而能耗过高,现常用水碳比为 4。

4. 触媒装填量和空速

没有触媒参加反应时,CO 变换反应的速率很慢,所以在变换反应器中都装填了触媒。当触媒型号确定后,触媒用量也随空速而确定。空速即单位时间单位体积催化剂处理的工艺气量。空速小,反应时间长,有利于变换率的提高;但空速小,触媒用量多,触媒的生产能力降低。空速的选择与触媒活性以及操作压力有关,触媒活性高,操作压力高,空速可选择得大些,反之,空速则小些。催化剂设计时空速选择的总原则应该在保证变换率的前提下尽可能提高空速,以增加气体处理量,提高生产能力。

四、变换炉的操作控制

目前,变换炉的操作主要靠控制入变换炉的汽气比(即变换炉入口温度)进行调节。变换炉操作的另一要点是避免炉温大幅度降低而低于催化剂的起始活性温度。

1. 变换反应器类型的选择

（1）中间间接冷却式多段绝热反应器。这是一种反应时与外界无热交换，冷却时将反应气体引至热交换器中进行间接换热降温的反应器，绝热反应一段，间接换热一段是这类变换炉的特点，见图 2-19(a)所示，实际操作温度变化线示于图 2-19(b)。

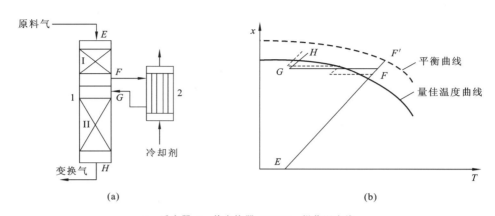

1—反应器；2—热交换器；EFGH—操作温度线

图 2-19　中间冷却式两段绝热反应器(a)和操作线图(b)

图中 E 点是入口温度，一般比催化剂的起始活性温度高约 20 ℃，气体在第一段中绝热反应，温度直线上升。当穿过最佳温度曲线后，离平衡曲线越来越近，反应速率明显下降。所以，当反应进行到 F 点，将反应气体引至热交换器进行冷却，变换率不变，温度降至 G，FG 为一平行于横轴的直线。从 G 点进入第二段床层反应，使操作温度尽快接近最佳温度。床层的分段一般由半水煤气中的一氧化碳含量、转化率、催化剂的活性温度范围等因素决定。反应器分段太多，流程和设备太复杂，也不经济，一般为 2～3 段。

（2）原料气冷激式多段绝热反应器。这是一种向反应器中添加冷原料气进行直接冷却的方式，它与间接换热式不同之处在于段间的冷却过程采用直接加入冷原料气的方法使反应后气体温度降低。绝热反应一段用冷原料气冷激一次是这类反应器的特点。由图可看出，图中 FG 是冷激线，冷激过程虽无反应，但因添加了原料气使反应后气体的变换率下降，反应后移，催化剂用量要比间接换热式多，但冷激流程简单，调温方便快捷。图 2-20(a)是这种反应器的示意图，图 2-20(b)是它的操作线图。

（3）水蒸气或冷凝水冷激式多段绝热反应器。图 2-21(a)和(b)分别为此类反应器示意图和操作线图。变换反应需要水蒸气参加，故可利用水蒸气作冷激剂，因其热容大，降温效果好，若用系统中的冷凝水来冷激，由于汽化吸热更多，降温效果更好。如图所示，由于冷激前后变换率不变，因此冷激线 FG 是一水平线，但由于冷激后气体中水蒸气含量增加，达到相同的变换率，平衡温度升高。根据最佳温度和平衡温度的计算公式，相同变换率下的最佳温度升高，因此二段所对应的适宜温度和平衡温度上移。由于液态水的蒸发潜热很大，少量的水就可以达到快速降温的目的，调节灵敏、方便。并且水的加入增加了气体的湿含量，在相同的汽气比下，可减少外加水蒸气量，具有一定的节能效果。

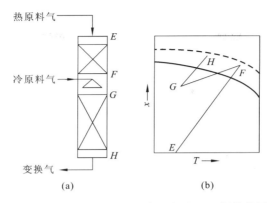

图 2-20 多段原料气冷激式绝热反应器(a)和操作线图(b)

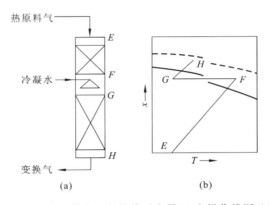

图 2-21 水冷激式两段绝热反应器(a)和操作线图(b)

2. 变换炉操作控制要点

变换炉是进行一氧化碳变换反应的设备,外壳采用钢板制作成圆筒形容器,内壁筑有保温层,以降低炉壁温度。为了减少热量损失,设备外部安装有保温层。炉内有支架,支架上铺箅子板和钢丝网以及耐火球,在上面装有催化剂,冷激式变换炉还在炉内装有冷激喷头。

变换炉正常生产时的操作要点主要是将催化剂床层的温度控制在适宜的范围内,以便充分发挥催化剂的活性,提高设备的生产能力和一氧化碳变换率,同时降低水蒸气消耗和减轻设备腐蚀。

根据半水煤气成分,流量及水蒸气压力和变化,及时调节冷激煤气和水蒸气的加入量,以稳定触媒层温度,热点温度波动范围应控制在±10 ℃以内,在保证变换气中 CO 的含量合格的前提下,应尽可能采用副线来调节触媒温度。温度必须控制在触媒的活性范围内,防止过低或过高。应采用分段变换的方法,在反应中间移走部分热量,使反应尽可能在接近最适宜的温度下进行。变换炉中的催化剂一般可设置 2～3 层,故通常称之为两段变换或三段变换。在变换炉上部的第一段一般是在较高的温度下进行近乎绝热的变换反应,然后对一段变换气进行中间冷却,再进入第二、三段,在较低温度下进行变换反应,这样既提高了反应速率也提高了催化剂的利用率。通过控制水蒸气消耗量、控制水碳比等量化指标控制好反应速率,严格防止设备超温、超压。停车过程中,卸压、降温要缓慢平稳,防止出现氢鼓泡。停车以后,应在短时间内用高温惰性气体置换吹扫,同时加强对设备的保温护理,防止出现酸性气体露点腐蚀。

任务三　原料气中二氧化碳的脱除

[知识目标]

1. 了解原料气脱碳的目的及意义。

2. 了解脱碳的分类及方法。

3. 掌握低温甲醇法脱碳原理、工艺参数的控制及工艺流程。

4. 掌握改良热钾碱法脱碳原理、工艺参数的控制及工艺流程。

[技能目标]

1. 能够对实际生产中变换过程工艺参数进行优化控制。

2. 能够根据生产实际设计合理的脱碳工艺流程。

[预备知识]

一氧化碳变换过程后,原料气中 CO_2 含量可高达 $28\%\sim40\%$。因此需要脱除 CO_2,并对回收的 CO_2 加以利用。国内外各种脱碳方法多采用溶液吸收剂来吸收 CO_2,根据吸收机理可分为化学吸收和物理吸收两大类。近年来出现了变压吸附法、膜分离等固体脱除二氧化碳法等。

物理吸收法。物理吸收法在加压和较低温度条件下吸收 CO_2,溶液的再生靠减压解吸,而不是加热分解,属于冷法,能耗较低。加压水洗法设备简单,但脱除二氧化碳净化度差,氢气损失较多,动力消耗也高,新建氨厂已不再用此法。近 20 年来开发有低温甲醇洗涤法、碳酸丙烯酯法、聚乙二醇二甲醚法、变压吸附脱碳法等。它们具有净化度高、能耗低、回收二氧化碳纯度高等优点,而且还可选择性地脱除硫化氢,是工业上广泛采用的脱碳方法。

化学吸收法。具有吸收效果好、再生容易,同时还能脱除硫化氢等优点,主要方法有浓氨水法、乙醇胺法和改良热钾碱法。为提高二氧化碳吸收和再生速度,可在碳酸钾溶液中添加某些无机物或有机物作活化剂,并加入缓蚀剂以降低溶液对设备的腐蚀。

物理-化学吸收法。以乙醇胺和环丁砜的混合溶液作吸收剂,称为环丁砜法,因乙醇胺是化学吸收剂,环丁砜是物理吸收剂,故此法为物理与化学效果相结合的脱碳方法。

一、低温甲醇洗涤法脱碳

1. 低温甲醇法基本原理

甲醇吸收二氧化碳属纯物理吸收过程。甲醇对二氧化碳、硫化氢、硫氧化碳等酸性气体有较大的溶解能力,而氢气、氮气、一氧化碳在其中的溶解度很小,因而甲醇能从原料气中选择吸收 CO_2、H_2S 等酸性气体,而 H_2 和 N_2 的损失则较小。

影响 CO_2 在甲醇中溶解度的因素有压力、温度和气体的组成。CO_2 在甲醇中的溶解度与吸收压力有关,压力升高,CO_2 在甲醇中的溶解度增大。随着温度的降低,CO_2、H_2S 等气体在甲醇中的溶解度增大,而 H_2、N_2 的溶解度变化不大。因此,利用甲醇脱除二氧化碳的方法宜在低温下操作。实际上,H_2S 在甲醇中的溶解度比 CO_2 更大,所以用甲醇脱除二氧化碳的过程也能把气体中的 H_2S 一并脱除。在甲醇洗涤的过程中,原料气中的 COS、CS_2 等有机硫化物也能被脱除。

经过低温甲醇洗涤后,要求原料气中 CO_2 含量小于 $20~cm^3/m^3$,H_2S 含量小于 $1~cm^3/m^3$。

甲醇在吸收了一定量的 CO_2、H_2S、COS、CS_2 等气体后,为了循环使用,必须使甲醇溶液得到再生。再生通常是在减压加热的条件下,解析出所溶解的气体。由于在一定条件下,H_2、N_2 等气体在甲醇中的溶解度最小,而 CO_2、H_2S 在甲醇中的溶解度最大,所以采用分级减压膨胀再生时,H_2、N_2 等气体首先从甲醇中解析出来。然后降低压力,使大量 CO_2 解析出来,得到 CO_2 浓度大于 98% 的气体,作为尿素、纯碱的生产原料。最后用减压、汽提、蒸馏等方法使 H_2S 进一步解析出来,得到含 H_2S 大于 25% 的气体,送往硫磺回收工序,予以回收。

再生的另一种方法是用 N_2 气提,使溶于甲醇中的 CO_2 解析出来,气提气量越大,操作温度越高或压力越低,溶液的再生效果越好。

2. 低温甲醇洗工艺参数控制

(1) 吸收温度。前已述及,降低温度可以增加二氧化碳在甲醇中的溶解,这样可以减少甲醇的用量。常温下的甲醇蒸气分压很大,为了减少操作中的甲醇损失,也宜采用低温吸收。在生产上,一般选择吸收温度为 $-70 \sim -20~℃$。

由于 CO_2 等气体在甲醇中的溶解热很大,因此在吸收过程中溶液温度会不断升高,使吸收能力下降。为了维持吸收塔的操作温度,在吸收大量 CO_2 的中部位设置一个冷却器降温,或者将甲醇溶液引出塔外进行冷却。

(2) 吸收压力。吸收压力升高,CO_2 在甲醇中的溶解度增大,所以在加压下操作是有利的。但操作压力过高,对设备强度和材质的要求也较高。目前低温甲醇洗涤法的操作压力一般选择为 $2 \sim 8~MPa$。

3. 低温甲醇洗脱碳工艺流程的控制

低温甲醇洗涤法的流程有两大类型:一种是适用于单独脱除气体中的二氧化碳,或处理只含有少量 H_2S 的气体;另一种是适用于同时脱除含 CO_2 和 H_2S 的原料气,再生时可分别得到高浓度的 CO_2 和 H_2S 气体。此处仅介绍前一种。

低温甲醇洗涤法脱除 CO_2 的工艺流程,如图 2-22 所示。

本流程吸收塔分为上下两段,在吸收塔下段脱除大量 CO_2,吸收塔上段主要提高气体的净化度,进行精脱碳。

压力为 $2.5~MPa$ 的原料气在预冷器中被净化气和 CO_2 气冷却到 $-20~℃$,之后进入

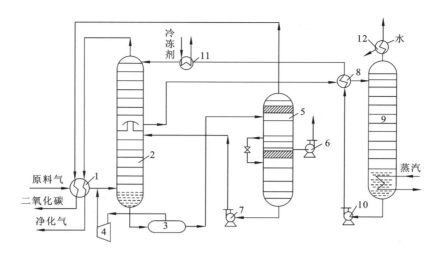

1—原料气预冷器；2—吸收塔；3—闪蒸器；4—压缩机；5—再生塔；6—真空泵；
7—半贫液泵；8—换热器；9—蒸馏塔；10—贫液泵；11—冷却器；12—水冷器

图 2-22　低温甲醇洗涤法脱除 CO_2 的工艺流程

吸收塔下部，与从吸收塔中部加入的甲醇溶液（半贫液）逆流接触，大量的 CO_2 被溶液吸收。气体继续进入吸收塔上部，与从塔顶喷淋下来的甲醇（贫液）逆流接触，脱除原料气中剩余的 CO_2，使气体净化度提高，净化气从吸收塔引出与原料气换热后去下一工序。

　　由于 CO_2 在甲醇中溶解时放热，从吸收塔底部排出的甲醇液（富液）温度升高到 $-20\ ℃$，送入闪蒸器 3 解吸出所吸收的氢氮气，氢氮气经压缩后送回原料气总管。甲醇液由闪蒸槽进入再生塔 5，经两级减压再生。第一级在常压下再生，再生气中 CO_2 的浓度在 98% 以上，经预冷器与原料气换热后去尿素工序。第二级在真空度为 20 kPa 下再生，可将吸收的大部分 CO_2 放出，得到半贫液。由于 CO_2 从甲醇液中解吸吸热，半贫液的温度降到 $-75\ ℃$，经半贫液泵 7 加压后送入吸收塔中部，循环使用。

　　从吸收塔 2 上塔底部排出的甲醇液（富液）与蒸馏后的贫液换热后进入蒸馏塔，在蒸汽加热的条件下进行蒸馏再生。再生后的甲醇液（贫液）从蒸馏塔底部排出，温度为 $65\ ℃$，经换热器 8、冷却器 11 被冷却到 $-60\ ℃$ 左右，送到吸收塔顶部循环使用。

　　低温甲醇法所使用的吸收塔和再生塔内部都采用带浮阀的塔板，根据流量大小，选用双溢流或单溢流，塔板材料选用不锈钢。

二、改良热钾碱法脱碳

　　早期的热碳酸钾法是用 25%～30% 浓度的热 K_2CO_3 溶液脱除原料气中的 CO_2 和 H_2S。这种方法吸收速率慢、净化度低且设备腐蚀严重。为了克服上述缺点，在 K_2CO_3 溶液中添加不同的活化剂，称为有机胺催化热钾碱法。根据活化剂的不同，氨基乙酸催化热钾碱法、二乙醇胺催化热钾碱法等，此处主要介绍加入活化剂二乙醇胺的热钾碱法，简称本菲尔法。

1. 本菲尔法脱碳基本原理

本菲尔法的吸收剂为在碳酸钾溶液中添加二乙醇胺活化剂、缓蚀剂 KVO_3 及消泡剂等。

（1）吸收原理。K_2CO_3 水溶液吸收 CO_2 为气液相反应，气相中的 CO_2 先扩散至液相，之后与溶液中的碳酸钾发生化学反应。

$$K_2CO_3 + H_2O + CO_2 \Longrightarrow 2KHCO_3 \qquad (2\text{-}22)$$

这是一个可逆反应，无催化剂存在时，反应速率很慢。反应生成的碳酸氢钾在减压加热条件下，放出 CO_2，使 K_2CO_3 溶液再生，循环使用。

为了提高反应速率，吸收过程在较高温度（105～110 ℃）下进行，因而称为热碳酸钾法。由于纯 K_2CO_3 溶液吸收 CO_2 在上述温度下反应速率仍然很慢，所以须向溶液中加入催化剂。在 K_2CO_3 溶液中加入活化剂二乙醇胺（DEA），由于二乙醇胺分子中的氨基与液相中的 CO_2 直接进行反应，改变了反应历程，所以大大加快了吸收反应的速率，可加快 10～1 000 倍。

含有机胺的 K_2CO_3 溶液在吸收 CO_2 的同时，也能除去原料气中的 H_2S、HCN、RSH 等酸性组分，其吸收反应为

$$H_2S + K_2CO_3 \Longrightarrow KHCO_3 + KHS \qquad (2\text{-}23)$$
$$HCN + K_2CO_3 \Longrightarrow KHCO_3 + KCN \qquad (2\text{-}24)$$
$$RSH + K_2CO_3 \Longrightarrow KHCO_3 + RSK \qquad (2\text{-}25)$$

COS、CS_2 首先在热 K_2CO_3 溶液中水解生成 H_2S 和 CO_2，然后被溶液吸收。反应式如下

$$CS_2 + H_2O \Longrightarrow COS + H_2S \qquad (2\text{-}26)$$
$$COS + H_2O \Longrightarrow CO_2 + H_2S \qquad (2\text{-}27)$$

CS_2 需经两步水解生成 H_2S 后才能全部被吸收，因此吸收效率较低。

（2）溶液的再生。K_2CO_3 溶液吸收 CO_2 后，K_2CO_3 转变为 $KHCO_3$，由于活性下降，吸收能力减小，故需进行再生，使溶液恢复吸收能力，循环使用。再生反应为吸收反应的逆反应，即

$$2KHCO_3 \Longrightarrow K_2CO_3 + H_2O + CO_2 \qquad (2\text{-}28)$$

对再生反应来说，压力越低，温度越高，越有利于 $KHCO_3$ 的分解。为了使 CO_2 更完全地从溶液中解吸出来，可以向溶液中通入惰性气体进行气提，使溶液湍动并降低解吸出来的 CO_2 在气相中的分压。

工业生产上溶液的再生是在带有再沸器的再生塔内进行，即在再沸器内利用间接加热将溶液加热至沸点，使大量水蒸气从溶液中蒸发出来，沿着再生塔向上流动作为气提介质与溶液逆流接触，降低气相中 CO_2 的分压，增加解吸推动力，同时增加液相的湍动过程和解吸面积，使溶液更好地得到再生。

2. 本菲尔法脱碳工艺参数控制

（1）溶液的组成。碳酸钾浓度：增加碳酸钾的浓度，可提高溶液对 CO_2 的吸收能力，加快吸收 CO_2 的反应速率，减少溶液的循环量和提高气体的净化度。但其浓度越高，对

设备腐蚀越严重,在低温时易析出碳酸氢钾结晶,堵塞设备和管道,给生产操作带来困难。因此碳酸钾的浓度一般选择为 27%~30%(质量分数)为宜。

活化剂浓度:为了提高吸收速率,在碳酸钾溶液中加入少量的二乙醇胺(DEA)。增大活化剂二乙醇胺的浓度,可加快溶液吸收 CO_2 的速率,降低净化气中 CO_2 的含量。但是,当活化剂浓度超过 5%时,活化作用不明显,且活化剂损失增大。所以工业生产上,二乙醇胺的浓度一般维持在 2.5%~5%。

缓蚀剂浓度:为了减轻碳酸钾溶液对设备的腐蚀,需要向溶液中加入缓蚀剂。对于活化剂为有机胺的热碳酸钾法,缓蚀剂一般是偏钒酸钾(KVO_3)或五氧化二钒(V_2O_5)。由于偏钒酸钾是一种强氧化性物质,能与铁作用在设备表面形成一层氧化铁保护膜,从而保护设备不受腐蚀。通常溶液中偏钒酸钾的浓度为 0.6%~0.9%(质量分数)。

消泡剂浓度:由于碳酸钾溶液在吸收过程中很容易起泡,影响溶液的吸收和再生效率,严重时会造成气体带液影响生产。生产中常加入消泡剂,目前常用的消泡剂有硅酮类、聚醚类及高醇类等。消泡剂在溶液中的浓度一般为 3~30 mg/kg。

(2)吸收压力。提高吸收压力可以增加吸收推动力,加快吸收速率,提高气体净化度,同时也可减小设备的尺寸。但是当压力增大到一定程度时,对吸收的影响就不明显,且对设备要求更高。实际生产中,吸收压力取决于合成氨的总体流程。

以焦炭、煤为原料的合成氨厂吸收压力大多为 1.3~2.0 MPa,以天然气、轻油为原料的蒸汽转化法制取合成氨的流程中,吸收压力为 2.6~2.8 MPa。

(3)吸收温度。提高吸收温度可加快吸收反应速率,节省再生耗热量。但吸收温度高,溶液上方 CO_2 平衡分压增大,降低了吸收推动力,因而降低了气体的净化度。也就是说,即温度对吸收过程的化学平衡和反应速率产生两种相互矛盾的影响。

为了解决这一矛盾,生产中普遍采用两段吸收、两段再生的流程,吸收塔和再生塔都分为两段。从再生塔上段取出大部分溶液(称为半贫液,占总量的 2/3~3/4),温度为 105~110 ℃,不经冷却直接进入吸收塔下段,由于半贫液温度较高,可加快吸收反应速率,而且半贫液温度接近再生温度,可以节省再生时的耗热量。从再生塔下段引出再生比较完全的溶剂(称为贫液,占总量的 1/4~1/3)冷却到温度为 65~80 ℃进入吸收塔上段。由于贫液温度较低,溶液上方 CO_2 平衡分压降低,提高了气体的净化度。

(4)溶液的转化度(Fc)。转化度的大小是溶液再生好坏的一个标志。对吸收而言,转化度越小越好。因转化度小,碳酸钾含量高,吸收速率快,气体净化度高。但对再生而言,要达到较低的转化度要消耗更多的热量,且再生塔和再沸器的尺寸也需要相对增大,这又是不利的。

在两段吸收两段再生的改良热钾碱法脱碳中,一般选择贫液转化度为 0.15~0.25,半贫液转化度为 0.35~0.45。

(5)再生工艺条件。再生过程中,提高温度和降低压力,可以加快碳酸氢钾的分解速率。为了简化流程和便于将再生过程中解吸出来的 CO_2 输送到后工序,再生压力应略高于大气压力,一般选择为 0.11~0.14 MPa。再生温度为该压力下溶液的沸点,而沸点值与溶液的组成有关,一般为 105~115 ℃。

3. 本菲尔法脱碳工艺流程的设计

（1）认识脱碳塔结构。脱碳工序的主要设备是吸收塔和再生塔，可分为填料塔和筛板塔两种。由于填料塔操作稳定可靠，大多数工厂的吸收塔和再生塔都用填料塔，而筛板塔使用较少。采用本菲尔特法脱碳的大型合成氨厂，两段吸收两段再生的吸收塔结构如图 2-23 所示。

由于采用两段吸收，进入上塔的溶液量为总溶液量的 1/4 左右，同时气体中大部分 CO_2 都在塔的下部被吸收，因此吸收塔做成上小下大的形状。上塔内径约为 2.5 m，下塔内径约为 3.5 m，塔高约 42 m。

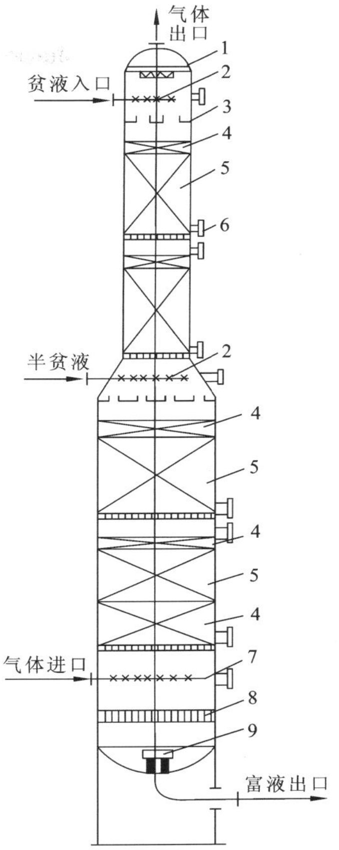

（2）本菲尔法脱碳工艺流程的设计。用碳酸钾溶液吸收二氧化碳的工艺流程很多，有一段吸收一段再生、二段吸收一段再生、二段吸收二段再生等。两段吸收两段再生流程的优点：等温吸收等温再生，节省了再生过程的热量消耗。在吸收塔下部用较高温度的半贫液吸收，加快了吸收 CO_2 的吸收速率，而在吸收塔上部用温度较低的贫液吸收，可提高气体的净化度。目前工业上常用的是二段吸收二段再生流程。

二乙醇胺催化热钾碱法二段吸收二段再生流程工艺流程如图 2-24 所示。

压力为 2.6 MPa 的低温变换气进入再生塔底的再沸器 3，被冷却至 125 ℃ 左右，放出大量的冷凝热作为再生的热源。从再沸器出来的原料气经气液分离器 13 分离出水分后进入吸收塔底，自下而上与吸收液逆流接触，气体中的 CO_2 被吸收。经过吸收塔两段反应后，含 CO_2 约 0.1% 的净化气经气液分离器除去夹带的液滴后，送往甲烷化工序。

由吸收塔底部排出的富液经水力透平减压膨胀，回收能量后进入再生塔顶部，闪蒸出部分 CO_2。然后自上而下与由再沸器加热产生的蒸汽逆流接触，溶液被加热到沸点并解吸出所吸收的 CO_2。从再生塔中部引出占溶液总量 3/4 的半贫液，温度约为 112 ℃，经半贫液泵输送到吸收塔中部。从塔底引出的占溶液总量 1/4 的贫液，在锅炉给水预热器中被冷却至 70 ℃ 左右，经贫液泵加压、过滤后送往吸收塔顶部。

从再生塔顶部引出的高纯度 CO_2，经冷却器冷却到 40 ℃ 左右，并经气液分离器 13 分离出液体后，送往尿素工序。

再生过程所需的热量大部分由变换气再沸器供给，不足部分在蒸汽再沸器中由低压蒸汽补充。

1—除沫器；2—液体分布管；3—液体分布器；
4—不锈钢填料；5—碳钢填料；6—填料卸出口；
7—气体分布器；8—消泡器；9—防涡流挡板
图 2-23 吸收塔

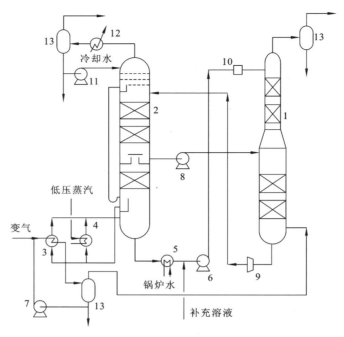

1—吸收塔;2—再生塔;3—再沸器;4—蒸汽再沸器;5—锅炉水预热器;6—贫液泵;

7—冷激水泵;8—半贫液泵;9—水力透平;10—机械过滤器;11—冷凝液泵;12—CO₂冷却器;13—气液分离器

图 2-24　本菲尔特法脱碳二段吸收二段再生流程

任务四　原料气的最终净化

[知识目标]

1. 了解原料气精制的方法。

2. 掌握甲烷化精制原料气的原理、工艺参数的控制及工艺流程。

3. 掌握双甲精制原料气原理及特点。

[技能目标]

1. 能够对实际生产中原料气的精制过程工艺参数进行优化控制。

2. 能够根据生产实际选用和设计合理的原料气精制工艺流程。

[预备知识]

在合成氨的生产过程中,经过一氧化碳变换和二氧化碳脱除后的原料气尚含有少量残余的 CO 和 CO₂。为了防止它们对氨合成催化剂的毒害,原料气在送往合成工段以前,还需要进一步净化,称为"精制"。故要求进入氨合成塔原料气中的 CO+CO₂ 含氧化合物总含量小于 10×10^{-6}。精制后气体中 CO 和 CO₂ 体积分数之和,大型厂控制在小于 10×10^{-6},中小型厂小于 30×10^{-6}。

　　铜氨液吸收法：铜氨液吸收法是最早采用的方法，在高压、低温下用铜盐的氨溶液吸收 CO 并生成络合物，然后将溶液在减压和加热条件下再生。由于吸收溶液中有游离氨，故可同时将气体中的 CO_2 脱除。铜氨液洗涤工艺是早期应用的原料气精制工艺技术，除能吸收 CO 和 CO_2 外，还能吸收 O_2 和 H_2S，长期以来用于合成氨原料气体的精制。然而，由于该工艺使用的乙酸铜氨液化学成分多且复杂，吸收和再生过程中影响因素较多，而多种因素在同一操作条件下又相互矛盾，故存在工艺流程冗长、工艺条件控制难度大、能源消耗较高、易污染环境等缺点。

　　液氮洗涤法：利用液态氮能溶解 CO、甲烷的物理性质，在深度冷冻的温度条件下将原料气中残留的少量 CO 和甲烷等彻底除去，该法适用于设有空气分离装置的重质油、煤加压部分氧化法制原料气的净化流程，也可用于焦炉气分离制氢的流程。

　　甲烷化法：甲烷化法是 20 世纪 60 年代开发的方法，在镍催化剂存在下使 CO 和 CO_2 加氢生成甲烷。由于甲烷化反应为强放热反应，而镍催化剂不能承受很大的温升，因此，对气体中 CO 和 CO_2 含量有限制。该法流程简单，可将原料气中碳的氧化物脱除到 10 ppm 以下，以天然气为原料的新建氨厂大多采用此法。但甲烷化反应中需消耗氢气，且生成对合成氨无用的惰性组分甲烷。

　　甲醇串甲烷化：又称双甲精制工艺，是近年来开发成功的一项新技术，它采用先甲醇化后甲烷化的方法，将原料气中 CO、CO_2 降至几 cm^3/m^3 以下，从而使氢耗大大降低，同时可副产化工原料甲醇。目前，双甲精制新工艺在中、小型合成氨厂正被推广使用。

一、甲烷化法精制原料气基本原理

1. 甲烷化反应的化学平衡

在催化剂存在的条件下，CO 和 CO_2 加氢生成甲烷的反应如下

$$CO + 3H_2 \rightleftharpoons CH_4 + H_2O(g) + Q \qquad (2\text{-}29)$$

$$CO_2 + 4H_2 \rightleftharpoons CH_4 + 2H_2O + Q \qquad (2\text{-}30)$$

当原料气中有 O_2 存在时，会与氢发生反应，反应式如下

$$2H_2 + O_2 \rightleftharpoons 2H_2O + Q \qquad (2\text{-}31)$$

在一定条件下，系统还会发生以下副反应

$$2H_2 + O_2 \rightleftharpoons 2H_2O + Q \qquad (2\text{-}32)$$

$$Ni + 4CO \rightleftharpoons Ni(CO)_4 \qquad (2\text{-}33)$$

从脱除 CO、CO_2 的角度，希望主反应[即反应（3-29）、反应（3-30）]进行，而不希望氢与氧反应和副反应发生。

　　甲烷化反应是强放热反应，反应热效应随温度升高而增大，催化剂床层会产生显著的绝热温升。每 1% 的 CO 甲烷化的绝热温升为 72 ℃，每 1% 的 CO_2 温升为 60 ℃。

　　如果原料气中含微量氧，其温升要比 CO、CO_2 高得多，每 1% 的 O_2 与氢气反应的温升值为 165 ℃，所以原料气中应严格控制氧的进入，否则易引起甲烷化炉严重超温而导致催化剂失活。

　　甲烷化反应是放热反应，在生产上控制的反应温度范围在 280～420 ℃，平衡常数值

都很大,反应向右进行,有利于 CO 和 CO_2 转化生成甲烷。

甲烷化反应是体积缩小的反应,提高压力,使甲烷化反应平衡向右移动,由于甲烷化的原料气中 CO 和 CO_2 分压低,H_2 过量很多,即使压力不太高,甲烷化后 CO 和 CO_2 平衡含量仍很低。所以,从化学平衡考虑,工业上要求甲烷化炉出口气体 CO 和 CO_2 含量低于 $10\ cm^3/m^3$ 是没有问题的。

2. 甲烷化反应速率

研究认为,在一般情况下,甲烷化反应速率很慢,但在镍催化剂作用下,反应速率相当快。

甲烷化反应速率不仅与空间速率和碳氧化物进出口含量有关,还与温度、压力有关。对于甲烷化反应,随着反应温度的升高,反应速率常数增大,反应速率加快。甲烷化反应速率与压力的 0.2～0.5 次方成正比,压力增加可加快反应速率。传质过程对甲烷化反应速率有显著影响,实际应用时,减小催化剂粒径,提高床层气流的空速,都能提高甲烷化速率。

二、甲烷化法工艺参数的控制

1. 温度

温度低对甲烷化反应平衡有利,但温度过低 CO 会与镍生成羰基镍,而且反应速率慢,催化剂活性不能充分发挥。提高温度,可以加快甲烷化反应速率,但温度太高对化学平衡不利,还会使催化剂超温而造成活性降低。

实际生产中,温度低限应高于生成羰基镍的温度,操作温度一般控制在 280～420 ℃。

2. 压力

甲烷化反应是体积缩小的反应,提高压力有利于化学平衡,并使反应速率加快,从而提高设备和催化剂的生产能力。在实际生产中,甲烷化操作压力由其在合成氨总流程中的位置确定,一般为 1～3 MPa。

3. 原料气成分

甲烷化反应是强放热反应,所以原料气中的 CO 和 CO_2 含量不能太高。若原料气中 CO 和 CO_2 含量高,易造成催化剂超温,同时使进入合成系统的甲烷含量增加,所以要求原料气中 CO 和 CO_2 的体积分数之和必须小于 0.7%。原料气中的水蒸气含量增加,可使甲烷化反应逆向进行,并影响催化剂的活性,所以原料气中水蒸气含量也是越少越好。

三、甲烷化法工艺流程的设计

甲烷化流程可以根据精制后原料气热量回收的方式的不同设计成如下两种方案,如图 2-25 所示。

在图(a)流程中,经脱碳后的原料气(1.8 MPa,65 ℃)首先进入甲烷化气换热器管间,与甲烷化炉来的甲烷化气换热,温度升至 240 ℃左右,进入中变气换热器与中变气换热,

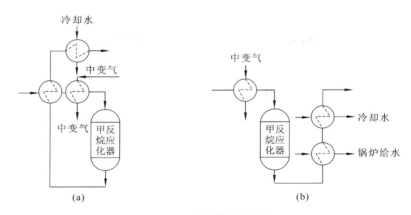

图 2-25　甲烷化流程方案

温度升至 280 ℃ 左右进入甲烷化炉,进行 CO 和 CO_2 的甲烷化反应。从甲烷化炉出来的气体中,$CO+CO_2$ 含量小于 10 cm^3/m^3,温度在 330 ℃ 左右,进入甲烷化气换热器管内,与管间原料气换热,温度降至 160 ℃ 左右,再进入水冷器用水冷却到 40 ℃ 左右,然后经氢氮气压缩机加压后送往合成工序。

在图(b)流程中,温度约 71 ℃ 的原料气,经氢氮压缩机一段出口气换热器预热到 113 ℃ 左右,进入中变气换热器加热到 310～320 ℃,进入甲烷化炉。反应后的气体温度升至 358～365 ℃,经锅炉给水预热器后,温度降到 149 ℃ 左右,然后进入水冷却器降到 38 ℃ 左右,送往氢氮气压缩机。

[复习与思考]

1. 合成氨原料气为什么要进行脱硫、变换、脱碳及精制的净化过程?
2. 湿法脱硫和干法脱硫的主要区别是什么?
3. 栲胶法脱硫的原理是什么?
4. CO 变换的催化剂如何分类? 适用范围及特点是什么?
5. 变换反应器的类型有哪些? 如何对变换炉进行操作控制?
6. 脱碳的方法有哪些?
7. 本菲尔法脱碳为什么采用两段吸收两段再生的工艺流程?
8. 原料气的最终净化有哪些方法?

项目三　氨 的 合 成

氨的合成工序是合成氨生产的最后一步,在适当温度、压力、催化剂条件下,将精制后 H_2 和 N_2 混合气直接合成 NH_3,然后将生成的气体 NH_3 从混合气体中冷凝分离出来,得到产品液 NH_3,分离氨后的氢氮气循环使用。

任务一 氨合成工艺条件的控制

[知识目标]

1. 了解合成氨工艺原理及催化剂。
2. 掌握合成氨生产的工艺条件。

[技能目标]

1. 能对合成氨生产过程进行转化率、收率等的计算。
2. 能够对生产过程工艺参数进行优化分析。

一、认识氨合成催化剂

N_2 和 H_2 合成氨的反应是一个可逆反应,热力学计算表明,低温、高压对合成氨反应是有利的,但无催化剂时,反应的活化能很高,反应几乎不发生。当采用铁催化剂时,由于改变了反应历程,降低了反应的活化能,使反应以显著的速率进行。可以用作氨合成催化剂的物质很多,如铁、铂、锰和锇等。但由于以铁为主体的催化剂具有原料来源广、价格低廉、在低温下具有较好的活性、抗毒能力强及使用寿命长等优点,因此在生产上得到广泛使用。

铁系催化剂的主要成分是 FeO 和 Fe_2O_3 并加入少量的其他金属氧化物 Al_2O_3、K_2O、CaO 等为促进剂(又称助催化剂)。

催化剂的活性组分是金属铁,而不是铁的氧化物。因此,使用前在一定的温度下,用氢氮混合气使其还原,即使氧化铁被还原为具有活性的 α 型纯铁。

加入 Al_2O_3 的作用:它能与氧化铁生成 $FeO \cdot Al_2O_3$ 晶体,其晶体结构与 $FeO \cdot Fe_2O_3$ 相同。当催化剂被氢氮混合气还原时,氧化铁被还原为 α 型纯铁,而 Al_2O_3 不被还原,它覆盖在 α-Fe 颗粒的表面,防止活性铁的微晶在还原时及以后的使用中进一步长大。这样,α-Fe 的颗粒间就出现了空隙,形成纵横交错的微型孔道结构,大大地增加了催化剂的表面积,提高了活性。

加入 MgO 的作用与 Al_2O_3 有相似之处。在还原过程中,MgO 也能防止活性铁的微晶进一步长大。但其主要作用是增强催化剂对硫化物的抗毒能力,并保护催化剂在高温下不致因晶体破坏而降低活性,故可延长催化剂寿命。

加入 CaO 的作用:为了降低熔融物的熔点和黏度,并使 Al_2O_3 易于分散在 $FeO \cdot Fe_2O_3$ 中,还可提高催化剂的热稳定性。

氨合成铁催化剂是一种黑色、有金属光泽、带磁性、外形不规则的固体颗粒。铁催化剂在空气中易受潮,引起可溶性钾盐析出,使活性下降。经还原的铁催化剂若暴露在空气中则迅速燃烧,立即失掉活性。一氧化碳、二氧化碳、水蒸气、油类、硫化物等均会使铁催化剂暂时或永久中毒。长时间的含氧化合物中毒也会造成永久中毒。各类铁催化剂都有一定的起始活性温度、最佳反应温度和耐热温度。

二、确定氨合成生产条件

1. 压力的优化

在氨合成过程中,合成压力是决定其他工艺条件的前提,是决定生产强度和技术经济指标的主要因素。提高操作压力有利于提高平衡氨含量和氨合成反应速率,增加装置的生产能力,有利于简化氨分离流程。但压力高对设备材质及加工制造的技术要求高,同时,高压下反应温度也较高,催化剂的使用寿命缩短。因此,合成压力的选择需要综合权衡。

生产上选择合成压力主要涉及功的消耗,包括高压机功耗、循环气压缩机功耗和冷冻系统压缩功耗。图 2-26 为某日产 900 t 氨合成工段功耗随压力变化的关系。可见,提高压力,循环气压缩功耗和氨分离功耗减少,但高压机功耗却大幅度上升。当操作压力在 20～30 MPa 时,总功耗最少。实际生产中,中小型合成氨厂采用电动机驱动的往复式高压机,其合成压力在 20～32 MPa;大型合成氨厂采用蒸汽透平驱动离心式高压机,同时采用低压力降的径向合成塔、装填低温高活性催化剂,其操作压力可降至 10～15 MPa。氨合成的所需压力不同,使用高压机类型不同以及驱动高压机的动力和能源种类不同,这是大型氨厂和中小型氨吨氨能耗相差悬殊的主要原因。

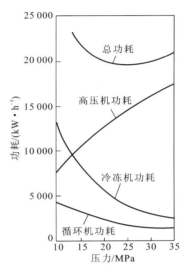

图 2-26 功耗与压力的关系

2. 温度的优化

氨合成反应必须在催化剂的存在下才能进行,而催化剂必须在一定的温度范围内才具有活性,所以氨合成反应温度必须维持在所用催化剂的活性温度范围内。目前工业上使用的铁催化剂的活性温度范围在 400～550 ℃。

通常,将某种催化剂在一定生产条件下具有最高氨生成率时的温度称为最适宜温度。不同的催化剂具有不同的最适宜温度,而同一催化剂在不同的使用时期,其最适宜温度也会改变。例如,催化剂在使用初期活性较强,反应温度可以低些。催化剂使用中期活性减弱,操作温度要比使用初期提高一些。催化剂使用后期活性衰退,操作温度又要比使用中期再提高一些。此外,最适宜温度还和空速、压力等因素有关。

氨的产率与温度、空速的关系如图 2-27 所示。由图可见,在一定的空速下,开始时氨的产

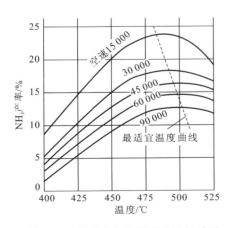

图 2-27 氨产率与温度和空速的关系

率随着温度的升高而增大,达到一个最高点后,温度再升高,氨产率反而下降。从图中还可以看出,不同的空速都有一个最高点,也就是最适宜温度。所以为了获得最大的氨产率,合成氨的反应温度应随空速的增大而相应地提高。在最适宜温度以外,无论是升高或降低温度,氨的产率都会下降。

催化剂床层内温度分布的理想状况应该是降温状态,即进催化剂层的温度高,出催化剂层的温度低。因为刚进入催化剂层的气体中氨含量低,距离平衡又远,可以迅速地进行合成反应以提高含氨量,因此催化剂层上部温度高就能加快反应速率。当气体进入催化剂层下部,气体中含氨量已增加了,催化剂温度低会降低逆反应速率,从而提高气体中的平衡氨含量。这样,反应速率和反应平衡得到了有利结合,所以能提高总的合成效率。

在实际生产过程中,受操作条件的种种限制,不能做到氨合成塔内的降温状态。例如,当合成塔入口气体中氨含量为 4% 时,相应的最适宜温度为 653 ℃,这个值超过了铁催化剂的耐热温度。此外,温度分布递降的合成塔在工艺实施上也不尽合理,它不能利用反应热使反应过程自热进行,还需另加高温热源预热反应气体以保证入口温度。

在实际生产中,在催化剂床层的前半段不可能按最适宜温度操作,而是使反应气体在能达到催化剂活性温度的前提下进入催化剂层,先进行一段绝热反应,依靠自身的反应热尽可能快地升高温度,以达到最适宜温度。在催化剂层的后半段,按照最适宜温度分布曲线相应地移出热量,使合成反应按最适宜温度曲线进行。

综合以上几个影响因素,通过生产实践得出,氨合成操作温度一般控制在 400～500 ℃(依催化剂类型而定)。

工业生产上,应严格控制催化剂床层的两点温度,即床层入口温度和热点温度。床层入口温度应等于或略高于催化剂活性温度的下限,热点温度应小于或等于催化剂使用温度的上限。气体进入催化剂床层后依靠反应热迅速使床层温度提高,而后温度再逐渐降低。提高催化剂床层入口温度和热点温度,可以使反应过程较好地接近最适宜温度曲线。

3. 空速的优化

空间速度指单位时间内通过单位体积催化剂的气体量(标准状态下的体积),简称空速。当操作压力、温度及进塔气体组成一定时,对于既定结构的合成塔,增加空速(也就是加快气体通过催化剂床层的速度),这样气体与催化剂接触时间缩短,出塔气中氨含量降低,即氨净值降低。但由于氨净值降低的程度比空速的增大倍数要少,所以当空速增加时,氨合成生产强度(单位时间、单位体积催化剂所生产的氨量)有所提高,即氨产量有所增加。若继续增加空速,则气体与催化剂的接触时间进一步缩短,气体来不及在催化剂表面发生反应就离开催化剂床层,导致出塔气中氨含量大幅度下降,氨产量也会降低。

另外,空速增大,还将使系统阻力增大,压缩循环气功耗增加,分离氨所需的冷冻功也增大。同时,单位循环气量的产氨量减少,所获得反应热也相应减少。当单位循环气的反应热降到一定程度时,合成塔就难以维持"自热平衡",这样就不能正常生产了。

一般操作压力在 30 MPa 左右的中压法合成氨,空速在 20 000～40 000 h^{-1}。大型合成氨厂为充分利用反应热、降低功耗及延长催化剂使用寿命,通常采用较低的空速,一般为 10 000～20 000 h^{-1}。

4. 合成塔进口气体组成确定

(1) 氢氮比。从化学平衡的角度来看,当氢氮比为 3 时,可获得最大的平衡氨浓度。但从动力学角度分析,最适宜氢氮比随氨含量的不同而变化。在反应初期最适宜氢氮比为 1,随着反应的进行,如欲保持反应速率为最大值,最适宜氢氮比将不断增大,氨含量接近平衡值时,最适宜氢氮比趋近于 3。如果按照反应初期的氢氮比投料,则会因为氨合成时氢氮比是按 3∶1 消耗的,导致混合气中的氢氮比将随反应进行而不断减少。若维持氢氮比不变,势必要在反应时不断补充氢气,这在生产上难以实现。生产实践表明,控制进塔气体的氢氮比略低于 3,如 2.8~2.9 比较合适。而新鲜气中的氢氮比应控制在 3,以免循环气中的氢氮比不断下降。

(2) 惰性气体的含量。惰性气体(CH_4、Ar)来自新鲜气,而新鲜气中惰性气体的含量随所用原料和气体净化方法的不同相差很大。惰性气体的存在,对氨合成反应的平衡氨含量和反应速率的影响都是不利的。由于氨合成过程中未反应的氢氮混合气需返回氨合成塔循环利用,而液氨产品仅能溶解少量惰性气体,因此惰性气体在系统中会逐渐积累。随着反应的进行,循环气中惰性气体的含量会越来越多。为了保持循环气中的惰性气体含量一定,目前的工业生产上主要靠放空气量来控制。

循环气中惰性气体的含量过高和过低都是不利的。惰性气体的含量过高,则对氨的收率和反应速率都是不利的。过低,则需要大量排放循环气,导致原料气消耗量增加。

循环气中惰性气体含量的控制,还与操作压力和催化剂活性有关。操作压力较高及催化剂活性较好时,惰性气体含量可适当控制高一些,以降低原料气消耗量,同时也能获得较高的氨合成率。相反,循环气中惰性气体含量就应该控制低一些。

因此,循环气中惰性气体含量应根据新鲜气中惰气含量、操作压力、催化剂活性等条件来确定。工业生产上,循环气中惰性气体含量控制指标视情况不同而不同,一般控制在 12%~18% 较为合适。

(3) 初始氨含量。当其他条件一定时,入塔气体中氨含量越低,氨净值就越大,反应速率越快,生产能力也就越高。反之,入塔气体中氨含量越高,氨净值就越小,生产能力也就越低。而且入塔混合气体中氨含量过低时,合成反应过于剧烈,催化剂床层温度不易控制。

目前一般采用冷凝法分离反应后气体中的氨,由于不可能把循环气中氨全部冷凝下来,所以合成塔进口的气体中多少还含有一些氨。进塔气中的氨含量,主要取决于进行氨分离时的冷凝温度和分离效率。冷凝温度越低,分离效果越好,进塔气中氨含量也就越低。降低入塔气中氨含量可以加快反应速率,提高氨净值和催化剂的生产能力。但将进口氨含量降得过低,势必将循环气冷至很低的温度,使冷冻功耗增大。因此,过分降低冷凝温度而增加氨冷器负荷,在经济上并不可取。

合成塔进口氨含量的控制也与合成压力有关。操作压力高,氨合成反应速率快,进口氨含量可控制高些。操作压力低,为保持一定的反应速率,进口氨含量应控制低些。工业生产上,操作压力 30 MPa 时,进塔混合气中氨含量一般控制在 3.2%~3.8%。操作压力为 15 MPa 时,进塔混合气中氨含量一般控制在 2%~3%。

任务二 氨合成塔结构的选型

[知识目标]

1. 掌握氨合成塔的类型与结构。
2. 掌握氨合成塔工作原理。

[技能目标]

1. 能够根据氨合成塔的结构和原理进行工艺控制。
2. 能够对氨的合成过程中可能出现的事故,拟定事故处理预案。

[预备知识]

氨合成塔是合成氨生产的关键设备,作用是使氢氮混合气在塔内催化剂床层中合成氨。由于氨的合成反应是在高温高压下进行的,因此氨合成塔不仅应有较高的机械强度,而且应有在高温下抗蠕变的能力。同时在高温高压下,氢氮气对碳钢有明显的腐蚀作用,使合成塔的工作条件更为复杂。

为了适应氨合成反应的条件,氨合成塔由内件和外筒两部分组成,内件置于外筒之内,内件外面设有保温层,以减少向外筒散热。进入氨合成塔的温度较低的气体先经过内件与外筒之间的环隙,之后再进入内件的换热器和催化剂床层。所以,外筒主要承受高压,即操作压力与大气压之差,但不承受高温。外筒可用普通低合金钢或优质碳钢制成,正常情况下使用寿命可达四五十年以上。

内件在 500 ℃ 左右的条件下操作,但只承受环隙气流与内件气流的压差,一般仅为 1~2 MPa。即内件只承受高温而不承受高压,从而可降低对内件材料的强度要求。内件一般用合金钢制作,使用寿命较短。内件由催化剂筐、热交换器和电加热器三个主要部分组成,大型氨合成塔的内件一般不设电加热器,而由塔外加热炉供热。

一、氨合成塔的分类

由于氨合成反应的最适宜温度随氨含量的增加而逐渐降低,而氨的合成反应是不断放热的,所以随着反应的进行要在催化剂层中采取降温措施。按降温方式的不同,氨合成塔可以分为以下三类。

(1) 冷管式。在催化剂层中设置冷却管,用反应前温度较低的原料气在冷管中流动,移出反应热,降低反应温度,同时将原料气预热到反应温度。

根据冷却管结构的不同,可分为双套管、三套管及单管等不同形式。这种合成塔结构复杂,通常用于直径 1 m 以下的中小型氨合成塔。

(2) 冷激式。将催化剂分为多层(一般为 5 层以下),气体经过每层绝热反应温度升高后,通入冷的原料气与之混合,温度降低后再进入下一层催化剂。冷激式氨合成塔结构简单,但因加入未反应的冷原料气,降低了氨合成率,所以一般多用于大型氨合成塔。

(3) 中间换热式。将催化剂分为几层,在层间设置换热器,上一层反应后的高温气体,进入换热器降温后,再进入下一层进行反应,近年来这种塔在生产上开始应用。

按气体在合成塔内的流动方向,合成塔分为轴向塔和径向塔。气体沿塔的轴向流动,称为轴向塔。气体沿塔的半径方向流动,称为径向塔。

我国中小型合成氨厂一般采用冷管式合成塔,大型合成氨厂一般采用冷激式合成塔。

二、氨合成塔的结构选型

1. 中小型合成氨厂合成塔

中小型合成氨厂常采用冷管式氨合成塔,此处以三套管并流合成塔为例进行说明。三套管并流合成塔如图 2-28 所示,它主要是由外筒和内件两部分组成。

外筒 1 是一个多层卷焊或锻造的高压圆筒,操作压力为 32 MPa,筒体内径为 800～100 mm,高达 12～14 m。筒体顶部有上盖 9 及支架圈 11,支架圈与上盖用螺栓 16 相连接。在上盖 9 上设有电加热炉的安装孔和热电偶温度计的插入孔。筒体下部用下盖 22 密封,以螺栓连接在筒体上。下盖上开有气体出口以及冷气入口。

内件的上部为催化剂筐 2,筐的中心管 19 内安装着电加热炉 4,下部为热交换器 3,中间为分气盒 21。催化剂筐由合金钢板焊接而成,外包保温层。保温层一方面可以防止内件大量散热,使催化剂层温度下降;另一方面可降低外筒内壁的温度,防止外筒的内外壁温差过大,而产生巨大的热应力和加剧氢气的腐蚀作用。催化剂筐下部有多孔板 20,上面放有铁丝网,在铁丝网上装有催化剂 5。在催化剂床层的中下部装有数十根冷管,顶部为不设置冷管的绝热层。冷管由内管 7 和外管 8 组成。此外,筐内还装有两根温度计套管 14 和一根用来装电加热炉的中心管 19。催化剂的装填量与合成塔直径和高度有关,直径为 800～1 000 mm 的合成塔,一般可装 2～4.5 m^3 催化剂。

催化剂筐下部经分气盒 21 与热交换器连接。热交换器内装有许多根小直径的热交换管 6。为了防止散热,热交换器的外壁也设有保温层。热交换器的中央有一根冷气管 24,从塔底副阀来的气体经此管直接进入分气盒,而不经过热交换器,因而温度较低,可用以调节催化剂层的温度。

电加热炉由镍铬合金制成的电炉丝和瓷绝缘子组成。当开车升温、催化剂还原及操作不正常时,可以开电加热炉以调节进催化剂层的气体温度。电加热炉的控制系统设在塔外,即在塔外设电压调节器,可根据不同需要调节电加热炉的电压,以改变其加热能力。

温度为 20～40 ℃ 的循环气中的大部分由合成塔顶部进入,沿外筒与内件之间的环隙顺流而下,从底部进入换热器的管间,与管内反应后的高温气体进行热交换,被加热到 300 ℃ 左右。另一部分气体由塔底副阀进来,不经过热交换器,由冷气管直接进入分气盒的下室,与被预热的气体汇合,分配到各冷管的内管。气体由内管上升至顶部,沿内外管间的环隙折流而下,通过外管与催化剂床层的气体并流换热,气体被预热到 400 ℃ 左右。然后气体经分气盒及中心管进入催化剂床层,进行氨的合成反应。反应后气体温度为 480～500 ℃,进入热交换器的管内,将热量传给刚进塔的气体后,自身温度降至 230 ℃ 以下,从塔底引出。

三套管并流合成塔的主要优点是催化剂床层温度分布比较合理,催化剂生产强度高,操作稳定,适应性强。但缺点是结构复杂,冷管与分气盒占据较多的空间,冷管传热能力强,在催化剂还原时下层温度不易升高,难以还原彻底。

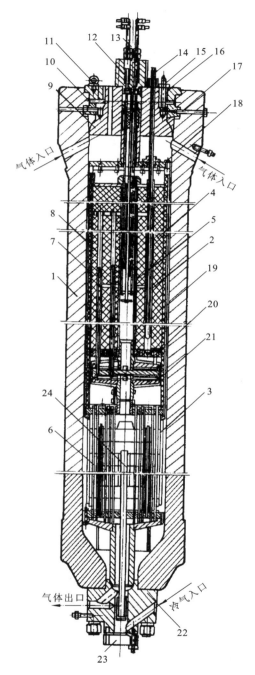

气体入口

气体入口

气体出口

冷气入口

1—高压筒体；2—催化剂筐；3—热交换器；4—电加热炉；5—催化剂；6—热交换管；7—三套管内管（双管组成）；
8—三套管外管；9—上盖；10—压瓦；11—支持圈；12—电炉小盖；13—导电棒；14—温度计套管；15—压盖；
16、17—螺栓；18—催化剂筐盖；19—中心管；20—多孔板；21—分气盒；22—下盖；23—小盖；24—冷气管

图 2-28　三套管并流合成塔

2. 大型氨厂合成塔

大型氨厂合成塔大多采用冷激式,冷激式又分为轴向冷激式和径向冷激式两种。

(1)轴向冷激式氨合成塔。图 2-29 为凯洛格轴向冷激式氨合成塔。

轴向冷激式氨合成塔的外筒形状呈上小下大的瓶式,在缩口部位密封,克服了大塔径不易密封的困难。缩口部分的筒体内径为 1 118 mm,主体内径为 3 188 mm,总高为 27 m。上段较细部分为列管换热器,下塔主体是催化剂筐。催化剂分为四层装填,每层上面均设有冷激气管。

循环气体中的大部分由塔底部的气体进口进入塔内,经催化剂筐和外筒之间的环隙,向上流动以冷却外筒,再经过上部热交换器的管间,被预热到 400 ℃ 左右进入第一层催化剂进行绝热反应。经反应后的气体温度升高至 500 ℃ 左右,在第一、二层间的空间与冷激气混合降温,随后进入第二层催化剂。依此类推,最后气体从第四层催化剂层底部流出,折流向上经过中心管,进入热交换器的管内,换热后由塔顶排出。

该塔除了具有结构简单可靠、操作平稳等优点外,催化剂装卸也比较容易,法兰密封易得到保证。但由于采用缩口封头,内件制成后不能再取出来,更换非常困难,内件损坏后难以检查修理,同时运输与安装均较困难。

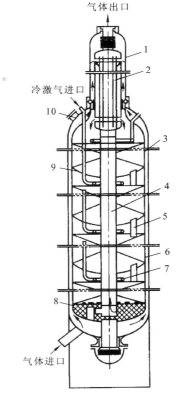

1—上筒体;2—热交换器;3—催化剂筐;
4—中心管;5—卸料管;6—下筒;7—冷激管;
8—氧化铝;9—筛板;10—人孔
图 2-29 轴向冷激式氨合成塔

(2)径向冷激式氨合成塔。图 2-30 所示为托普索径向冷激式氨合成塔。

该合成塔外筒高 17.6 m,内径 2.035 m,平板顶盖,球形封底。内件下部为热交换器,上部为催化剂筐。催化剂分为两层,中间用隔板隔开。催化剂筐由三个同心的圆筒组成,外层是一个密封的内件外筒,中间是一个带有气体分布器(喷嘴)的筒体,里层是一个多孔板筒体。

大部分氢氮混合气体从塔顶进入塔内,由上而下经外筒与内件之间的环隙,是入热交换器的管间,被预热到 400 ℃ 左右。为调节第一层催化剂进口气体温度,出热交换的气体与由冷副线管导入的冷气体混合,然后沿中心管进入第一层催化剂。气体沿径向流过第一催化剂层,温度升到 525 ℃ 左右,与由塔顶引入的冷激气相混合,温度降至 425 ℃ 左右,再由筐的周围到中心径向地穿过第二层催化剂。第二床层出口温度为 500 ℃ 左右,最后由中心管外面的环形通道进入热交换器的管内,与进塔冷气体换热后由塔底引出,出塔温度为 325 ℃ 左右。

与轴向冷激式合成塔相比,径向塔的优点是阻力降小,可以节省循环气的压缩功耗,

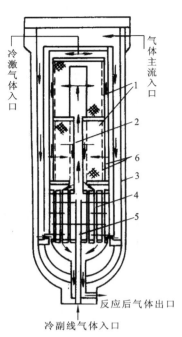

1—催化剂；2—中心管；3—外筒；
4—热交换器；5—冷副线管；6—多孔套筒
图 2-30　径向冷激式氨合成塔

并可使用小颗粒催化剂，采用较高的空速，从而提高催化剂的生产强度。但缺点是气体容易引起偏流，分布不易均匀。

任务三　氨合成工艺流程的设计与选择

［知识目标］

1. 掌握氨的合成与分离的工艺流程。

2. 掌握氨合成基本工艺步骤。

［技能目标］

能够选择和设计氨的合成与分离工艺流程图。

［预备知识］

根据氨合成的工艺特点，生产过程采用循环流程。其中包括氨的合成、氨的分离、氢氮原料气的压缩并补入循环系统、未反应气体补压后循环使用、热量的回收以及放空部分循环气以维持系统中惰性气体的平衡等。

在工艺流程的设计中，要合理地配置上述各环节。重点是合理地确定循环压缩机、新鲜原料气的补入位置、放空气体的位置、氨分离的冷凝级数、冷热交换器的安排和热能回收的方式等。

一、氨合成工艺过程设计

工业上采用的氨合成工艺流程各不相同，设备结构和操作条件也有差别，但实现氨合成过程的基本工艺步骤是相同的。

1. 气体的压缩和除油

为了将新鲜原料气和循环气压缩到氨合成系统所要求的操作压力，必须在流程中设置气体压缩机。

当使用往复式压缩机时，由于活塞环采用注油润滑，在压缩过程中气体夹带的润滑油和水蒸气混合在一起，呈细雾状悬浮在气流中。气体中所含的油雾不仅会使氨合成催化剂中毒，而且附着在热交换器管壁上，降低传热效率，因此必须清除干净。除油的方法是在压缩机每段出口处设置油水分离器，并在氨合成系统设置滤油器。

采用离心式压缩机的合成氨系统，气体中不含油雾，可以取消油水分离器和滤油设备，简化了流程。

2. 气体的预热和合成

压缩后的氢氮混合气需加热到催化剂的起始活性温度，才能送入催化剂床层进行氨合成反应。在正常操作情况下,加热气体的热源主要是利用氨合成时放出的反应热,即反应后的高温气体预热反应前的氢氮混合气,后者被加热到催化剂的活性温度,而反应后的气体则被冷却后去氨的分离工序。在开工阶段或反应不能达到自热平衡时,可利用合成塔内的电加热器或塔外加热炉供给热量。

3. 氨的分离

进入氨合成塔催化剂床层的氢氮混合气,只有少部分起反应生成氨,合成塔出口气体中氨的含量一般为 10%～20%,因此需要将氨分离出来。氨的分离主要采用冷凝法,该法是将合成后的气体降温,使其中的气氨冷凝成液氨,然后在氨分离器中分离出来,从而得到产品液氨。

以水和液氨作为介质冷却气体的过程是在水冷器和氨冷器中进行的。在水冷器和氨冷器之后设置氨分离器,把冷凝下来的液氨从气相中分离出来,经减压后送至液氨储槽。

4. 气体的循环

氢氮混合气经过氨合成塔以后,只有一小部分进行反应合成为氨。分离氨之后剩余的氢氮气,除了少量放空以外,大部分与新鲜原料气汇合后,重新返回氨合成塔,再进行氨的合成,从而构成了循环法生产流程。由于气体在设备、管道中流动时,产生了压力损失,为补偿这一损失,流程中必须设置循环压缩机。循环压缩机进出口压差通常为 2～3 MPa,它表示了整个合成氨循环系统压降的大小。

5. 惰性气体的排放

如前所述,因制取合成氨原料气所用原料和净化方法的不同,在新鲜原料气中通常含有一定数量的惰性气体,即甲烷和氩。采用循环法时,新鲜原料气中的氢和氮会连续不断地合成为氨,而惰性气体除一小部分溶解于液氨中被带出外,大部分在循环气体中积累下来。在工业生产上,为了保持循环气体中惰性气体含量不致过高,常采用将一部分循环气体连续或间断地排出氨合成系统的方法(即放空的方法)。

若循环气中的惰性气体含量维持较低时,对氨的合成有利,但放空气量增加,相应地增大了氢氮混合气的损失。反之,当控制放空气较少时,就必然使循环气中的惰性气体含量增加,对氨的合成不利。

氨合成循环系统中的惰性气体通过以下三个途径排出:

(1)一小部分从系统中漏损。

(2)一小部分溶解在液氨中被带走。

(3)大部分采用放空的办法,即间断或连续地从系统中排放。

在氨的合成系统中,流程中各不同位置的惰性气体含量是不同的,放空位置应该选择在惰性气体含量最大而氨含量最小的地方,这样放空的损失最小。由此可见,放空的位置应该选择在氨已大部分分离之后,而又在新鲜气加入之前。

6. 反应热的回收利用

氨的合成反应是放热反应,而且放热量很大,必须回收利用这部分反应热。目前回收利用反应热的方法主要有以下三种。

(1)预热反应前的氢氮混合气。在塔内设置换热器,用反应后的高温气体预热反应前的氢氮混合气,使其达到催化剂的活性温度。这种方法热量回收不完全,目前只有小型合成氨厂及部分中型合成氨厂采用这种方法回收利用反应热。

(2)预热反应前的氢氮混合气和副产蒸汽。这种方法是既在塔内设置换热器预热反应前的氢氮混合气,又利用余热副产蒸汽。这种方法热量回收比较完全,同时得到了副产蒸汽,目前中型合成氨厂应用较多。

(3)预热反应前的氢氮混合气和预热高压锅炉给水。反应后的高温气体首先通过塔内的换热器预热反应前的氢氮混合气,然后通过塔外的换热器预热高压锅炉给水。这种方法的优点是减少了塔内换热器的面积,从而减小了塔的体积,同时热能回收完全。目前大型合成氨厂一般采用这种方法。

二、氨合成工艺流程的选择

由于压缩机型式、操作压力、氨分离的冷凝级数、热能回收的形式以及各部分相对位置的差异,氨合成的工艺流程各不相同。中压法(操作压力为 20～35 MPa)氨合成的工艺流程,在技术上和经济上都比较优越,因此早些年国内外普遍采用。近年来,由于离心式压缩机的广泛使用,大型合成氨大多采用较低的压力下进行氨的合成,如凯洛格氨合成系统采用的操作压力为 15 MPa。

1. 中、小型合成氨厂经典工艺流程

我国中型及大部分小型合成氨厂,目前普遍采用传统的中压法氨合成流程,操作压力为 32 MPa 左右,设置水冷器和氨冷器两次分离产品液氨,新鲜气和循环气均由往复式压缩机加压。其常用的工艺流程如图 2-31 所示。

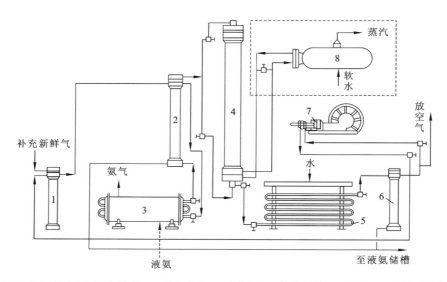

1—滤油器;2—冷凝塔;3—氨冷器;4—氨合成塔;5—水冷器;6—氨分离器;7—循环机;8—副产蒸汽锅炉

图 2-31 中小型氨厂合成系统常用流程

由压缩机工序送来压力为 32 MPa 左右的新鲜氢氮混合气,先进入滤油器 1 与循环

压缩机 7 来的循环气汇合。在滤油器内,除去气体中的油、水和微量二氧化碳等杂质。从滤油器出来的气体,温度为 30～50 ℃,进入冷凝塔 2 上部的热交换器管内,在此处被从冷凝塔下部氨分离器上升的冷气体冷却到 10～20 ℃,然后进入氨冷器 3。在氨冷器 3 内,气体在高压管内流动,液氨在管外蒸发,由于蒸发吸收了热量,气体进一步被冷却至 -8～0 ℃,使气体中的气氨进一步冷凝成液氨。氨冷器 3 所用液氨是由液氨产品仓库送来的,蒸发后的气氨经分离器除去液氨雾滴后,由气氨总管输送至冰机进口,经压缩后再冷凝成液氨。

从氨冷器出来的带有液氨的循环气,进入冷凝塔下部的氨分离器 6 分离出液氨。在这里,气体中残余的微量水蒸气、油分及碳酸氢铵也被液氨洗涤随之除去。除氨后的循环气上升到冷凝塔,分两路进入氨合成塔 4。气体中的大部分经主阀由塔顶进入,少部分经副阀从塔底进入,用以调节催化剂床层的温度。进入合成塔的循环气中,含氨量为 2.8%～3.8%。

从合成塔底部出来的气体,温度在 230 ℃以下,氨含量为 13%～17%,经水冷器 5 冷却至 25～50 ℃。随着温度的降低,气体中的气氨初步液化成液氨,带有液氨的循环气进入氨分离器 6 中分离出液氨。为了降低系统中惰性气体的含量,在氨分离之后设有气体放空管,可以定期排放一部分气体。出氨分离器的气体,经循环机 7 补偿系统压力损失以后,进入滤油器 1 又开始下一个循环。如此循环,进行连续生产。

氨分离器和冷凝塔下部分离出来的液氨,减压至 1.4～1.6 MPa 后,由液氨总管输送至液氨储槽。

两次分离液氨产品的工艺流程特点如下:

(1) 放空位置设在氨分离器之后、新鲜气加入之前,气体中氨含量较低,而惰性气体含量较高,因此可以减少氨损失和氢氮气的消耗。

(2) 循环机位于氨分离器和冷凝塔之间,循环气温度较低,有利于气体的压缩。

(3) 新鲜气在滤油器中加入,在进行第二次氨分离时,可以利用冷凝下来的液氨除去油、水分和二氧化碳,达到进一步净化的目的。

我国大部分中型氨厂及部分小型氨厂合成系统采用副产蒸汽的流程,设置副产蒸汽锅炉 8,如图 2-31 中虚线所示。经过合成反应后离开催化剂床层的气体,温度为 470～500 ℃,在塔内先经第一段热交换器,加热进催化剂床层的气体而本身冷却至 400 ℃以下,离开合成塔。气体离开合成塔后,进入副产蒸汽锅炉 8,副产蒸汽以供其他地方使用,气体则被冷却至 300 ℃以下,返回合成塔。气体在合成塔内进入第二热交换器,加热进催化剂层的气体,本身温度降至 150 ℃以下,再引出塔外。其余部分的流程,与以上所述相同。

2. 大型氨厂合成系统工艺流程

在这类流程中,采用蒸汽透平驱动的带循环段的离心式压缩机,气体中不含油雾可以直接把它配置于氨合成塔之前。氨合成反应热除预热进塔气体外,还可用于加热锅炉给水或副产高压蒸汽,热量回收较好。图 2-32 所示为凯洛格公司 15 MPa 氨合成系统传统工艺流程,反应热用于加热锅炉给水。

由甲烷化工序来的新鲜氢氮气在压力为 2.5 MPa 左右、温度约 38 ℃的条件下进入合成气压缩机 1 的低压缸,压缩到 6.3 MPa 左右,温度升到 172 ℃左右。气体经甲烷化换

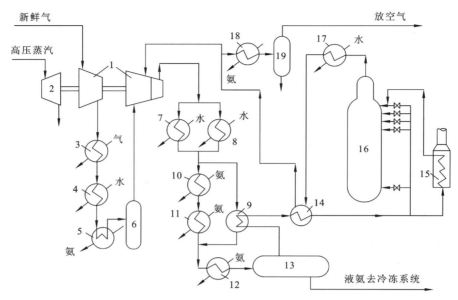

1—合成气压缩机；2—汽轮机；3—甲烷化气换热器；4、7、8—水冷器；5、10、11、12—氨冷器；
6—段间液滴分离器；9—冷热换热器；13—高压氨分离器；14—热热换热器；15—开工加热炉；
16—氨合成塔；17—锅炉给水预热器；18—放空气氨冷器；19—放空气分离器

图 2-32 凯洛格公司 15 MPa 氨合成系统工艺流程

热器 3、水冷器 4 及氨冷器 5，逐步冷却至 8 ℃左右，将其中大部分水分冷凝下来，然后进入段间液滴分离器 6，分离出水分后，气体进入压缩机的高压缸。高压缸内有 8 个叶轮，气体经 7 个叶轮压缩后与循环气在缸内混合，继续在最后一个叶轮（又称循环段）压缩至 15 MPa 左右，温度升至 69 ℃左右。循环气含氨 12%左右，与新鲜气混合后浓度降到 10%左右。

由压缩机循环段出来的气体首先进入两台并联的水冷器 7 和 8，冷却到 38 ℃左右。气体汇合后又分为两路，一路经一级氨冷器 10 和二级氨冷器 11。一级氨冷器 10 中液氨在 13 ℃左右蒸发，将气体温度降至 22 ℃左右。二级氨冷器 11 中液氨在 -7 ℃左右蒸发，将气体进一步冷却至 1 ℃左右。另一路气体在冷热换热器 9 中与高压氨分离器 13 来的 -23 ℃左右的气体换热，温度降至 -9 ℃左右。两路气体混合后温度变为 -4 ℃左右，再经过三级氨冷器 12，利用温度为 -33 ℃下蒸发的液氨将气体进一步冷却至 -23 ℃左右。这时气氨大部分冷凝下来，然后在高压氨分离器 13 中与气体分离，得到的产品液氨去冷冻系统。由高压氨分离器出来的气体含氨 2%左右，温度约 -23 ℃，经冷热换热器 9 和热热换热器 14 预热到 141 ℃左右，进入轴向冷激式氨合成塔 16。

合成塔内有一个换热器和四层催化剂，为控制各层催化剂温度，设有一条冷副线和三条冷激线，把一部分未经换热器换热的气体送入第一、二、三、四层催化剂入口。合成塔出口气体含氨 12%左右，温度为 284 ℃左右。气体经锅炉给水预热器 17 降温至 166 ℃左右，再经热热换热器 14 降温至 43 ℃左右，回到合成气压缩机高压缸最后一个叶轮，与补充的新鲜氢氮气在缸内混合,形成了循环回路。

为了控制循环气中惰性气体的浓度,在循环气进压缩机前排放一部分气体,即为放空气。放空气先在氨冷器 18 把大部分氨冷凝下来,经放空气分离器 19 分离后,氨作为产品回收,气体送往燃料系统。

该流程的特点如下:

(1)采用汽轮机驱动的带循环段的离心式压缩机,气体中不含油雾,可以将压缩机设置在氨合成塔之前,而且不必设置油水分离器。

(2)氨合成反应热除预热进塔气体外,还用于加热锅炉给水,热量回收较好。

(3)采用三级氨冷,逐级将气体温度降至—23 ℃,冷却效果较好。

(4)放空管位于压缩机循环段之前,此处惰性气体含量最高。虽然放空气中氨含量也最高,但由于放空气进行氨的回收,故氨损失不大。

(5)在压缩机循环段之后进行氨的冷凝分离,可以进一步清除气体中夹带的密封油、二氧化碳等杂质,但缺点是循环功耗较大。

[复习与思考]

1. 影响合成塔平稳操作的因素有哪些?

2. 氨合成塔的类型有哪些,分别指出其特点?

3. 画出中小型氨厂合成系统常用流程工艺流程图,并叙述其工艺过程。

单元三　典型氨加工产品的生产

氨可以生产氮肥,如尿素、硝酸铵等;氨也是工业的重要原料,可生产硝酸等各种含氮的无机酸、盐。本单元主要介绍几种典型的氨加工产品的生产和应用。

教学目标

1. 了解尿素、硝酸铵、碳酸氢铵的性质及生产方法。
2. 掌握尿素、碳酸氢铵、硝酸铵的生产原理、工艺参数的控制及生产工艺流程。

重点难点

1. 氮肥的生产工艺参数控制方法分析。
2. 根据生产实际选用或设计合理的氮肥生产工艺流程。

项目一　尿素的生产

尿素的化学名称为碳酰二胺,分子式为 $CO(NH_2)_2$。因为在人类及哺乳动物的尿液中含有这种物质,故称尿素。纯尿素为无色、无味、无臭的晶体,纯尿素熔点为 132.6 ℃。工业产品为白色或淡黄色,尿素的相对密度较轻,结晶尿素相对密度为 1.335。

尿素易吸湿,易溶于水和液氨中。在常温时,尿素在水中缓慢地进行水解,先转化为氨基甲酸铵,然后形成碳酸铵,最后分解为氨和二氧化碳。随着温度的升高,水解速率加快,水解程度也增大。

在所有化肥中尿素的含氮量最高,它含氮 46%,是中性速效肥料,长期使用不会影响土质,目前生产的尿素多为颗粒状,表面包有疏水物质如石蜡等,使其吸湿性大大降低。

高温下可以进行缩合反应,生成缩二脲、缩三脲和三聚氰酸,尿素在强酸性溶液中呈弱碱性,能与酸作用生成盐。

尿素除了用作肥料以外,还可以用作工业原料及饲料等。

氨与二氧化碳直接合成尿素,20 世纪 60 年代初期以水溶液全循环法为主,该法存在的主要问题有:能量利用率低,一段甲铵泵腐蚀严重,流程过于复杂。70 年代以二氧化碳气提法居多,气提法是针对水溶液全循环法的缺点而提出的。该法在简化流程、热能回收、延长运转周期和减少生产费用等方面较水溶液全循环法优越。80 年代后期氨气气提法等发展加快,生产体系向单系列大型化方向发展,目前最大合成尿素装置已超过 2 500 t/d。

任务一　尿素生产过程工艺条件的控制

[知识目标]

1. 掌握尿素的生产原理。
2. 掌握尿素合成过程中工艺参数的控制方法。

[技能目标]

1. 能够对尿素生产中的工艺参数进行优化。
2. 根据生产实际选用或设计合理尿素生产工艺流程。

一、尿素溶液合成原理

液氨和二氧化碳直接合成尿素的总反应为

$$2NH_3(l)+CO_2(g)\Longrightarrow CO(NH_2)_2(l)+H_2O(l)　　\Delta H=-103.7\ kJ/mol　(3\text{-}1)$$

这是一个可逆、放热、体积减小的反应,其反应机理目前有很多解释,但一般认为,反应在液相中是分两步进行的。

首先,液氨和二氧化碳反应生成甲铵,故称其为甲铵生成反应

$$2NH_3(l)+CO_2(g)\Longrightarrow NH_4COONH_2(l)　　\Delta H=-119.2\ kJ/mol　(3\text{-}2)$$

该步反应是一个可逆的体积缩小的强放热反应。在一定条件下,此反应速率很快,容易达到平衡。且此反应二氧化碳的平衡转化率很高。

然后,液态甲铵脱水生成尿素,称为甲铵脱水反应:

$$NH_4COONH_2(l)\Longrightarrow CO(NH_2)_2+H_2O(l)　　\Delta H=15.5\ kJ/mol　(3\text{-}3)$$

而此步反应是一个可逆的微吸热反应,平衡转化率不是很高,一般为 $50\%\sim70\%$。此步反应的速率也较缓慢,是尿素合成中的控制反应。

在工业装置中实现式(3-1)和式(3-2)这两个反应有两种方案:一种是在一个合成塔中,相继地进行甲铵生成及甲铵脱水这两个反应,如水溶液全循环法;另一种是将甲铵生成与甲铵脱水这两个反应分别在高压甲铵冷凝器及尿素合成塔不同的设备中进行,如 CO_2 气提法等。采用后一个方案就有可能在高压甲铵冷凝器回收甲铵生成时放出的大量反应热,从而大大降低蒸汽消耗量。

二、尿素合成的工艺条件的控制

尿素合成的工艺条件,不仅要满足液相反应和自热平衡,而且要满足在较短的反应时间内达到较高的转化率。

1. 温度控制

尿素合成的控制反应是甲铵脱水,它是一个微吸热反应,故升高温度,甲铵脱水速率加快。

由实验或热力学计算表明,平衡转化率开始时随温度升高而增大。若继续升温平衡转化率逐渐下降,出现一个最大值(峰值),见图 3-1。由图可知,最高平衡转化率所对应的温度在 $190\sim200\ ℃$。在一定的温度范围内,升高温度,不但可以加快甲铵的脱水速率

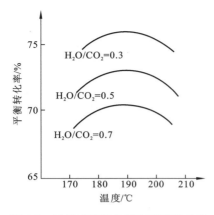

图 3-1 尿素平衡转化率与温度的关系
（$NH_3/CO_2 = 4$）

且有利于提高平衡转化率。但温度过高平衡转化率反而下降，这是因为甲铵在液相中分解成氨和二氧化碳；尿素水解缩合等副反应加剧，其中缩合反应还会使产品质量下降；应还会使产品质量下降；合成系统平衡压力增加而使压力相应提高，压缩功耗增大；合成溶液对设备的腐蚀加剧，因而对材料的性能要求提高。

综合进行考虑，目前应选择略高于最高平衡转化率时的温度，故尿素合成塔上部大致为 $185\sim200\ ℃$；在合成塔下部，气液两相间的平衡对反应温度起着决定性作用，操作温度只能等于或略低于操作压力下物系平衡的温度。

2. 氨碳比控制

氨碳比是指原始反应物料中 NH_3/CO_2 的物质的量比，常用符号 a 表示。

经研究表明，NH_3 过量能提高尿素的转化率，因为过剩的 NH_3 促使 CO_2 转化，同时能与脱出的 H_2O 结合成 NH_4OH，使 H_2O 排除于反应之外，这就等于移去部分产物，也促使平衡向生成尿素的方向移动。过剩氨还会抑制甲铵的水解和尿素的缩合等有害副反应，也有利于提高转化率。所以，过量氨增多，平衡转化率增大（图 3-2），故工业上都采用氨过量操作，即氨碳比必须大于 2。

采用过量氨除提高尿素转化率外，还能加快甲铵的脱水速率。另外，氨过量还有利于合成塔内自热平衡，使尿素合成能在适宜的温度下进行。氨过量还可减轻溶液对设备的腐蚀，抑制缩合反应的进行，对提高尿素的产量和质量均为有利。

图 3-3 中 ab 连线即为不同温度下的最低平衡压力值的连线。如果选择该范围的氨碳比，则采用较低的操作压力就可以达到较高的反应温度，并使 NH_3 和 CO_2 充分地转移到液相中。最佳氨碳比大致在 $2.8\sim4.2$ 范围内。

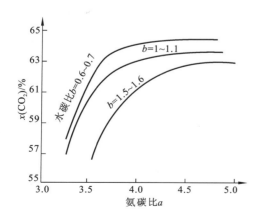

图 3-2 不同氨碳比和水碳比时
CO_2 转化率实测数据

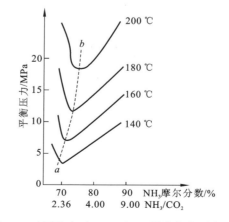

图 3-3 不同温度下，NH_3/CO_2 混合物的平衡压力

氨碳比也不能过高。过高的氨碳比势必导致氨转化率降低,大量氨在过程中循环,增加回收设备的负荷,使能耗增大。$a \geqslant 4.5$ 时,继续增大 a 对尿素转化率的作用已不显著,过高的氨碳比还会使合成物系的平衡压力提高,而使操作压力增大,压缩原料功耗增加,对设备材料要求相应提高。工业上,通过综合考虑,一般水溶液全循环法氨碳比选择在 4 左右,若利用合成塔副产蒸汽,则氨碳取 3.5 以下。CO_2 气提法尿素生产流程中因没有高压甲铵冷凝器移走热量和副产蒸汽,不存在超温问题,而从相平衡及合成系统压力考虑,其氨碳比选择在 2.8~2.9。

3. 水碳比控制

水碳比是指合成塔进料中 H_2O/CO_2 的物质的量比,常用符号 b 来表示。水的来源有两方面:一是尿素合成反应的产物,二是现有各种水溶液全循环法中,一定量的水会随同未反应的 NH_3 和 CO_2 返回合成塔中。从平衡移动原理可知,水量增加,不利于尿素的形成,它将导致尿素平衡转化率下降。事实上,在工业生产中,如果返回水量过多还会影响合成系统的水平衡,从而引起合成、循环系统操作条件的恶性循环。当然,水的存在,对于提高反应物系液相的沸点是有好处的,特别是在反应开始时能加快反应速率,但从总体上,通过提高水碳比加快反应速率利少弊多。在工业生产中,总是力求控制水碳比降低到最低限度,以提高转化率。

水溶液全循环法中,水碳比一般控制在 0.6~0.7;CO_2 气提法中,气提分解气在高压下冷凝,返回合成塔系统的水量较少,因此水碳比一般在 0.3~0.4。

4. 操作压力控制

尿素合成总反应是一个体积减小的反应,因而提高压力对尿素合成有利,尿素转化率随压力增加而增大。但合成压力也不能过高,因压力与尿素转化率的关系并非直线关系,在足够的压力下,尿素转化率逐步趋于一个定值,压力再升高,压缩的动力消耗增大,生产成本提高,同时,高压下甲铵对设备的腐蚀也加剧。

由于在一定温度和物料比的情况下,合成物系有一个平衡压力,因此,工业生产的操作压力一定要高于物系的平衡压力,以保证物系基本以液相状态存在,这样,才有利于甲铵的脱水反应,有利于气相 NH_3 和 CO_2 转移至液相。

一般情况下,生产的操作压力要高于合成塔顶物料组成和该温度下的平衡压力 1~3 MPa。对于水溶液全循环法,当温度为 190 ℃和氨碳等于 4.0 时,相应的平衡压力为 18 MPa 左右,故其操作压力一般为 20 MPa 左右。对于 CO_2 气提法,为降低动力消耗,采用了一定温度最低平衡压力下的氨碳比,参见图 3-3。从图 3-3 可以看出,在 183 ℃左右,最低平衡压力为 12.5 MPa,与之对应的氨碳为 2.85,故 CO_2 气提法操作压力一般为 14 MPa 左右。

5. 反应时间控制

在一定条件下,甲铵生成反应速率极快,而且反应比较完全。但甲铵脱水速率很慢而且反应很不完全。所以尿素合成反应时间主要是指甲铵脱水生成尿素反应时间。

工业上主要考虑,在适宜的温度、压力和物料比等条件下,保证合成塔出口转化率接近平衡转化率。同时考虑有较小的反应设备容积、较大的生产能力等因素来确定反应时间。

对于反应温度为 180～190 ℃ 的装置,一般反应时间为 40～60 min,其转化率可达平衡转化率的 90%～95%。对于反应温度为 200 ℃ 或更高一些的装置,反应时间一般为 30 min 左右,其转化率也接近平衡转化率。

任务二　尿素生产工艺流程的控制

[知识目标]

掌握全循环法生产尿素的工艺流程。

[技能目标]

能够根据生产实际选用或设计合理尿素生产工艺流程。

对于不同的生产方法,尿素合成的工艺流程并不相同。水溶液全循环法尿素合成的工艺流程如图 3-4 所示。

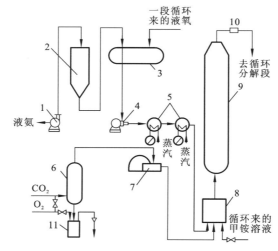

1—液氨升压泵;2—液氨过滤器;3—液氨缓冲槽;4—高压氨泵;5—液氨预热器;6—气液分离器;
7—二氧化碳压缩机;8—第一反应器;9—第二反应器;10—自动减压阀;11—水封

图 3-4　水溶液全循环法尿素合成的工艺流程

由合成氨厂来的液氨(含 NH_3 为 99.8%)经液氨升压泵 1 将压力提高至 2.5 MPa,通过液氨过滤器 2 除去杂质,送入液氨缓冲槽 3 中的原料室。一段循环系统采的液氨送入液氨缓冲槽的回流室,其中一部分液氨用作一段循环的回流氨,多余的循环液氨流过溢流隔板进入原料室,与新鲜液氨混合,混合后压力约 1.7 MPa 进入高压氨泵 4,将液氨加压至 20 MPa。为了维持合成反应温度,高压液氨先经预热器 5,将液氨加热到 45～55 ℃,然后进入第一反应器 8(也称预反应器)。经净化、提纯后的二氧化碳原料气(含 CO_2 98% 以上),于进气总管内先与氧混合。加入氧气是为了防止腐蚀合成系统的设备,加入量约为二氧化碳进气总量的 0.5%(体积分数)。

混有氧的二氧化碳进入一个带有水封的气液分离器 6，将气体中的水滴除去，然后进入二氧化碳压缩机 7，将气体加压至 20 MPa，此时温度为 125 ℃，再进入第一反应器 8 与液氨和一段循环来的甲铵溶液进行反应，约有 90% 左右的二氧化碳生成甲铵，反应放出的热量使溶液温度升到 170～175 ℃，进入第二反应器，使未反应完的二氧化碳在塔内继续反应生成甲铵，同时甲铵脱水生成尿素。物料在塔内停留 1 h 左右，二氧化碳转化率达 62%～64%。含有尿素、过量氨、未转化的甲铵、水及少量游离二氧化碳的尿素溶液从塔顶出来，温度约为 190 ℃ 左右，经自动减压阀 10 降压至 1.7 MPa，再进入循环工序。

[拓展知识]

从尿素合成塔排出的物料，除含有尿素和水外，还有未转化为尿素的甲铵、过量氨和二氧化碳及少量的惰性气体。为了使未转化的甲铵、氨和二氧化碳重新返回合成系统，首先应将它们与反应产物尿素和水分离，然后加以回收，循环使用。对分离与回收的总要求是：使未转化物料完全回收并尽量减少水分的含量；尽可能避免有害的副反应发生。工业上采用的分离与回收方法主要有两种，即减压加热法和气提法。

尿素溶液质量分数为 70%～75%，其中 NH_3 和 CO_2 含量总和少于 1%，要得到固体尿素产品，必须将水分除去，根据结晶尿素产品和粒状尿素产品的要求，尿素蒸发浓度也不一样，一般结晶法尿素只须将尿液蒸发浓缩至 80% 即可，而在造粒法尿素生产中必须将尿液蒸发浓缩至 99% 以上，熔融物才可造粒。

对于固体尿素成品的制取，目前国内外大致采用下列几种方法。①将尿液蒸浓到 99.7% 的熔融体造粒成型。此为蒸发造粒法，是目前应用最广泛的方法。产品中缩二脲含量在 0.8%～0.9%。②将尿液蒸浓到 80% 后送往结晶器结晶，将所得结晶尿素快速熔融后造粒成型。此为结晶造粒法，用于制造低缩二脲含量（＜0.3%）的粒状尿素。全循环改良 C 法，即采用结晶造粒法。③将尿液蒸浓到约 80% 后在结晶器中于 40 ℃ 下析出结晶，此为一般采用母液结晶法。

母液结晶法是在母液中产生结晶的自由结晶过程；造粒法则是在没有母液存在的条件下的强制结晶过程。结晶尿素的优点是纯度较高，缩二脲含量低，一般多用于工业和配制复合肥料或混合肥料，但结晶尿素呈粉末状或细晶状，不适宜直接作为氮肥施用。造粒法可以制得均匀的球状小颗粒，具有机械强度高、耐磨性能好、利于深施保持肥效等优点，但其缺点是缩二脲含量高。目前大多数尿素工厂都采用造粒塔造粒方法。

尿素的造粒是在造粒塔内进行的，熔融尿液经喷头喷洒成液滴，由上落下，并与造粒塔底进入的冷空气逆流接触，冷却粒化，整个造粒过程分为 4 个阶段：将熔融尿素喷成液滴；液滴冷却到固化温度；固体颗粒的形成；固体颗粒再冷却至要求的温度。

[复习与思考]

1. 尿素合成的方法有哪些？
2. 尿素合成过程中要对哪些条件进行控制？
3. 画出水溶液全循环法尿素合成的工艺流程？

项目二　硝酸铵的生产

硝酸铵化学式为 NH_4NO_3，是一种白色针状结晶，目前生产的有粉状的结晶硝酸铵和球状颗粒硝酸铵两种，能完全溶于水，含氮量约34%。

硝酸铵适用于各种土壤和作物，在我国北方地区使用很普遍。由于它有很大的吸湿性，在潮湿多雨地区使用较为不便。此外，硝酸铵易结块，不易粉碎，给使用造成困难。硝酸铵除了可作肥料外，还可制造炸药。根据这一特点，硝酸铵应避免和易燃物一起堆放，以防意外。

工业上制造硝酸铵采用氨中和硝酸溶液的方法。主要过程分为气氨和稀硝酸进行中和反应制取硝酸铵溶液；硝酸铵稀溶液的蒸发；硝酸铵熔融液的结晶及成品的运输和包装。

任务一　硝酸铵制备工艺条件的控制

[知识目标]

1. 了解硝酸铵的性质及生产基本过程。

2. 掌握硝酸铵生产原理及工艺条件的控制。

[技能目标]

能够对氨与硝酸的中和过程中的参数进行优化控制。

一、氨与硝酸的中和

$$NH_3 + HNO_3 \Longrightarrow NH_4NO_3 \qquad \Delta H = -149 \text{ kJ/mol} \qquad (3\text{-}4)$$

NH_3 与 HNO_3 的中和反应是一个飞速化学反应。实际上反应分为两步：首先气氨溶解于稀硝酸所带入的水中，生成氨水，然后氨水与硝酸进行中和反应：

$$NH_3 \cdot H_2O + HNO_3 \Longrightarrow NH_4NO_3 + H_2O + Q \qquad (3\text{-}5)$$

上式进行的化学反应是瞬时完成的，而第一步生成氨水的反应的化学反应速率则受扩散和化学反应两个过程的控制。为使反应进行得完全和减少氨损失，氨与硝酸的中和反应要在液相中进行。

二、中和工艺条件的控制

硝酸的浓度：由图 3-5 所示的硝酸铵溶液的含量与所用硝酸含量的关系可看出，中和后硝酸铵溶液的含量的高低，除取决于硝酸含量外，也与进入中和器的硝酸和氨的温度有关。它们的温度越高，即在同样硝酸含量和同样氨纯度的条件下，相应带入反应器的热量也越多，中和过程放出的热量也就增加，因此硝酸铵溶液中被蒸发的水量越多，制得的硝酸铵溶液含量也越高。当充分利用中和热时，甚至有可能用较浓的硝酸和气氨反应，直接制得硝酸铵的熔融液，而不需要进行蒸发。但实际上，当硝酸的质量分数大于 58% 时，由于中和反应放出的热量增加,中和器内的温度能迅速升高至 140～160 ℃,此温度远远高于恒沸硝酸的最高沸点 120.6 ℃,致使硝酸气化或分解成 NO_2 和水蒸气,增加氨的损失对生产不利。常压下硝酸铵生产中,通常使用的硝酸质量分数为 40%～55%。

氨气的温度:生产中进入中和器的氨气温度越高,中和反应热相应增加,制备的硝酸铵溶液含量也就越高。同时气氨的温度高,还能防止液氨进入中和器。入中和器的氨气温度一般以 50～80 ℃为宜。

硝酸的温度:如果进入中和器的硝酸温度高,则制得的硝酸铵溶液含量也就越高,但硝酸温度过高对不锈钢设备的腐蚀会加剧,质量分数为 43%～53% 的硝酸在 70 ℃时这种现象已比较明显,因此进入中和器的硝酸温度选择在 30～50 ℃。

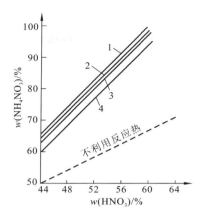

1—HNO_3 与气氨温度为 70 ℃;

2—HNO_3 与气氨温度为 50 ℃;

3— HNO_3 温度 50 ℃,气氨温度 20 ℃;

4— HNO_3 与气氨温度 20 ℃

图 3-5　硝酸铵溶液的含量与硝酸含量的关系

中和器内温度:中和器内溶液的温度主要随所用硝酸的含量不同而有差异,一般在 120～130 ℃。这是因为中和过程利用反应热产生 0.02 MPa 的蒸发蒸汽,硝酸铵溶液在该压力下的沸点为 120 ℃左右。因此,中和器内溶液的温度不应低于 120 ℃,另外为防止硝酸在反应区域内沸腾而逸出硝酸蒸气,从硝酸喷头喷出的硝酸沸点温度(质量分数为 43%～53%HNO_3 在喷头处沸点为 125～131 ℃)必须高于硝酸铵溶液在中和器操作压力下的沸点温度,故中和器溶液温度最高不应超过 130 ℃(或 125 ℃,因浓度而异)。

中和器内蒸发蒸汽的压力:保持在 0.02 MPa 为正常,这是由于中和器的加酸是利用酸高位槽的静压将酸压入中和器内的,压力是恒定的。如蒸发蒸汽压力上升,酸喷头处的压力明显增加,流入中和器的酸量就会相应减少。当蒸发蒸汽的压力超过 0.04 MPa 或更高压力时,酸高位槽的静压克服不了酸喷头处的压力,而使酸进不了反应区域内,发生气阻现象。此时氨损失明显增加,并将引起中和器整体震动,甚至导致内部结构的破坏。因此,实际操作中蒸发蒸汽压力最好不要超过 0.03 MPa。但又不可太低,如果压力太低,热熔量小,势必降低在一般蒸发过程中利用这部分蒸发蒸汽的使用效果。因此,蒸发蒸汽压力最低不宜低于 0.015 MPa。

三、硝酸铵稀溶液的蒸发结晶控制

1. 硝酸铵稀溶液蒸发过程控制

经中和和再中和(从中和器排出的硝酸铵稀溶液常带酸性或碱性。将此溶液在再中和器中补加少许的氨或硝酸,使之完全中和)后的硝酸铵溶液质量分数为 65%～80%,为了制取固体硝酸铵,需将此稀溶液进行蒸发浓缩。熔融液的最终浓度取决于结晶的方法。在造粒塔中结晶时硝酸铵溶液要求蒸浓至含硝酸铵 98.5%～99.5%。在冷却辊上结晶,则蒸浓至含硝酸铵 96%～97%；当硝酸铵在盘式结晶器中结晶时，熔融液含硝酸铵需达94.5%～97%。

硝酸铵生产中，用加热方法将硝酸铵溶液进行蒸发，使溶液中的水分汽化，提高硝酸铵浓度。工业上都是在沸点下进行蒸发操作。

硝酸铵溶液的沸点随其浓度的增大而急剧地升高，高浓度硝酸铵溶液在高于 185 ℃温度时开始分解，并放出热量，发生爆炸。因此，在常压下蒸发要将硝酸铵溶液浓度提高到 96%以上是很困难的，多采用在负压 76 mmHg 下进行蒸发，工业上用不同类型的真空蒸发器，如标准式、悬筐式、外加热式和膜式等蒸发器蒸浓硝酸铵溶液。由于溶液在膜式蒸发器中停留时间很短，可减轻硝酸铵的热分解，而蒸发效率又高，因而膜式蒸发器在硝酸铵生产中用得最多。

将质量分数为 60%～70%左右的稀硝酸铵溶液只经过一段蒸发，使其质量分数达到90%以上，在经济上是不合理的，生产中通常采用二、三段多效蒸发，并利用二次蒸汽进行蒸发，以减少新鲜蒸汽消耗量。

2. 硝酸铵的结晶过程控制

由于硝酸铵结晶方法及结晶速度的不同，可以制得细粒结晶、互相紧密黏结的鳞片状结晶或颗粒状结晶三种，农用硝酸铵大部分为颗粒状，少量为鳞片状。细粒结晶一般只用于工业。

颗粒状硝酸铵的结晶过程需要在造粒塔内进行（与尿素造粒相同），质量分数为98.8%～ 99.5%的硝酸铵溶液用熔融液泵打入塔顶喷头内，喷头旋转，借离心力的作用将熔融液自喷头壁上数千个小孔喷洒成一粒粒的液滴。由于重力作用，液滴自塔上部落至塔的下部，下落途中遇冷空气冷却成 1～3 mm 的球形晶粒，工业用的硝酸铵，则可采用真空结晶机制成细粉末状的成品。

中国现行的真空结晶粉末硝酸铵和造粒塔制得的粒状硝酸铵含水量都小于 1.5%，基本上符合国家产品质量要求，故一般不再干燥，硝酸铵在结晶或造粒后可直接送去包装。对于颗粒状硝酸铵，为了防止产品受潮结块，包装前，再加以补充冷却，并在硝酸铵表面撒以如石灰石粉、硅藻土及其他钙镁无机盐等。

任务二　硝酸铵生产工艺流程的选择与控制

[知识目标]

掌握常压造粒法和加压中和无蒸发法制取硝酸铵的工艺流程。

[技能目标]

能够根据生产实际设计和选择合理的硝酸铵生产工艺流程。

硝酸铵生产中，对中和热的处理采用两种方法。其一，不利用中和热，仅设法通过冷却将其热量移走；其二，利用中和热，用于蒸发硝酸铵稀溶液，除去部分水分，蒸发生成的废蒸汽还可再利用。这里讨论的中和反应器就是第二种方法中的主要设备。

硝酸铵的生产方法还可按中和压力不同，分为常压法和加压法两种。加压法压力一般在 0.1～0.4 MPa。

一、常压中和造粒法

在常压中和造粒法生产硝酸铵的流程中,可根据原料稀硝酸的浓度和稀硝酸、气氨的预热程度,决定采用蒸发的段数,如以质量分数为 40%～47%的硝酸中和氨,需采用二至三段蒸发浓硝酸铵溶液,才能造粒。如果采用质量分数为 50%以上的硝酸,加之对原料进行适当预热,中和器出口硝酸铵溶液质量分数为 85%～95%,则可采用一段蒸发,即能进行造粒。

常压中和二段真空蒸发结晶法,此种生产硝酸铵的方法为中国小型硝酸铵厂通用的方法;常压中和三段蒸发造粒法,此种流程为中国某些大厂所采用,流程如图 3-6 所示。

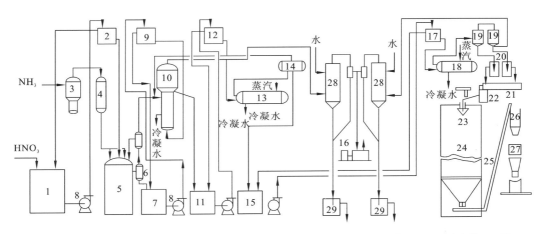

1—硝酸储槽;2—硝酸高位槽;3—氨蒸发分离器;4—氨预热器;5—中和器;6—捕集器;7—再中和器;8—泵;
9—段蒸发前高位槽;10—段蒸发器;11—段后溶液槽;12—二段蒸发前高位槽;13—二段蒸发器;14—二段分离器;
15—二段后溶液槽;16—水环真空泵;17—三段前高位槽;18—三段蒸发器;19—三段分离器;20—液封槽;21—溶液槽;
22—加氨槽;23—离心造粒器;24—造粒塔;25—皮带输送机;26—成品储斗;27—自动磅秤;28—大气冷凝器;29—水封槽

图 3-6 常压中和三段蒸发造粒法生产硝酸铵的工艺流程

此流程原料用质量分数为 42%～45%稀硝酸(不预热),气氨纯度大于 99%,预热至40～60 ℃,中和过程在常压下操作,中和器出口溶液质量分数为 64%以上,温度115～125 ℃。一般蒸发器操作压力在 5.30～18.7 MPa 下,以 0.02 MPa 之中和蒸发蒸汽加热,一段蒸发后,溶液质量分数为 78%～85%。二段蒸发器在常压下蒸发,以 0.4～0.8 MPa 蒸汽加热,二段蒸发后,溶液质量分数为 90%～92%。三段蒸发器在 18.70～32 kPa 下蒸发,以 0.8 MPa 蒸汽加热,蒸发后溶液质量分数为 98.2%以上,送造粒塔喷淋造粒。

三段真空蒸发器一般采用电动水环泵并设有大气冷凝器及其附属设备。

二、加压中和无蒸发法制取硝酸铵

加压(0.6～0.8 MPa)中和是用较浓的硝酸(55%～60%)来制取硝酸铵(图 3-7)。

因为可得 85%～90% 的硝酸铵溶液,所以无需蒸发而可送去结晶,从而可节约蒸汽;由于取消蒸发设备,所以还可降低基建投资。采用加压可以降低由于热分解而造成的氨损失。中和过程在加压下进行,还可以节省附加设备的费用,并可降低在压力下输送反应物料的动力消耗。加压中和可以回收热量副产蒸汽,中和 64%HNO₃ 时,1 t 氨可副产约 1 t 蒸汽。

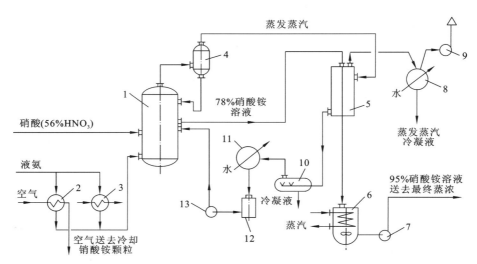

1—中和器;2,3—氨蒸发器;4—分离器;5—蒸发器;6,10,12—受槽;
7—泵;8—冷凝器;9—真空泵;11—二次蒸汽冷凝器;13—泵

图 3-7 加压中和流程

目前世界各国新建的工厂,大多采用加压中和法。加压中和工艺具有设备体积小、生产能力高、消耗定额低等优点。因此,从发展趋势看,常压中和必将逐步被加压中和取代。

[复习与思考]

1. 硝酸铵的生产过程有哪几部分组成?
2. 硝酸铵生产工艺流程是如何进行分类的?

项目三　碳酸氢铵的生产

碳酸氢铵简称碳铵,分子式 NH_4HCO_3,为白色斜方晶体,工业产品因含有硫化物、水分等杂质而呈覆灰色或黄色结晶。碳铵含氮量 17.5%。

碳酸氢铵在 20 ℃以下低温的干燥空气中是比较稳定的,当温度升高,空气湿度较大,碳酸氢铵本身为含水较多的细小结晶时,呈现不稳定性,分解为 NH_3、CO_2 和 H_2O。由于碳酸氢铵分解时放出气氨,故成品碳酸氢铵带有很浓的刺激性气味。碳酸氢铵具有强烈的吸湿性和结快性,易溶解于水。

碳酸氢铵主要用作化肥,也用于制药及其他工业。

目前,用于生产碳酸氢铵的物料是 NH_3、CO_2 和 H_2O。该生产只用于一些小型合成氨厂,它是利用浓氨水吸收变换气中的 CO_2 来生产碳酸氢铵,这一过程称为碳酸化,简称碳化。碳化过程将合成氨原料气中的 CO_2 脱除过程与氨加工结合在一起,不仅生产产品碳铵,且脱除合成氨原料气中的 CO_2,大大地简化了生产流程。

任务一　碳酸氢铵生产过程参数的控制

[知识目标]

掌握碳酸氢铵的生产原理及过程控制。

[技能目标]

能够对碳酸氢铵的生产过程参数进行优化。

一、浓氨水吸收 CO_2 的平衡

浓氨水吸收 CO_2,主要是气相中的 CO_2 溶解于浓氨水,再与液相中 NH_3 反应生成 NH_4HCO_3。其过程可用式(3-6)表示。

$$CO_2(g)$$
$$\Updownarrow \qquad (3\text{-}6)$$
$$NH_3+CO_2(l)+H_2O \Longrightarrow NH_4HCO_3(s) \qquad \Delta H<H$$

碳化过程是一个复杂的多相反应平衡。对于气相 CO_2 和液相的平衡,主要影响 CO_2 向液相扩散的因素是温度、压力,即温度越低,压力越高,CO_2 气向液相扩散越有利。

从浓氨水吸收 CO_2 的化学平衡来看,由于此反应是一个气体体积减小的反应,提高压力,会使反应向生成 NH_4HCO_3 方向进行,同时,反应是放热反应,所以降低温度对反应的平衡有利,如果提高氨水和 CO_2 的浓度,也可促使反应向右进行。但 CO_2 的浓度受变换气中 CO_2 含量限制。

二、浓氨水吸收 CO_2 的速率的影响因素

溶液中有效氨浓度(即游离态氨浓度)对吸收速率有很大影响。有效氨浓度越高,CO_2 吸收速率越快。随着氨水的碳化,溶液中有效氨浓度急剧下降,因此吸收速率也随着溶液碳化度的增加而减慢。碳化度是碳化液中 CO_2 物质的量的 2 倍与 NH_3 物质的量的百分比。当碳化液中所吸收的 CO_2 与 NH_3 全部生成碳酸铵时,碳化度恰好是 100%,如果原液中的 NH_3 全部碳化为碳酸氢铵时,则碳化度为 200%。所以,起始液氨水浓度增加,可提高吸收速率。

温度对吸收速率的影响可从两方面来分析。速率常数虽然随温度上升而增大,但氨液面上 CO_2 的平衡分压也随温度升高而增大,相应地减少了吸收推动力,而氨水吸收 CO_2 的速率正比于反应速率常数与吸收的推动力,因此当氨水浓度和碳化度一定时,随着温度的升高,吸收速率可能增加也可能减少,图 3-8 表明了这种情况,如原始溶液的氨浓度为 8.9 mol/L 时,当碳化度在 100%~120% 以下时,温度低的碳化曲线位于温度高的曲线的左下方,即在同一碳化度时,当温度高时吸收速率也比较快。相反,当碳化度在

100％～120％以上时,温度低的曲线位于温度高的曲线的右上方,即在同一碳化度下,当温度高时,吸收速率比较慢。碳化过程的吸收速率又随着溶液碳化度的增加而减慢,这个关系也可以从图 3-8 看出,但在某些温度下,曲线出现反常现象,即在碳化度 130％ 左右时,曲线呈现峰形。此反常现象对应于碳酸氢铵溶液中有结晶析出的过程。起初析出 NH_4HCO_3 结晶的速率较快,也即从溶液中移去 CO_2 的速率较快,这促使吸收速率加快,因此曲线上升。随后,结晶过程中的饱和度降低,结晶速率减慢,这时曲线开始重新下降。

当变换气压力升高时,CO_2 气体的分压也升高,吸收推动力也随之增大,因此吸收速率也增大。

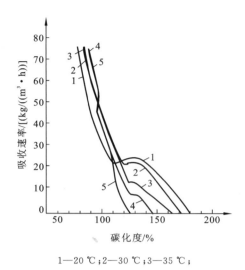

1—20℃;2—30℃;3—35℃;
4—40℃;5—50℃

图 3-8　在不同温度下二氧化碳吸收速率
与溶液碳化度的关系

三、影响碳酸氢铵结晶大小的因素

浓氨水吸收 CO_2 生成的 NH_4HCO_3,当溶液中碳酸氢铵的浓度大于在一定温度下该组分的饱和浓度时,则碳酸氢铵从溶液中结晶析出。只有产生结晶后,才能制得固体 NH_4HCO_3 产品。

碳化塔取出液中碳酸氢铵结晶的大小,对碳化工序的生产及碳酸氢铵的稳定性均有很大的影响。结晶粒度大,结构紧密,则含水少,稳定性高。若结晶过于细小,不仅碳酸氢铵成品中水分含量高,稳定性差,分解损失大,而且离心分离后的母液中含结晶太多,使吸氨后浓氨水的碳化度高,吸收二氧化碳的能力降低,碳化系统操作恶化。

当溶液中碳酸氢铵的浓度大于在一定温度下该组分的饱和浓度时,则碳酸氢铵从溶液中结晶析出。结晶的生成可分为晶核的形成和晶核的成长两个阶段。在结晶过程中,若晶核的形成速度远大于晶体成长速度,刚产生的结晶细小;反之,若晶体成长速度远大于晶核形成速度,便可获得粗大晶体,若两者速度相近,则晶体的大小参差不齐。因此,需要控制好这两者速度,以便获得产量高、结晶大的碳酸氢铵产品。

影响结晶大小的主要因素有如下五点。

(1) 溶液过饱和浓度:溶液过饱和浓度是影响结晶大小的主要因素。溶液过饱和浓度增加,既能加快晶核形成速度,又能加快晶体长大速度,但对晶核的形成更加有利。过饱和浓度对结晶的影响如图 3-9 所示。由图可以看出,随着溶液过饱和浓度的增加,晶体粒度急速减小。而且过饱

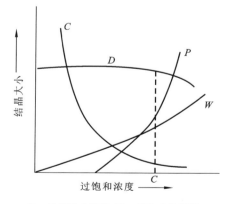

P—晶核形成速度;W—晶体成长速度;
C—结晶粒度指数;D—结晶密度

图 3-9　过饱和浓度对结晶影响示意图

和浓度达到某一数值后,结晶密度降低,晶粒疏松,易破碎。因此在结晶过程中,应控制在尽可能低的过饱和浓度下操作。降低溶液中碳酸氢铵浓度及增加碳酸氢铵的溶解度均可降低过饱和浓度。适当提高溶液的温度和适当降低氨水与二氧化碳的反应速率,可以减小溶液的过饱和浓度,均有利于获得较大的结晶。

（2）温度对结晶也有明显的影响:温度低有利于晶核的形成,温度高有利于晶体的长大。所以在较低温度下结晶时,一般得到的是细小结晶,在较高温度下结晶时,结晶的粒度比较大。但高温下碳酸氢铵的溶解度大,溶液中析出的结晶量少。为了既能得到粒度较大的结晶,又能从溶液中析出尽可能多的结晶,理想的温度状况是在生成晶核的区域,温度控制得稍高一些,减小晶核生成速率,然后逐渐降低温度,以便析出尽可能多的结晶。

（3）溶液在塔内停留时间:溶液在塔内应有足够的停留时间,使结晶有充分的时间成长。当低负荷生产时,所需氨水量少,溶液在塔内停留时间长,因此有利于获得大颗粒的结晶。

（4）悬浮液固液比:悬浮液中固液比越大,刚结晶成长表面积也越大,有利于降低溶液的过饱和浓度,可获得大颗粒结晶。因此,碳化塔内应维持一定的固液比,通常是使塔内悬浮液中固液比达 50%～70% 才开始取出结晶。

（5）添加剂:在碳化液中加入少量添加剂,能使结晶长大,离心分离效率提高,碳酸氢铵成品中含水量降低(由未加添加剂时的 5% 左右降至 2.57% 左右),因而提高了碳酸氢铵的稳定性。同时,由于在结晶表面吸附着一层添加剂,还能防止碳酸氢铵结块。但加入添加剂后溶液容易起泡。

任务二　碳酸氢铵生产工艺流程的控制

[知识目标]

掌握碳酸氢铵生产工艺流程。

[技能目标]

能够设计和选择合理的碳酸氢铵生产工艺流程。

碳化流程分为常压碳化和加压碳化两种。常压碳化是将含有二氧化碳的原料气加压到 0.4 MPa(为了克服后面系统中的阻力)后进行碳化。加压碳化一般是将含有二氧化碳的原料气体直接加压至 0.7 MPa 以上进行碳化。

图 3-10 是操作压力为 0.6～0.8 MPa 的加压碳化生产工艺流程。含二氧化碳 25%～28% 的变换气进入碳化主塔(流程图中碳化塔之一,另一碳化塔为预碳化塔,视塔内结疤情况,两塔轮流倒用)的底部,由下而上与从塔顶加入的预碳化液逆流接触,大部分二氧化碳被吸收。含二氧化碳为 8%～10% 的尾气从塔顶出来,进入预碳化塔的底部,在塔内与由塔顶加入的浓氨水逆流接触,继续吸收二氧化碳。含二氧化碳 0.4%～1.5%、含氨 10～30 g/Nm³ 的尾气从预碳化塔的顶部排出,进入固定副塔的底部,用由回收塔底排出的稀氨水洗涤后,再进入回收塔的底部,在塔内用软水洗涤。由回收塔顶出来的气体进入

清洗塔,继续被清水洗涤。由清洗塔出来的碳化气含二氧化碳 0.2% 以下,含氨 0.2 g/Nm³ 以下,经气水分离器分离水分后送往压缩工序。

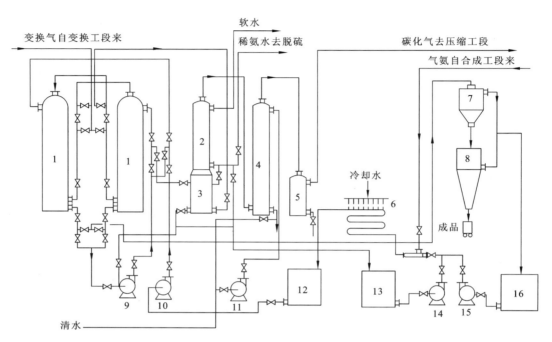

1—碳化塔;2—回收塔;3—固定副塔;4—清洗塔;5—气水分离器;6—冷却排管;7—稠厚器;8—离心机;
9—碳化泵;10—氨水泵;11—清水泵;12—氨水槽;13—稀氨水槽;14—稀氨水泵;15—母液泵;16—母液槽

图 3-10 碳化工序生产工艺流程

浓氨水泵将来自浓氨水槽的浓氨水输送至预碳化塔的顶部,在塔内吸收部分二氧化碳而成为预碳化液,再由碳化泵输送至碳化主塔的顶部,进一步吸收大量的二氧化碳。在碳化主塔中生成的碳酸氢铵固体悬浮液,从塔下部取出,送入稠厚器,然后经离心机分离,得到成品碳酸氢铵和母液。母液送往母液槽,供制备浓氨水用。在回收塔内,软水吸收气体中的氨后成为稀氨水,大部分流入固定副塔,小部分送到脱硫工序。在固定副塔内进一步提高稀氨水的浓度后由塔下部排出,送往稀氨水槽供制备浓氨水用。母液和稀氨水分别用泵加压至 0.15~0.30 MPa,送往喷射吸氨器吸收来自合成车间的氨,制成浓氨水,经冷却排管冷却后,送入浓氨水槽供碳化使用。

[复习与思考]

1. 影响浓氨水吸收 CO_2 速率的主要因素有哪些?如何影响?

2. 影响碳铵晶体粒度大小的因素主要有哪些?如何影响?

3. 影响碳铵结晶产量的因素有哪些?如何影响?

单元四　磷酸及磷酸盐产品的生产

教学目标

1. 了解我国磷矿资源特点及其工业应用。
2. 掌握电炉法制磷方法。
3. 学习多种浮选方法。
4. 掌握湿法和热法磷酸的生产方法。
5. 掌握湿法磷酸的精制和浓缩技术。
6. 掌握磷酸生产过程中的工艺条件的选择。
7. 掌握正磷酸盐的生产工艺。
8. 掌握聚磷酸盐的生产工艺。
9. 掌握磷酸盐的工业应用。

重点难点

1. 磷矿的浮选工艺选择。
2. 黄磷制备。
3. 硫酸法湿法磷酸生产工艺及条件选择。
4. 窑法磷酸生产工艺。
5. 常见磷酸盐的生产方法及流程。
6. 磷酸盐生产的反应原理。

项目一　黄磷的生产

磷主要是以磷酸盐的形式存在于磷矿石中,所以需要从磷矿石中提取得到元素磷。工业上生产磷的方法是将磷矿石、硅石和焦炭加热成熔融状态制备磷,目前我国工业上主要采用电炉法生产黄磷。

任务一　磷矿的浮选

磷矿石浮选主要是将含磷矿物与含钙的碳酸盐(如方解石、白云石等)分离。

[知识目标]

1. 了解我国磷矿资源特点。

2. 学习多种磷矿浮选工艺。

[技能目标]

1. 能根据磷矿品质选择合适的浮选方法。

2. 掌握磷矿资源的工业应用。

一、针对各种不同矿质选择合适浮选方法

我国磷矿普遍含 MgO 较高,磷矿物和脉石矿物共生紧密,嵌布粒度细,只有采用浮选法才能获得较好的分离效果,因此浮选法是中国磷矿选矿用的最多的一种方法。浮选法包括直接浮选法、反浮选法、反-正(正-反)浮选和双浮选等工艺。生产实践中用得较多的是直接浮选工艺和反浮选工艺。

(1)岩浆岩型磷灰石和沉积变质型磷灰石的选矿一般采用直接浮选工艺。采用有效的抑制剂抑制磷矿石中的脉石矿物,用捕收剂将磷矿物富集于浮选泡沫中。工业应用:江苏锦屏磷矿选矿厂。

(2)反浮选工艺主要用于磷矿物和白云石的分离,以无机酸作为矿浆 pH 调整剂,在弱酸性介质中用脂肪酸捕收剂浮出白云石,将磷矿物富集于槽产品中。其优点是常温浮选,槽产品粒度较粗有利于产品后处理。该工艺已成功用于瓮福磷矿沉积磷块岩的选矿工业生产中。

(3)正-反浮选工艺主要用于沉积型硅钙质磷块岩,在碱性介质中,采用捕收剂富集磷矿物,硅酸盐矿留在槽内作为尾矿排除,得到正浮精矿,添加无机酸作为矿浆 pH 调整剂;在弱酸性介质中,用脂肪酸捕收剂浮出白云石,将磷矿物富集于槽产品中,两步浮选法的适应性强,能适应和处理 P_2O_5 15%~26%,MgO 1%~6%,SiO_2 12%~30%的中、低品位磷矿岩矿石。

可用作捕收剂的有羧酸及其皂、纸浆废液、磺酸盐、磷酸酯等,常用的还有脂肪酸类,如油酸、米糠油酸、棉籽油酸、棕榈油酸等。由于浮选时要加温,往往在捕收剂中添加少量表面活性剂,可以降低温度,但同时也降低了选择性。

(4)双反浮选工艺主要用于磷矿物与白云石和石英的分离,以无机酸作为矿浆 pH 调整剂,在弱酸性介质中用脂肪酸和脂肪胺浮出白云石和石英,将磷矿物富集于槽产品内。

二、我国磷矿资源背景介绍

我国磷矿资源储量 1 626 亿 t,占世界磷矿石资源总储量的 35.7%,仅次于摩洛哥,位居世界第二位,其中海相沉积磷块岩占总储量的 85%。基础储量(可开发的工业品位)37.9 亿 t,资源量(包括矿区外围附近的边界品位)124.7 亿 t。我国磷矿资源主要有三个特征:第一是储藏量大,但分布集中,主要分布在云、贵、川、鄂四个省份,占保有储量的66%,而东部和北方地区普遍缺磷。这种资源分布状况决定了我国无论在农业制肥和工

业用磷等方面普遍存在"南磷北调"和"西磷东运";第二是中低品位矿多,富矿少,磷矿品位 P_2O_5 大于 30% 的富矿储量仅占 22.5%,全国磷矿石平均品位 P_2O_5 仅为 17% 左右,绝大部分磷矿不能满足现行磷化工业生产要求;第三是由地质结构原因导致可供开采的矿石数量少,仅占探明储量的 40% 左右。

三、磷矿资源的工业应用

　　磷是一种多功能元素,磷矿资源通过物理化学加工可以生产各种磷化学制品。全球磷矿产量的 80% 以上被用于生产磷肥,近 20% 用于生产工业磷酸盐和其他磷化合物。我国磷矿产量的 77% 用于加工生产磷肥,16% 用来生产黄磷,7% 用于生产饲料级磷酸钙盐。磷矿资源的工业应用如图 4-1 所示。

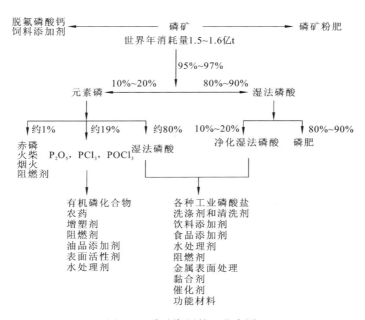

图 4-1　磷矿资源的工业应用

任务二　电炉法制备黄磷

[知识目标]

1. 了解电炉法工艺流程。

2. 了解泥磷精制过程。

[技能目标]

1. 能够使用电炉法制备黄磷。

2. 能够精制泥磷。

一、原料准备及理论知识

将磷矿石、硅石、焦炭破碎备用。

原料中的焦炭在反应中充当还原剂,硅石作助熔剂,固体碳还原磷矿过程中 SiO_2 的添加不仅起到助熔剂的作用,还可以降低反应的起始温度,从而降低能耗。其反应式如下

$$4Ca_5F(PO_4)_3 + 21SiO_2 + 30C \Longrightarrow 20CaSiO_3 + 6P_2\uparrow + 30CO\uparrow + SiF_4\uparrow$$

二、装置准备及控制

制磷电炉一台,变压器控制黄磷电炉的动力,采用石墨电极,其中电极以电阻热为主要形式产生高温,炉料受热熔融并反应(温度在 1 200～1 400 ℃)。

三、制备过程

电炉法制磷流程图如图 4-2 所示。

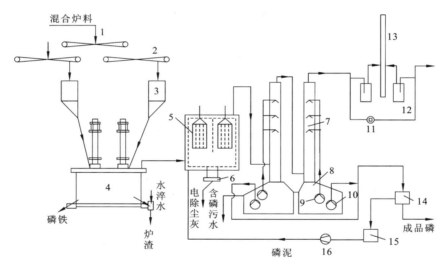

1,2—胶带输送机;3—炉顶料仓;4—制磷电炉;5—电除尘器;6—电除尘灰槽;7—冷凝塔;8—受磷槽;
9—冷磷水泵;10—磷泵;11—旋转压缩机;12—水封;13—烟囱;14—磷过滤机;15—滤渣槽;16—泥浆泵

图 4-2　电炉法制磷工艺流程

首先,将破碎过了的磷矿石、硅石、焦炭送往烘干炉,烘干原料,按一定比例配料混合后,提升入料柜,混合料顺料柜中的下料管进入电炉。然后,反应之后产生的炉气中含有 CO、元素磷和氟化物,进入冷却吸收塔及一级石灰碱液洗涤塔内以两逆流两顺流的方式气液接触洗涤。磷蒸气被不同温度的洗涤水冷凝,结成 4 个原子的磷分子即 P_4(黄磷),聚集于受磷槽内形成粗磷。受磷槽采用蒸汽间接加热保温,洗磷后的炉气主要含 CO,部分点燃放空,部分导出作原料烘干、泥磷烧制、污水处理站污泥干化的燃料使用。受磷槽废水进入预沉槽沉淀后返回磷炉洗涤炉气。受磷槽、预沉槽内的粗磷利用蒸汽盘管加热保温呈液态,定期虹吸至精制槽,使用热水漂洗精制。洗涤热水由锅炉蒸汽直接加热。经

加热、保温、漂洗沉降后,粗磷分离成泥磷和成品黄磷。

四、泥磷的精制

精制过后剩余的泥磷存于泥磷池中,可以进一步加工提取得到磷。泥磷可用泵抽入旋转加热窑中,以磷炉尾气为热源加热,使泥磷中所含元素磷升华为气态磷,同时水转变为水蒸气,气态磷及水蒸气从加热炉溢出后进入洗磷塔,以水隔绝空气密封,洗涤冷却成为液态磷,并在受磷槽内洗涤,形成成品黄磷进入成品池内储存,泥磷精制过程与黄磷生产类似。电炉内炉渣由渣口流出,经水淬后汇集在集渣池内,由于磷矿一般都是磷铁傍生矿,所以磷渣的主要成分是 $CaSiO_3$ 和一小部分磷铁,磷铁经缓冷凝固、人工破碎、去渣后出售,用作炼铁原料,其他磷渣出售到水泥厂用作生产水泥原料。

[复习与思考]

1. 电炉法制磷过程中硅石和焦炭分别起什么作用,并写出相关的反应式?
2. 泥磷精制的目的和意义是什么?
3. 磷矿资源的工业应用有哪些?

项目二 磷酸的生产

目前世界上磷酸工业化的生产方法有“湿法”和“热法”两种路线。磷酸的湿法生产是用强酸如硫酸或盐酸等分解磷矿,固液分离后得到磷酸,而热法生产是将元素燃烧后生成五氧化二磷气体,再水合得到磷酸。

磷酸是由五氧化二磷与水反应得到的化合物,正磷酸的分子式为 H_3PO_4。H_3PO_4 是一种重要的无机酸,高纯度的磷酸广泛应用于医药、食品、水处理、电子行业及其他领域。

工业酸纯品为无色透明的黏稠状液体(磷酸溶液黏度较大可能与溶液中氢键的存在有关),味酸;相对密度为 d^{18} 为 1.834;熔点为 42.35 ℃,磷酸在空气中易潮解,沸点 213 ℃时(失去 $0.5H_2O$),生成焦磷酸,而加热至 300 ℃时则变成偏磷酸;磷酸易溶于水,溶于乙醇;能刺激皮肤引发炎症、破坏肌体组织,空气中它的最高容许浓度为 1 mg/m³。通常生产中使用的磷酸都是其水溶液。作为商品出售的磷酸浓度一般为 75% 或 85%,溶液的冰点分别为 −20 ℃ 和 21 ℃。

H_3PO_4 是一种中等强度的三元酸,无氧化性,不挥发。其逐级电离常数依次为 $K_1 = 7.6 \times 10^{-3}$,$K_2 = 6.3 \times 10^{-8}$,$K_3 = 4.35 \times 10^{-13}$。$H_3PO_4$ 具有酸的一切通性,可生成三种不同类型的盐:MH_2PO_4、M_2HPO_4 和 M_3PO_4(M 表示碱金属)。磷酸根离子具有很强的络合能力,能与一些金属离子形成可溶性络合物,如它与 Fe^{3+} 能生成可溶性、无色的 $H_3[Fe(PO_4)_2]$、$H[Fe(HPO_4)_2]$ 等络合物,因此分析化学常用 H_3PO_4 掩蔽 Fe^{3+} 离子。

磷酸经强热脱水或与酐相互作用能生成聚磷酸。聚磷酸包括两类:一类是分子呈环状结构,即偏磷酸,常见的有三偏磷酸和四偏磷酸;另一类是分子呈链状结构,即长链结构的聚磷酸。

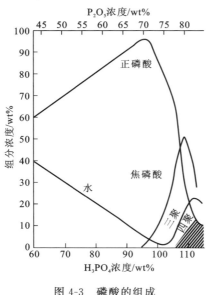

图 4-3　磷酸的组成

H_3PO_4 中的 P_2O_5 理论含量是 72.42%，但此时是包含以 87.2% H_3PO_4 和 12.7% $H_4P_2O_7$ 等形式存在的混合酸，而不是纯净的 H_3PO_4。磷酸只有在 P_2O_5 含量不超过 69%（相当于 95% H_3PO_4）的水溶液中时，才完全以正磷酸形式存在。过磷酸相当于浓度为 70%～80% P_2O_5 的磷酸（相当于 96%～110% H_3PO_4），而焦磷酸和三聚磷酸分别相当于 110% 和 114% H_3PO_4 的磷酸。浓度为 75.6% P_2O_5 的过磷酸相当于含量分别为 49% 的正磷酸、42% 的焦磷酸、8% 的三聚磷酸和 1% 的四聚磷酸的混合酸。$H_4P_2O_7$ 的 P_2O_5 理论含量为 79.76%，但实际仅含有 42.5% 的焦磷酸，其余则为 H_3PO_4 和各种缩聚磷酸的混合酸。当 P_2O_5 含量超过 85% 时，主要成分为聚合度在 10 以上的高聚磷酸。酸中 P_2O_5 的含量越高，其高聚成分增加越大，因此在平衡态时聚磷酸的组成和状态是它所含 P_2O_5 量的函数，如图 4-3 所示。

磷酸能够与钾、钠、铵、钙等阳离子生产各种磷酸盐，用于复合肥料的生产，对我国农业具有非常重要的作用。

磷酸是化工、复肥及各种工业磷酸盐生产所需的重要中间产品，它主要用于制造高效磷复肥如磷酸铵、重过酸钙、磷酸二氢钾等，也是饲料添加剂、食品添加剂、牙膏牙粉的添加剂、合成洗涤剂、水处理剂、发酵剂、阻燃剂、增塑剂、金属表面处理剂、建筑材料、耐火材料等含磷产品的重要原料，是世界上产量仅次于硫酸的第二大酸。

任务一　湿法磷酸的生产

采用酸性较强的无机酸或酸式盐分解磷矿生产的磷酸称为湿法磷酸。所用的酸都是酸性较强的无机酸如硝酸、盐酸、硫酸、氟硅酸、硫酸氢铵等。所有酸或酸式盐分解磷矿的共同特征是都能生产磷酸和氢氟酸，但是生产的钙盐形式各不相同，反应终止后，如何分离这些钙盐是有效生产湿法磷酸的关键。

[知识目标]

1. 学习硫酸分解磷矿的理论知识。
2. 掌握二水物法生产湿法磷酸工艺。
3. 掌握湿法磷酸生产操作条件的选择。
4. 掌握湿法磷酸精制方法。
5. 掌握湿法磷酸浓缩工艺。

[技能目标]

1. 能够采用硫酸分解磷矿。
2. 能够用二水物法制备湿法磷酸。
3. 能够利用合适的方法精制磷酸。
4. 能够调控湿法磷酸生产工艺条件。

一、硫酸法湿法磷酸制备

目前工业上应用比较广泛的是硫酸法湿法制磷酸,本单元着重讨论硫酸法湿法制备磷酸。

1. 硫酸分解磷矿理论知识

硫酸分解磷矿是在大量磷酸溶液介质中进行的,反应式为

$$Ca_5F(PO_4)_3 + 5H_2SO_4 + nH_3PO_4 + 5nH_2O \Longrightarrow (n+3)H_3PO_4 + 5CaSO_4 \cdot nH_2O + HF\uparrow$$

为避免磷矿粉与浓硫酸直接接触,减少磷矿粉粒子表面被新生硫酸钙薄膜包裹的现象,提高磷矿粉的分解率,一般采用预分解的方法,用返磷酸预先分解磷矿粉,同时返磷酸的加入能够有利于磷石膏晶体的生长。故实际反应过程分为两个阶段:第一阶段是返磷酸将磷矿粉分解成磷酸一钙溶液;第二阶段是硫酸与磷酸一钙反应生成磷酸和硫酸钙水合物(磷石膏)。反应式如下

$$Ca_5F(PO_4)_3 + 7H_3PO_4 \Longrightarrow 5Ca(H_2PO_4)_2 + HF\uparrow$$
$$Ca(H_2PO_4)_2 + H_2SO_4 + nH_2O \Longrightarrow 2H_3PO_4 + CaSO_4 \cdot nH_2O$$

2. 水物法生产磷酸过程

二水物法制湿法磷酸是目前应用最广的方法,有单槽和多槽流程两种形式,其中又可分为有回浆和无回浆流程以及空气冷却和真空冷却流程。制得的磷酸含 P_2O_5 为 28%～32%,磷收率为 93%～97%。

中国的磷酸主要用于生产磷肥,所以 99% 以上均采用二水物法工艺。二水物法工艺具有矿种适应性强、易操作等特点,但是其磷收率偏低、萃取酸浓度低、能耗高,生产中的固体废弃物磷石膏活性较差、资源化利用难度大。我国目前都采用同心圆型单槽、多桨、空气冷却流程,其流程图如图 4-4 所示。

细度为 55% 通过 200 目筛的磷矿粉被气流输送到喂料机上的储矿箱中,经过计量后输送至单槽反应器中。计量后的硫酸与来自过滤机的返回稀磷酸混合后送至单槽反应器,且加酸位置位于磷矿加入点下方。在 P_2O_5 生产能力低于 450 t/d 的情况下,硫酸可直接加入。在规模更大的情况下,硫酸应经过稀释和冷却才能加入反应槽,以减低冷却设备负荷。

磷酸反应单槽由两个同心的直立圆筒组成。硫酸在环形室中分解磷矿,中间的圆筒能够消除磷矿短路和降低过饱和度。环形室内含有八个或以上搅拌桨和一组径向折流板。搅拌桨能使浆料沿环形室朝一个方向以很大的流速运动,在各个区域造成湍流,避免料浆徘徊不前。径向折流板能防止矿料短路,有利于搅拌均匀。

反应槽中酸分解产生的多余的热量通过空气冷却方式移走。通常空气冷却系统安装

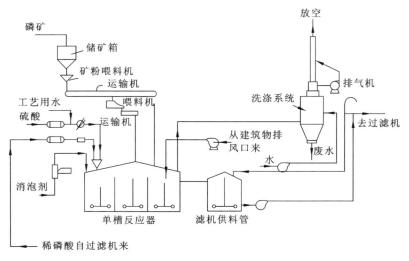

(a) 反应系统

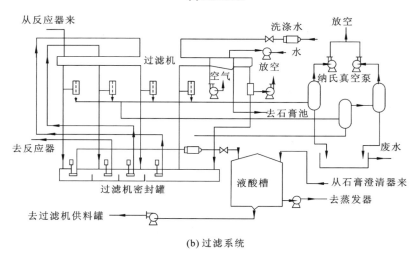

(b) 过滤系统

图 4-4　二水物单槽空气冷却湿法磷酸流程

在室外,利用厂内槽,将罐的排出气体冷却。将气体送至反应器顶部,采用空气冷却喷嘴喷向料浆表面进行冷却。

中心筒中的浆料经过溜槽送入浆料缓冲槽中,然后用泵打入真空过滤机。洗涤和过滤采用逆流形式进行,第一次滤液作为成品酸,第二次滤液(第一次洗涤形成的)与少部分成品磷酸一起送入反应槽作为返回稀磷酸,第三次形成的滤液用来进行滤饼的第一次洗涤,第四次滤液用作滤饼的第二次洗涤。洗净的磷石膏送到石膏堆场。

3. 湿法磷酸生产操作条件的选择

湿法磷酸是用硫酸分解磷矿得到磷酸和硫酸钙,然后将硫酸钙晶体从磷酸中分离出来并洗净。该方法的工艺指标主要是 P_2O_5 回收率和硫酸消耗量。为获得高的 P_2O_5 回收率,降低硫酸消耗量,需要磷矿得到充分分解,并尽量减少磷矿颗粒表面的包裹率,减少 HPO_4^{2-} 同晶取代 SO_4^{2-} 造成 P_2O_5 的损耗。分离过程中希望硫酸钙晶体粗大、稳定、均匀,这样有利于过滤和洗涤。因此,工艺条件的选择在生产操作中非常重要。

(1) 液相中 SO_4^{2-} 浓度。液相中 SO_4^{2-} 浓度表示游离硫酸的含量,是操作控制的关键因素。因为 SO_4^{2-} 对磷矿分解、硫酸钙的晶核形成、晶体的形貌、晶体成长速度等都有影响,而且 SO_4^{2-} 浓度的提高可以抑制硫酸钙结晶过程中 HPO_4^{2-} 对 SO_4^{2-} 的取代作用。

调节 SO_4^{2-} 的浓度对酸解磷矿的过程非常重要,过高浓度的 SO_4^{2-} 会造成硫酸钙生成速度过快对磷矿颗粒产生"包裹现象",导致磷矿的分解率下降,P_2O_5 回收率下降;过低浓度的 SO_4^{2-} 会造成磷矿石分解不完全,且生成的二水磷石膏的晶体呈薄片状,不利于浆液的过滤和滤饼的洗涤。

通常用二水物法制备湿法磷酸时,SO_3 浓度控制在 $0.025\sim0.035$ g/mol;用半水物法制备时,SO_3 浓度控制在 $0.015\sim0.025$ g/mol;因为磷矿的矿质不一样,需要根据实际情况调整 SO_3 的浓度,控制过程中尽量减少浓度的波动。

(2) 反应温度。在操作过程中,温度的选择和控制极其重要。温度的提高有利于反应加速,提高分解率,可以降低液体黏度。因为升高温度能够增加硫酸钙的溶解度,降低过饱和度,这有利于形成粗大的晶体,提高过滤强度。但是温度过高会生成不稳定的半水物,或者无水物,造成过滤困难。同时,杂质的溶解度随温度的升高而增大,导致产品的质量不高。二水物流程温度一般控制在 $65\sim80$ ℃;半水物流程温度一般控制在 $95\sim105$ ℃。在工业上,多采用真空闪蒸冷却或空气冷却除去过多的热量,来控制系统温度。

(3) 反应料浆中 P_2O_5 的浓度。反应料浆中的 P_2O_5 浓度直接影响硫酸钙晶体的存在形式,如 P_2O_5 浓度在 $25\%\sim30\%$,温度在 $70\sim80$ ℃时,硫酸钙以二水化合物形式存在;P_2O_5 浓度大于 35%,温度在 $90\sim95$ ℃时,生成半水硫酸钙;当 P_2O_5 浓度超过 45%,温度在 $100\sim150$ ℃时,则生成无水硫酸钙。硫酸钙的存在形式不同,分离方式就不同,即生产方式不同。工业上通常通过控制系统进水量(洗涤滤饼的水量)来控制反应浆料中 P_2O_5 的浓度。对于工业上所用的低品位的磷矿来说,P_2O_5 浓度控制在 $20\%\sim22\%$。

(4) 反应料浆中的固含量。料浆中液相与固相的质量比称为液固比。高的固含量会造成料浆黏度大,不利于磷矿的分解和晶体长大,并且增加搅拌负担。反之,高的液固比能够改善操作条件,有利于分解和结晶过程。但是过高的液固比会增大过滤机负荷,降低酸解槽的生产能力。

通常,对于二水物流程液固比控制在 $2.5:1\sim3:1$;半水物流程液固比控制在 $3.5:1\sim4.1:1$。液固比可以通过稀酸的返回量来控制,液固比可以通过下列公式计算:

$$S=r(2.32-R)/2.32(R-r)$$

其中,R 为料浆密度,g/cm^3;r 为磷酸密度,g/cm^3;2.32 为二水石膏密度,g/cm^3。

对于含杂质镁、铁、铝量高的磷矿,可以适当提高液固比。

(5) 回浆。返回大量的料浆能够保持 SO_4^{2-} 的浓度,控制过饱和度波动范围,缓冲加料过程的不精确性。同时,能提供大量晶种,形成粗大、均匀的硫酸钙晶体,稀释浆料,减轻磷矿颗粒的"包裹作用"。实际生产过程中,回浆量一般为加入物料形成的料浆量的 $100\sim150$ 倍。

（6）反应时间。物料反应槽内的停留时间称为反应时间，主要取决于硫酸钙晶体的成长时间。一般在同心圆多桨单槽中，反应总时间控制在 4～6 h。

（7）料浆的搅拌。料浆的充分搅拌能够加快流体与固体之间的相对运动，及时更新颗粒表面，避免局部游离硫酸浓度过高，减少"包裹现象"并消除泡沫，为反应过程提供良好的晶体成长条件。但是搅拌速率过大，会击碎已经长大的晶体，造成二次成核过多。

（8）磷矿细度。磷矿细度高的矿粉比表面积大，有利于酸解过程分解完全。但是细度过高的矿粉容易堵塞过滤孔道，降低过滤强度和洗涤率。工业上在二水物法中选用的矿粉细度为 85% 通过 100 目即可满足生产需求，对于反应活性较差的矿，细度要求高一些，小于 250 目的为 55%～65%，小于 320 目的应小于 5%。

二、湿法磷酸的精制与浓缩

1. 湿法磷酸的精制

湿法磷酸的精制能够制得工业级、食品级的磷酸，它具有污染低、能耗低、成本低、能利用中低品位磷矿的优点。湿法磷酸含有很多杂质，需要净化处理之后才能应用到特定的场合。湿法磷酸需要去除的杂质主要有氟、铁、铝、镁、硅、钙、硫酸根等以及少量的铅、镉、砷等。目前常用的精制方法有离子交换法、结晶法、膜分离法、电渗析法、化学沉淀法、溶剂沉淀法、溶剂萃取法-化学沉淀法组合工艺等。

（1）离子交换法。离子交换法是采用强酸性离子交换树脂处理稀磷酸，去除其中的铁离子、铝离子、钙离子、镁离子等金属阳离子，但是无法除去湿法磷酸中的硫酸根离子、氟离子等阴离子。所以，只采用单一交换树脂难以达到精制磷酸的要求。该方法处理磷酸量少，处理时间长，树脂用量大，树脂再生困难，成本高。并且处理得到的酸需要经过浓缩才能到达工业级、食品级质量要求，能耗也很大。

（2）结晶法。结晶法可分为三类：

a. 湿法磷酸经过蒸发浓缩、降温、加入晶种冷却，得到的浓磷酸（85%～92% H_3PO_4）冷却到 8～12 ℃，磷酸 b 即以 $H_3PO_4 \sim \frac{1}{2}H_2O$ 的形式结晶出来，杂质留在母液中，经过多次结晶、过滤、洗涤即可精制磷酸。

b. 将尿素和磷酸在 50～70 ℃ 下混合反应，静置冷却到 20 ℃，就能得到尿素磷酸盐复盐晶体，过滤后，再水解即可精制磷酸。

c. 将其形成磷酸盐结晶，经过过滤除去杂质，然后与酸反应精制磷酸。如湿法磷酸与石灰乳或者氨水反应，得到磷酸钙或者磷酸铵晶体，经过滤洗涤得到纯的磷酸盐，磷酸盐与酸反应制得精制磷酸。

（3）膜分离法。膜分离法是利用半透膜对不同粒径的分子进行选择性分离的技术。该方法能够有效去除磷酸中的杂质离子和固体颗粒，得到精制磷酸。但是，该方法存在热稳定性差、不耐腐蚀性、膜的再生清洁困难等缺点。我国近几年膜技术发展较快，但是与发达国家相比还是存在差距，一些发达国家已经成功采用膜分离法制得了高纯度的电子级磷酸。

（4）电渗析法。采用电场作用和离子交换膜的选择作用对湿法磷酸进行处理的方法称为电渗析法。该法利用电场作用,使得溶液中阴阳离子分别向阳极和阴极移动,采用阴离子交换膜(阴膜)和阳离子交换膜(阳膜)控制阴阳离子的通过性。当 PO_4^{3-} 通过强碱性阴膜的能力大于其他杂质阴离子时,即可去除杂质阴离子。同理,当 H^+ 通过阳膜的能力大于其他杂质阳离子时,即可去除杂质阳离子。该法只能净化稀磷酸,要得到工业级或食品级的浓磷酸,需要对磷酸进行浓缩。

(5)化学沉淀法。通过加入沉淀剂的形式,使杂质离子沉淀出来的方式称为化学沉淀法。湿法磷酸中的氟一般以 F^-、SiF_6^{2-}、AlF_6^{3-}、FeF_6^{3-} 等形式存在,可以加入 Na_2CO_3、$NaOH$ 形成 Na_2SiF_6 沉淀去除氟离子;如果湿法磷酸中 Fe^{3+}、Al^{3+} 较多时会影响氟的脱除,此时需要加入少量二氧化硅或者碱土金属盐,形成难溶氟硅络合物或氟硅酸盐来去除氟元素。湿法磷酸中的硫酸根离子可以通过加入磷矿粉、钙盐或钡盐去除。磷酸中的 Fe^{3+}、Al^{3+}、Ca^{2+}、Mg^{2+} 可以通过加入 NH_3 或碱性化合物形成化学沉淀去除。As^{3+}、Pb^{2+} 可以通过加入 Na_2S 或 P_2S_5 形成沉淀去除。

(6)溶剂沉淀法。溶剂沉淀法是将能与水互溶的有机溶剂过量地加入湿法磷酸中,再加入氨或铵盐,形成不溶性的金属磷酸铵络合物和氟盐沉淀出来,过滤后,滤液通过蒸馏回收有机溶剂,馏余液即为精制磷酸。该法能耗大,会损耗部分有机溶剂,杂质去除率不高,磷酸收率也不高。

(7)溶剂萃取法-化学沉淀法组合工艺。该法是采用有机溶剂萃取湿法磷酸,磷酸中的杂质不溶或微溶于有机溶剂,而磷酸能溶于有机溶剂,通过萃取分层、洗涤、反萃得到精制磷酸。该法要求萃取溶剂对磷酸溶萃取率高,选择性好,用量少,成本低。该法具有能耗低、生产力大、成本低、污染少、易于自动化和连续化生产等优点,但是它对湿法磷酸原料要求较高。早在 20 世纪 70 年代英国阿威公司就开发了以酮类溶剂甲基异丁基甲酮制取精制磷酸的流程。

(8)其他精制方法。有吸附法、焙烧法、水解法、浓缩法等。目前,化学沉淀法和溶剂萃取法已经实现工业化应用。

2. 磷酸的浓缩

采用二水物法得到的磷酸,其质量分数在 $23\%\sim27\%$,而生产高浓度复合肥时需要磷酸质量分数在 45% 以上,所以稀磷酸需要进行浓缩处理。浓缩方式按加热方式分为直接加热蒸发浓缩和间接(管式)加热蒸发浓缩。这里简单介绍间接加热蒸发浓缩。其流程图如图4-5所示。

将计量过的稀磷酸与加热过的循环酸混合后进入闪蒸室蒸发掉水分。浓缩后的合格浓磷酸从闪蒸室的循环槽放出后,经泵送至储存槽进行沉酸。其余大部分循环酸经轴流泵送到石墨列管换热器中,经减温减压后的低压饱和蒸汽加热。然后与稀磷酸混合后进入闪蒸室再次进行水分的蒸发,如此循环反复得到浓缩磷酸。

从蒸发室出来的蒸汽含有氟化物和磷酸雾沫,依次通过除沫塔除去磷酸雾沫后,进入一氟吸收塔、二氟吸收塔,进行氟的吸收,其中除沫塔分离得到的酸可以送回浓缩循环回路。

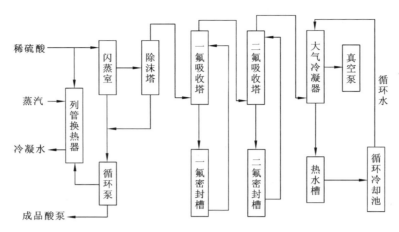

图 4-5　磷酸浓缩工艺流程示意图

一氟吸收塔中利用循环泵中的循环洗涤液吸收气体中的氟化物,然后循环洗涤液流回吸收器密封槽,浓度达到 $10\%\sim12\%$ 的氟硅酸一部分送至氟硅酸成品储槽。从一氟吸收塔出来的气体进入二氟吸收塔再次回收气体中的氟化物,用来自二氟吸收塔的循环洗涤液吸收,然后循环洗涤液流回二氟吸收塔密封槽,送出部分到一氟吸收塔密封槽用于一氟吸收器的水补充。二氟吸收塔的补充水来自工艺水。从二氟吸收塔出来的气体经过大气冷凝器得到的冷凝水返回循环水工序中。

任务二　热法磷酸的生产

热法磷酸是黄磷在过量氧气中燃烧后经过水合形成的磷酸。制造热法磷酸的方法很多,目前应用广泛的有液态燃烧法、窑法等。

[知识目标]

1. 掌握液态磷燃烧法制热法磷酸的工艺流程。
2. 掌握液态燃烧法操作过程。
3. 掌握窑法制磷酸的原理。
4. 掌握窑法磷酸较湿法磷酸的优缺点。

[技能目标]

1. 能够采用液态燃烧法制备热法磷酸。
2. 能够采用窑法制备热法磷酸。

一、液态磷燃烧法制热法磷酸

1. 工艺流程

液态磷燃烧法有多种工艺流程,工业上比较普遍的有两种:第一种是黄磷燃烧法,即将黄磷燃烧后得到的五氧化二磷,用水冷却吸收制得磷酸,称为水冷流程;第二种是将黄磷燃烧得到的五氧化二磷用预先冷却过的磷酸冷却吸收制成磷酸,称为酸冷流程。

2. 液态磷燃烧法酸冷流程操作过程及流程图

液态磷用空气压缩从喷嘴 2 喷进燃烧水化塔 1 中进行燃烧。冷却过的磷酸沿塔内壁表面淋洒,在塔壁上形成一层酸膜,使燃烧后的气体冷却,同时水合五氧化二磷得到磷酸。

塔中流出的磷酸浓度达到 86%~88%,温度约为 85 ℃,出酸量约为总量的 75%。然后气体在 85~100 ℃ 条件下进入电除雾器 3 中,从电除雾器中流出的磷酸浓度约为 75%~77%,出酸量约为总量的 25%。

从水化塔和电除雾器中出来的热磷酸送入冷却器 4,然后经过冷却器 5,使得温度降到 30~35 ℃。一部分冷磷酸作为产品送入酸储库,另一部分送到水化塔作喷洒酸。

流程图如图 4-6 所示。

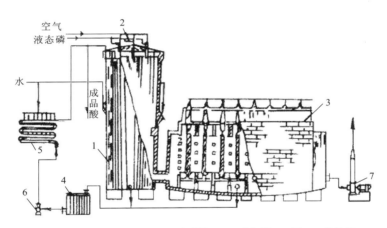

1—燃烧水化塔;2—喷嘴;3—电除雾器;4,5—冷却器;6—泵;7—排风机

图 4-6 酸冷却法生产热法磷酸工艺流程图

二、窑法制备磷酸

1. 旋转窑示意图

旋转窑示意图如图 4-7 所示。

2. 窑法制磷酸的原理

在旋转窑出口要维持氧化环境以使焦炭和有机物在到达水合塔前被氧化。

在旋转窑中有两个性质完全不同的区域。在底层的还原区,用焦炭将磷矿石中磷还原并升华出磷蒸气;在底层上的转窑空间为氧化区,在这里升华的磷蒸气被氧化燃烧成五氧化二磷,再将含五氧化二磷的热炉气送入吸收装置冷却吸收成热法磷酸。

焦炭还原磷酸钙所需的反应温度(1 600 ℃),由磷氧化燃烧所产生的热量提供,这样可以节省大量的电能。反应后的料球是一种无害的废物,可回收余热,用来进行原料预

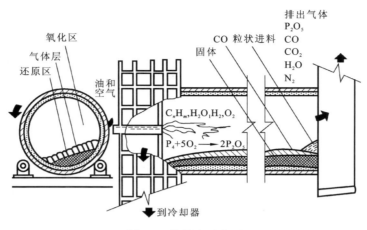

图 4-7　旋转窑示意图

热、料球烘干。

3. 窑法制磷酸(KPA)的特点及关键之处

KPA 的技术关键之处:

(1) 快速的还原反应。这是 KPA 工艺的基本保证。为使磷矿石与焦炭尽快反应,降低熔点是必要的。

(2) 控制适宜的反应温度。一般认为温度越高,反应速率越快。但是温度过高会带来设备腐蚀等问题,因而要求反应温度适宜。

(3) 焦炭很容易在未完成还原反应之前就先被氧化了,要避免焦炭的过早氧化。

(4) 避免过量的固体熔融。

窑法磷酸适用于高二氧化硅含量的中低品位磷矿,非常符合我国情,因为湿法磷酸工艺要求磷矿品位高、杂质少,较低的要求也是 $w(P_2O_5) \geqslant 28\%$,$w(MgO) \leqslant 1.3\%$,$w(Fe_2O_3 + Al_2O_3) \leqslant 3\%$,即使如此,我国的主矿区也几乎没有符合要求的原矿了。传统热法磷酸工艺要求 $w(P_2O_5) \geqslant 22\%$,然而采用窑法制备磷酸时,磷矿的 $w(P_2O_5)$ 可以低至 $15\% \sim 17\%$,这非常适用于我国现有的磷矿资源。

(1) 热能利用率高,节能效果明显。从窑法、湿法和电炉法三种工艺生产磷酸的成本比较看,如窑法的相对生产成本为 1.0,湿法则为 1.3~1.8,电炉法为 1.8~2.6。

(2) 可以直接利用低品位、含硅高的磷矿。窑法磷酸可以直接利用含 P_2O_5 10%~15%、SiO_2 50% 的低品位磷矿作为原料。

(3) 可以直接生产高浓度、高质量的磷酸。

4. 窑法磷酸与湿法磷酸对比

窑法比湿法制得的磷酸纯度要高,浓度也要高,能直接生产高质量、高浓度的磷酸。

与目前国内的湿法磷酸相比较,窑法磷酸的生产成本要高一些,但磷酸质量却比湿法磷酸好得多。如果湿法磷酸通过溶剂萃取法进行净化浓缩,使其质量提高到相同的水平,则湿法磷酸成本反而略高于窑法磷酸;与国内其他热法磷酸相比较,窑法磷酸的质量与之相差不大,但产品成本却低得多。因此,窑法磷酸更加优于国内传统的湿法、热法磷酸。

[复习与思考]

1. 阐述湿法磷酸与热法磷酸的生产原理,写出相关化学方程式。
2. 湿法磷酸精制方法有哪些,请分别简要介绍一下?
3. 生产热法磷酸的常用方法有哪些,分别进行简要介绍?
4. 湿法磷酸与热法磷酸对比,各有什么优缺点?

项目三　磷酸盐的生产

磷酸盐分为正磷酸盐和聚磷酸盐两大类,其中正磷酸盐是指正磷酸中的氢离子被金属离子或者铵离子取代产生的各种盐;而聚磷酸盐是指由两个或者两个以上的磷氧四面体通过共用氧原子而互相结合的磷酸盐。

任务一　正磷酸盐的生产

[知识目标]

1. 掌握正磷酸钠盐的生产方法。
2. 掌握碱渣的回收方法。
3. 掌握磷酸二氢钾盐的生产方法。
4. 掌握生产磷酸二氢钾的生产原理。
5. 掌握饲料磷酸钙盐,牙膏用磷酸钙盐,食品和医药用磷酸钙盐以及其他磷酸钙盐的生产方法。

[技能目标]

1. 能够生产常见工业用磷酸钠盐。
2. 能够回收碱渣中的有用成分。
3. 能够用中和法、复分解法、萃取法生产磷酸二氢钾。
4. 能够使用多种方法生产用途各异的磷酸钙盐。

一、正磷酸钠盐的生产及碱渣回收

正磷酸钠盐是正磷酸中的氢离子被钠离子取代而形成的盐,其主要的制备方法是将磷酸与碱中和,中和程度不同可以制备各种规格的正磷酸钠盐;还可以利用其他物理化学方法如不溶性磷酸与钠盐或其碱复分解方法、高温转化法等。其中正磷酸钠盐主要有 NaH_2PO_4、Na_2HPO_4、Na_3PO_4 等。

生产磷酸钠盐的主要化学反应式如下

$$2H_3PO_4 + Na_2CO_3 = 2NaH_2PO_4 + CO_2\uparrow + H_2O$$
$$H_3PO_4 + Na_2CO_3 = Na_2HPO_4 + CO_2\uparrow + H_2O$$
$$Na_2HPO_4 + NaOH = Na_3PO_4 + H_2O$$

如果采用湿法磷酸为原料,由于磷酸中含有杂质,则反应过程中还会发生如下副反应:

$$H_2SO_4 + Na_2CO_3 \longrightarrow Na_2SO_4 + H_2O + CO_2 \uparrow$$

$$H_2SiF_6 + Na_2CO_3 \longrightarrow Na_2SiF_6 \downarrow + CO_2 \uparrow + H_2O$$

pH＝8～8.5,温度85 ℃,部分氟硅酸钠分解:

$$Na_2SiF_6 + 2Na_2CO_3 \longrightarrow 6NaF + SiO_2 \cdot H_2O + 2CO_2 \uparrow$$

$$FeH_3(PO_4)_2 + Na_2CO_3 + H_2O \longrightarrow FePO_4 \cdot 2H_2O \downarrow + Na_2HPO_4 + CO_2 \uparrow$$

$$AlH_3(PO_4)_2 + Na_2CO_3 + H_2O \longrightarrow AlPO_4 \cdot 2H_2O + Na_2HPO_4 + CO_2 \uparrow$$

$$MgSO_4 + H_3PO_4 + Na_2CO_3 + 3H_2O \longrightarrow MgHPO_4 \cdot 4H_2O + Na_2SO_4 + CO_2 \uparrow$$

1. 十二水合磷酸三钠的生产

目前各国普遍使用30％或40％ Na_2CO_3 的液体烧碱代替中和剂固碱生产磷酸三钠,且工业上逐步采用湿法磷酸代替热法磷酸。

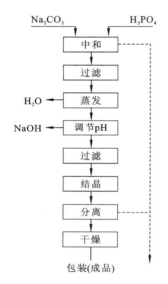

图4-8 十二水合磷酸三钠的生成流程图

(1) 十二水合磷酸三钠的生产流程。十二水合磷酸三钠的生产流程图如图4-8所示。

(2) 十二水合磷酸三钠的生产操作过程。在湿法磷酸中加入适量洗涤水,使得 P_2O_5 浓度在18％～20％,加热到85 ℃,加入30％～35％的碳酸钠溶液中和,使得pH＝8.0～8.4,进行搅拌,使碳酸钠反应完全,然后添加磷酸三钠母液,降低 P_2O_5 的含量至12％以下,保温15～20 min,经过滤、蒸发、浓缩到24～25Be'后,再加入烧碱,使得 Na/P 的比值达到3.24～3.26。然后进入结晶器,温度控制在85～90 ℃,密度27～28Be',其中细晶溶解器循环量为进料量的3～5倍且细晶溶解温度比结晶器温度高出8～10 ℃。晶浆经离心分离后送入气流干燥器中进行干燥(空气进口温度为110 ℃),然后将得到的晶体冷却到40 ℃,即可制得十二水合磷酸三钠产品。

2. 十二水合磷酸氢二钠的生产

(1) 十二水合磷酸氢二钠的生产流程。有两种生产原料即工业磷酸或湿法磷酸,其生产工艺流程图分别如图4-9和图4-10所示:

(2) 十二水合磷酸氢二钠的生产操作。当以磷酸含量不低于30％～35％ P_2O_5 的热法磷酸为原料时,进入结晶器的浓度应该为26～27Be',当以湿法磷酸为原料时,应先加部分洗涤液和母液使得 P_2O_5 浓度在10％～12％,再与碳酸钙进行中和。

中和过程不易过快,中和结束后进行一段时间的保温,使沉淀熟化。然后以29～30Be'的浓度进入结晶器。工业热法磷酸和湿法磷酸的进料温度均为70～80 ℃,pH8.2～8.6,细晶溶解器的流量为进料量的2～5倍,细晶溶解器温度比结晶器高2～4 ℃。结晶器温度在25～27 ℃,结晶器固含量在35％～40％,生产力达6.78 kg/m³·h。

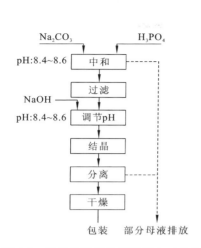

图 4-9 以工业磷酸为原料制十二水合
磷酸氢二钠的生产流程图

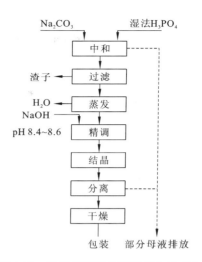

图 4-10 以湿法磷酸为原料制十二水合
磷酸氢二钠的生产流程图

3. 食品级磷酸钠盐的生产

我国已有标准的食品级正磷酸钠盐的品种有无水磷酸氢二钠、二水合磷酸氢二钠、无水磷酸二氢钠、十二水合磷酸氢二钠、十二水合磷酸三钠、无水磷酸三钠等。生产方法有重结晶法、原料净化法等。

（1）重结晶法。将工业级磷酸二氢钠或者磷酸氢二钠于 80~85 ℃配成饱和溶液，然后过滤冷却结晶或者等温结晶，得到食品级正磷酸钠盐。将已经净化精制的食品级磷酸氢二钠用液体烧碱中和处理，调节 Na/P 比至 3.24~3.26，然后结晶即可得到磷酸三钠。该方法净化效果好，且结晶后的母液可返回工业级生产车间，无废料产生，也无需供热。

（2）原料净化法。先将磷酸和纯碱净化至食品级，再将二者中和，结晶制备食品级磷酸盐或者经喷雾干燥制备无水食品级磷酸盐。

4. 碱渣回收

（1）理论知识背景。由于我国湿法磷矿中含有较多的铁、铝、镁、钙等杂质，可与正磷酸形成非水溶性的磷酸盐渣，导致生产过程中 P_2O_5 的大量损失，如将生产正磷酸盐后产生的碱渣回收利用可以大大提高磷的利用率。

磷酸铁和磷酸铝是两性化合物，易被烧碱转化成磷酸三钠。对于湿法磷酸中和渣，用氢氧化钠作用发生的主要反应如下

$$AlPO_4 \cdot 4H_2O + 3NaOH = Al(OH)_3 + Na_3PO_4 + 4H_2O$$
$$FePO_4 \cdot 2H_2O + 3NaOH = Fe(OH)_3 + Na_3PO_4 + 2H_2O$$

对于含镁的磷酸钠盐，在中和过程中，部分镁因为局部碱过量会生成 $Mg_3(PO_4)_2$，该物质难以再被 NaOH 分解，但是渣中的磷酸氢镁在强碱性介质中可以转化成氢氧化镁。

$$MgHPO_4 + 3NaOH = Na_3PO_4 + Mg(OH)_2 + H_2O$$

此外,氢氧化铝在强碱环境中能部分转化成铝酸钠。

$$Al(OH)_3 + NaOH = NaAlO(OH)_2 + H_2O$$

而铝酸钠又能与溶液中的硅酸钠进行脱硅反应,生成铝硅酸钠,释放 $NaOH$。

$$1.7Na_2SiO_3 + 2NaAlO(OH)_2 + 1.7H_2O = Na_2O \cdot Al_2O_3 \cdot 1.7SiO_2 \cdot 2H_2O + 3.4NaOH$$

因此当磷酸钠盐系统中含有硅酸钠时,实际并不消耗碱。

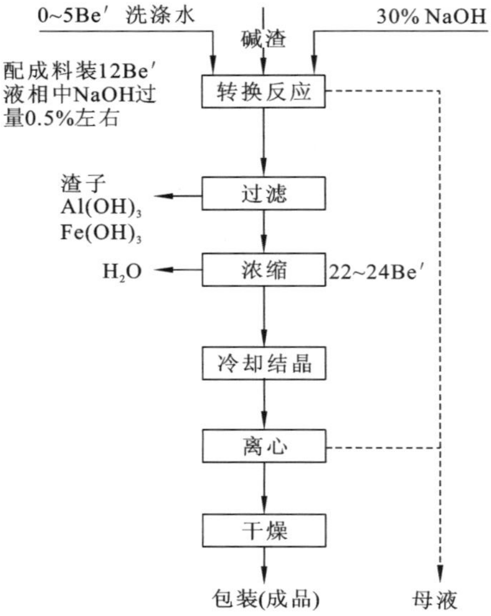

(2)碱渣回收工艺流程。其工艺流程图如图 4-11 所示。

(3)碱渣回收操作过程。碱渣用部分过滤洗涤水配成 30%～40% 料浆,加热至 85 ℃,再加入浓度为 30% 的碱液,反应 30～60 min。控制加碱量为反应终止时,液相中含过量 $NaOH$ 0.1%～0.5% 为宜,滤液浓度为 10～14Be′,含 P_2O_5 4.5%～5.5%,过滤后蒸发浓缩至 23～24Be′,然后进行冷却结晶,结晶温度高出冷却水温度 1～2 ℃,离心干燥得到成品。使用该方法当 P_2O_5 总回收率大于 70% 时,需要 30%（浓度）液体烧碱 1.2 t,成本比湿法磷酸为原料生产磷酸三钠要低 35%～42%。

图 4-11 碱渣回收工艺流程图

二、正磷酸钾盐的生产

正磷酸钾盐在磷酸盐产品中具有非常重要的地位,其中主要的产品有磷酸二氢钾、磷酸氢二钾、磷酸三钾等,广泛运用于化工、食品、石油、农牧业、医药、造纸、洗涤等领域。

磷酸钾盐的生产方法有中和法、复分解法、萃取法等,各方法的生产机理如下:

(1)中和法是利用酸碱中和原理,让氢氧化钾对磷酸进行第一次取代生成磷酸二氢钾,第二次取代生成磷酸氢二钾,第三次取代生成磷酸三钾。反应机理如下:

$$KOH + H_3PO_4 = KH_2PO_4 + H_2O$$

$$KH_2PO_4 + KOH = K_2HPO_4 + H_2O$$

$$K_2HPO_4 + KOH = K_3PO_4 + H_2O$$

(2)复分解法的生产原理是利用磷酸在高温作用下,使氯化钾分解,并与磷酸盐进行取代反应生产钾盐。反应机理如下:

$$H_3PO_4 + KCl = KH_2PO_4 + HCl\uparrow$$

$$NH_4H_2PO_4 + KCl = KH_2PO_4 + NH_4Cl$$

$$NaH_2PO_4 + KCl = KH_2PO_4 + NaCl$$

(3)萃取法的生产原理是以磷酸、氯化钾、三乙胺(萃取剂)等为原料,经有机萃取的方式制备磷酸钾盐。反应机理如下:

$$H_3PO_4 + (C_2H_5)_3N \Longrightarrow (C_2H_5)_3N \cdot H_3PO_4$$
$$(C_2H_5)_3N \cdot H_3PO_4 + KCl \Longrightarrow KH_2PO_4 + (C_2H_5)_3N \cdot HCl$$
$$2\{(C_2H_5)_3N \cdot HCl\} + Ca(OH)_2 \Longrightarrow 2(C_2H_5)_3N + CaCl_2 + 2H_2O$$

（1）中和法生产磷酸二氢钾。将固体氢氧化钾配成 30％ 的溶液，将杂质过滤，磷酸稀释至 50％ 的溶液，然后将氢氧化钾和磷酸分别送到高位计量罐中，备用。

在搅拌下加入计量钾溶液，然后缓慢加入磷酸进行中和反应，反应温度为 90～100 ℃，反应终止 pH 控制在 8.5～9.0，然后经温度为 120～124 ℃ 的蒸汽间接加热蒸发浓缩至溶液达到要求范围，放出冷却，加入 $K_2HPO_4 \cdot 3H_2O$ 晶种，静置结晶，冷却至20 ℃以下，得到结晶。

将结晶送至离心机分离脱水得到三水磷酸氢二钾。母液经过过滤后以循环利用。生产流程如图 4-12 所示。

（2）复分解法生产磷酸二氢钾。用于复分解生产钾盐的磷酸盐原料有很多种，如磷酸、磷酸二氢铵、磷酸二氢钠等。这里采用廉价氯化钾和磷酸来生产磷酸二氢钾。

将含量≥95％ 的 KCl 溶于 70～80 ℃ 的热水中，得到饱和浓度的氯化钾溶液，然后与 75％ 以上浓度的磷酸，按 $KCl : H_3PO_4 = 1 : 1.2$ 加到反应器中进行反应，反应器温度为 120～120 ℃。反应过程中产生的氯化氢气体经冷却回收，反应液中加入稀氢氧化钾中和游离

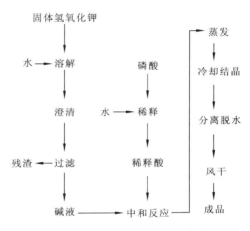

图 4-12 中和法生产磷酸二氢钾

酸，反应终止的 pH 控制在 4.4～4.6，冷却结晶，分离脱水、水洗得到磷酸二氢钾产品。母液可以返回作为配料使用。其生产流程图如图 4-13 所示。

温度的控制是复分解操作的关键，温度低，则转化率低，反应周期长、产率低，所以采用较高温度可以促进反应进行，加快周期提高转化率。

（3）萃取法生产磷酸二氢钾。75％～85％ 的磷酸先与饱和氯化钾混合，然后逐步滴加三乙胺，三者的物质的量配比为 $KCl : H_3PO_4 : (C_2H_5)_3N = 1 : 1.05 : 1.05$。在滴加三乙胺的过程中放出大量的热，温度上升至 80～85 ℃（为防止三乙胺挥发，反应器设有冷凝器进行回流），在滴加完前保持这个温度，并反应 40 min。然后冷却降温至 30～35 ℃ 析出磷酸二氢钾晶体。为使结晶更完全地析出，可以加入少量乙醇或蒸发结晶，然后用水或者乙醇洗涤结晶，得到较纯的产品。母液中的三乙胺通过蒸馏回收利用。生产流程图如图 4-14 所示。

三、正磷酸钙盐的生产

正磷酸钙盐在饲料、医药、牙膏、涂料、电气、建材等部门有着广泛的运用，可作为饲料添加剂、食品添加剂、牙膏牙粉添加剂、药品中间体等产品，在国民经济中具有重要地位。本节重点介绍磷酸氢钙的生产方法。

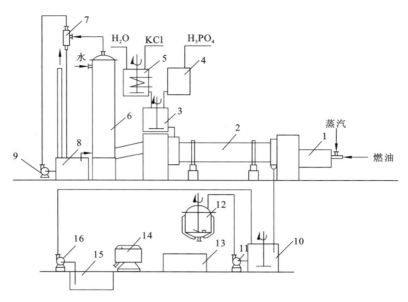

1—燃烧室；2—回转炉；3—混料槽；4—磷酸计量罐；5—化料槽；6—水洗塔；7—文氏管；8—储酸槽；
9,11—酸泵；10—中和槽；12—蒸发罐；13—结晶槽；14—分离机；15—母液槽；16—母液泵

图 4-13 磷酸和氯化钾复分解反应工艺流程图

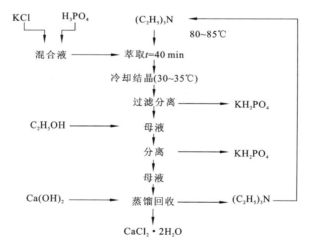

图 4-14 萃取法生产磷酸二氢钾

中和法的基本原理为：在低于 50 ℃ 的温度下，用方解石灰或石灰水与磷酸溶液反应生成磷酸氢钙，反应式如下

$$H_3PO_4 + Ca(OH)_2 \longrightarrow CaHPO_4 \cdot 2H_2O$$

或

$$H_3PO_4 + CaCO_3 + H_2O \longrightarrow CaHPO_4 \cdot 2H_2O + CO_2 \uparrow$$

1. 饲料磷酸氢钙的生产

目前世界上产量最大的饲料级磷酸钙盐的磷酸氢钙,生产饲料磷酸钙的方法有很多,常见的有热法磷酸法和湿法磷酸法。

其中热法磷酸法生产的产品质量稳定、流程短,但是生产成本较高,缺乏市场竞争力。其生产过程即将 70%～80% 的热法磷酸加入混合器中,与 100% 100 目的方解石粉混合反应,反应器温度为 40～50 ℃,反应后经传送带送出,此时物料已固化,经破碎机破碎后熟化,熟化后的物料含游离水 15%～20%。物料中剩余的碳酸钙和磷酸一钙尽可能转化成磷酸氢钙,然后经回转窑干燥得到成品。

湿法磷酸法与热法磷酸法相比,需要进行脱氟净化,再与石灰乳或方解石反应制饲料级磷酸氢钙。该技术的关键在于有害氟的去除,脱氟的方式很多,有化学沉淀法(工业上运用最多)、溶剂萃取法、浓缩脱氟法等。

(1) 化学沉淀法。该法分为两步完成,第一步中和时,用 5%～8%CaO 的石灰乳或方解石粉悬浊液将湿法磷酸中和至 pH＝3.0～3.2,此时磷酸中的氟、铁、镁、铝等杂质即会以氟化硅、氟硅酸钙、磷酸铁、磷酸镁、磷酸铝的形式沉淀出来,使得湿法磷酸 $P_2O_5/F>$ 230,再用石灰乳在 40 ℃条件下中和湿法磷酸至 pH＝5.5～6,即可得到饲料级磷酸氢钙。

(2) 浓缩脱氟法。在反应器中向含有 1%F 的浓缩湿法磷酸(50%～54%P_2O_5)中加入 SiO_2,通入蒸汽,F 会以气态从酸中逸出,逸出的氟用碱液回收作为氟硅酸盐产品。脱氟后的酸 P/F 约为 100∶1,进入加入石灰石粉的反应器。根据加入量的不同,可以制得磷酸氢钙(含 P 18.5%)或者磷酸二氢钙(含 P 21%)。然后得到的磷酸盐经过粒化、干燥、冷却、筛分,筛分得到的细粉与部分粉碎产物及除尘系统的尘粒作为返料。其余磷酸氢钙作为成品包装。

2. 牙膏用磷酸氢钙的生产

磷酸氢钙作为牙膏的主要成分,它的质量直接影响牙膏的外观以及内在性能的好坏。磷酸氢钙的白度、细度和吸水量影响膏体的色泽、细腻程度以及柔软度等。目前国内外常采用的生产方法有骨炭法、复分解法、直接中和法以及联合法等。

(1) 骨炭法。因为牲畜的骨骼中的无机盐主要是磷酸钙,可用作原料生产磷酸氢钙。其工艺有两种:一是先将骨骼高温燃烧至有机物完全炭化,再用盐酸浸出磷酸盐,加碱中和得到饲料级磷酸氢钙;二是将生产明胶浸制骨头得到的废液,处理后加碱中和也可制得饲料级磷酸氢钙。再将前者得到的饲料级磷酸氢钙制成牙膏用磷酸氢钙。

(2) 复分解法。复分解法是先将磷酸与纯碱反应制得磷酸二氢钠和磷酸氢二钠,然后将符合中和要求的磷酸二氢钠和磷酸氢二钠混合液送入反应器,在搅拌作用下,加入微少于化学理论量的氯化钙溶液。然后,加入纯碱与其中和,此时混合液放出大量气泡,pH上升,当 pH 上升至 4 以后,降低加碱速度,间歇加碱,用指示剂指示终点(甲基红和甲基蓝混合指示剂由紫色变淡绿色)。反应结束后,经过漂洗,加稳定剂,再次漂洗,离心脱水,经气流干燥,粉碎得到牙膏用磷酸氢钙。

(3) 直接中和法。直接中和法分为两种:一种是用碳酸钙中和磷酸;一种是用氢氧化钙中和磷酸。用碳酸钙中和磷酸的方法如下:将磷酸用磨细的碳酸钙处理,至该料浆的

pH 值达到 3~6,再用碳酸钙以外的碱性物质中和至 pH 为 6.5~8,加入少量$Mg_3(PO_4)_2$作稳定剂。该方法制得的磷酸氢钙储藏期不结块,产品稳定,适用于牙粉制造。

3. 食品和医药用磷酸钙盐的生产

用于食品添加剂的磷酸钙盐有磷酸氢钙、磷酸二氢钙、磷酸钙等。医药用磷酸钙盐主要是磷酸氢钙。它们的特点就是纯度高,必须符合食品和医药相关法典的要求,对有害元素氟、砷、铅的限制非常严格。通常是将热法磷酸除砷后再与不含铅、砷的石灰乳中和制得。或者将磷酸与纯碱中和得到磷酸钠盐后,再与氯化钙复分解反应制得。用五硫化二磷作为沉淀剂加入热法磷酸中,一般加入量为磷中砷含量的 3~5 倍,然后加热搅拌,反应2 h,先是五硫化二磷水解放出硫化氢气体,硫化氢与亚砷酸反应生产沉淀除去砷。过滤后得到的滤液加入 SiO_2 粉、NaCl 进行脱氟,生成氟硅酸钠沉淀,过滤除去。然后合格的磷酸与氢氧化钙直接中和生成磷酸氢钙。

4. 其他正磷酸盐的生产

正磷酸铵盐是磷酸盐系列的产品中一类重要产品,主要有磷酸二氢铵、磷酸氢二铵、磷酸铵等。它们广泛应用于肥料、食品发酵、废水处理等方面。实际生产中常采用中和法与复分解法生产磷酸铵盐。

正磷酸铝盐的种类繁多,名称及化学式都不统一,有很多是存在于天然矿石中的,实验室现已合成并工业化的有磷酸铝($AlPO_4$)和酸式磷酸二氢铝[$Al(H_2PO_4)_3$] C 型等。通常采用正磷酸-氢氧化铝中和法生产磷酸二氢铝。

任务二 聚磷酸盐的生产

[知识目标]

1. 掌握聚磷酸钠盐的生产原理。
2. 掌握热法磷酸工艺和湿法磷酸工艺生产三聚磷酸钠。
3. 掌握三聚磷酸钾盐的生产原理。
4. 掌握三聚磷酸钾盐的生产方法。

[技能目标]

1. 能够采用热法磷酸工艺合成三聚磷酸钠。
2. 能够采用湿法磷酸工艺合成三聚磷酸钠。
3. 能够采用一步法生产三聚磷酸钾。

一、聚磷酸钠盐的生产

聚磷酸钠是一系列高分子磷酸钠盐的总称,它们的共同特点是都是由结晶磷酸氢二钠和磷酸二氢钠按单独的或混合的不同物质的量比,经干燥脱水后煅烧聚合而成。聚磷酸钠盐的用途广泛,可作洗涤剂助剂、锅炉除垢剂、钻井料浆乳化剂、金属选矿浮选剂以及纤维工业上的精炼、漂白、染色加工上胶的助剂等。在众多聚磷酸钠盐中,最具代表的产品是三聚磷酸钠(STPP),它是合成洗涤中的主要助剂。本节重点介绍三聚磷酸钠的合成方法。

1. 三聚磷酸钠的生产理论知识背景

生产三聚磷酸钠盐的主要原料为正磷酸和纯碱。制取过程分以下三步进行。

第一步是纯碱与磷酸的中和反应,得到磷酸钠盐混合液,反应式如下

$$3H_3PO_4 + 2.5Na_2CO_3 + nH_2O === 2Na_2HPO_4 + NaH_2PO_4 + (n+2.5)H_2O + 2.5CO_2 \uparrow$$

若反应中所用磷酸为热法磷酸不需净化直接进入下一步生产;若所用磷酸是湿法磷酸,需要先脱氟,然后脱硫酸根使得磷硫比(P_2O_5/SO_4)的比值达到 60~65,再进入下一步生产。

第二步是控制磷酸钠中和溶液(料浆)的中和度,这一步是保证三聚磷酸钠质量达到标准的重要条件。中和度是指磷酸中的氢离子被碱的金属离子置换的程度。但是,对制取三聚磷酸钠来说,中和度是指在中和的磷酸钠盐混合液中,磷酸氢二钠的含量在磷酸氢二钠与磷酸二氢钠含量之和中所占的物质的量比:

$$中和度 = \frac{[磷酸氢二钠]}{[磷酸氢二钠] + [磷酸二氢钠]} \times 100\% = 66.67\%$$

当中和度为 66.67%(钠磷比为 1.67)时,产物全部是三聚磷酸钠和水;中和度大于66.67%时,过量的磷酸氢二钠会缩合生成焦磷酸钠;中和度小于 66.67%时,过量的磷酸二氢钠会发生缩聚反应生成偏磷酸钠盐。

第三步是将正磷酸钠盐混合物干燥脱水,缩聚成三聚磷酸钠。

2. 三聚磷酸钠的合成

目前各国生产三聚磷酸钠常用的工艺有两种,即热法磷酸工艺和湿法磷酸工艺。生产过程多为间歇和半连续过程。

(1)热法磷酸工艺。采用热法磷酸与纯碱中和的工艺称为热法工艺。其生产体系包括磷酸、纯碱中和系统,喷雾干燥,聚合系统,尾气回收排放系统。中和时可用固体纯碱或纯碱液两种方式进行。生产流程如下:

从高位槽计量后的磷酸进入不锈钢中和槽中,升温并搅拌,缓慢加入固体粉末状纯碱,此时反应剧烈,放出大量二氧化碳和蒸汽(防止溢料泛浆),可通过烟囱排入大气。为防止局部过碱析出磷酸氢二钠结晶并析出包裹纯碱结晶,阻碍它进一步反应,投料要均匀,并加水稀释中和液(在 105 ℃下加入),使得正磷酸盐浓度在 55%~60%。加碱完毕之后,煮沸 50 min,精调中和度,制得合格的正磷酸钠盐中和液,经泵输送到高位槽待用。最后由高位槽放出,然后由压缩空气经喷嘴喷入喷雾干燥塔干燥,进塔温度 600~700 ℃,得到的正磷酸钠盐由斗式提升机送到料仓,然后进入回转聚合炉煅烧聚合,聚合温度350~450 ℃,停留时间 30~60 min,得到的三聚磷酸钠经冷却得到成品。流程图如图4-15所示。

(2)湿法磷酸工艺。采用湿法磷酸与纯碱中和的工艺称为湿法工艺。湿法磷酸工艺包括湿法磷酸及其净化系统、中和系统、浓缩系统、干燥聚合系统以及尾气回收排放系统等。湿法磷酸的工艺包含净化、脱氟、脱硫、脱色、中和、浓缩和干燥分子脱水聚合等。具体过程如下:

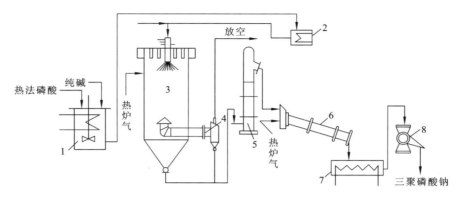

1—中和槽;2—高位槽;3—喷雾干燥塔;4—旋风分离器;5—斗式提升机;6—回转聚合炉;7—冷却器;8—粉碎机

图 4-15　热法磷酸二步法生产三聚磷酸钠流程

在化学净化湿法磷酸时,先加纯碱与氟形成氟硅酸钠沉淀析出除去氟元素,反应时控制 pH 为 4.2~5.0。析出的氟硅酸钠沉淀用离心和洗涤的方法与磷酸分离。然后用碳酸钡进行脱硫,生产硫酸钡沉淀析出,在此过程中,保持脱硫温度为 60 ℃。脱硫合格后采用活性炭进行脱色。然后将上述净化处理并分离沉淀的磷酸定量加入不锈钢中和槽中,用纯碱液(浓度约为 35%)在加热搅拌的情况下进行中和,并用标定好的盐酸、氢氧化钠溶液滴定,控制中和度在 63%,pH 约为 7。此时,钙、镁、铁、铝等盐就会沉淀出来。再用压滤机进行固液分离,得到碱渣进行返洗,得到的返洗液进入化碱槽作化碱用水。而滤液经调试得到符合生产要求的中和度,经过压滤后送入单效、双效或三效真空蒸发器(真空度为 53.3~60 kPa)进行浓缩,使其相对密度达到 1.4~1.5,加入适量的 NH_4NO_3,然后送入干燥聚合工段。干燥聚合方法有一步法和二步法等,视各工厂情况而定。

二、聚磷酸钾盐的生产

聚磷酸钾盐和聚磷酸钠盐在性能、用途、制备工艺方面都很相似,其中聚磷酸钾中主要产品是三聚磷酸钾,它可用于土壤改良、油类乳化,且可用作液体洗涤剂的缓冲剂、植物营养剂等。这里介绍一下三聚磷酸钾的生产原理及方法。

1. 三聚磷酸钾的生产理论知识背景

三聚磷酸钾是 2 mol 磷酸氢二钾和 1 mol 磷酸二氢钾在一定温度下缩聚形成得到的。具体反应式如下

$$6H_3PO_4 + 5K_2CO_3 =\!\!=\!\!= 4K_2HPO_4 + 2KH_2PO_4 + 5H_2O + 5CO_2 \uparrow$$

正磷酸钾盐干料在特定条件下进行缩合反应,先生成焦磷酸钾盐再缩聚合成三聚磷酸钾盐。

$$4K_2HPO_4 + 2KH_2PO_4 =\!\!=\!\!= 2K_4P_2O_7 + K_2H_2P_2O_7 + 3H_2O$$

$$2K_4P_2O_7 + K_2H_2P_2O_7 =\!\!=\!\!= 2K_5P_3O_{10} + H_2O$$

2. 三聚磷酸钾的合成

生产三聚磷酸钾的方法很多,有一步法、二步法、二料液法、一料液法、磷铁烧结法、煅

烧水解法、过磷酸钙和重过磷酸钙、磷酐法、磷灰石烧结法、电解法等。这里介绍一下一步法制三聚磷酸钾。

一步法是由缩聚磷酸和钾盐直接制得,发生的反应式如下:

$$H_5P_3O_{10} + 5KOH \Longrightarrow K_5P_3O_{10} + 5H_2O$$

$$3H_6P_4O_{13} + 10K_2CO_3 \Longrightarrow 4K_5P_3O_{10} + 9H_2O + 10CO_2 \uparrow$$

在带有搅拌装置、加热装置的中和反应釜中,用碳酸钾或者氢氧化钾与缩聚磷酸进行中和反应,要求生成的料液达到 K_2O/P_2O_5 之比为 1.667 ± 0.003。然后进入回转聚合炉中,经过干燥聚合反应一步合成三聚磷酸钾,经过冷却、粉碎、包装得到成品。

3. 其他聚磷酸盐

聚磷酸铝盐和聚磷酸铵盐都是比较重要的化工产品,其中聚磷酸铝盐是一类特殊化合物,包括聚磷酸铝、焦磷酸铝、偏磷酸铝等。它们可作为催化剂、无害颜料、吸附剂、水玻璃氧化剂等。聚磷酸铵按其聚合度大小可分为低聚、中聚、高聚三种,聚合度越大,水溶性越小。聚磷酸铵盐主要用于阻燃剂或肥料化工中。

[复习与思考]

1. 阐述常见正磷酸钠盐的生产方法以及相关反应原理。
2. 有哪些方法生产磷酸二氢钾,并简要说明?
3. 工业上饲料级磷酸氢钙的生产方法有哪些?
4. 简要介绍三聚磷酸钠的湿法磷酸工艺与热法磷酸工艺。
5. 简述聚磷酸钾盐的用途以及一步法生产三聚磷酸钾的工艺流程。

单元五　磷肥工业典型化工产品生产及"三废"处理

教学目标

1. 掌握磷肥的生产方法、工艺流程、生产原理。
2. 掌握磷肥的用途。
3. 掌握磷肥生产过程中工艺条件的选择。
4. 掌握黄磷尾气及废水处理方法。
5. 掌握氟的回收与利用方法。
6. 掌握磷石膏的利用。

重点难点

1. 磷酸铵类肥料生产技术。
2. 磷酸钙类肥料合成工艺。
3. 黄磷尾气转化为有用化学品的工艺。
4. 磷酸盐工业生产中氟回收工艺。

项目一　磷肥工业典型化工产品的生产

磷是生物机体必需的元素,磷肥可以促进作物的生长发育和根系发达,使得作物提早成熟,果实饱满,增产增收;还能增强作物的抗旱性与抗寒性,增加块根作物的淀粉和糖含量。我国的土壤缺磷比较严重,有 6 亿亩耕地有效磷含量低于 5 mg/kg,约有 11 亿亩耕地的有效磷含量低于 10 mg/kg,这些耕地不能满足作物健康生长需求,故大力发展磷肥工业对农业的贡献非常大。

用磷矿制取磷肥的化学加工方法有用无机酸加工处理和高温加工处理两大类。用无机酸处理磷矿石后加工制成的磷肥又称酸法磷肥,如普通过磷酸钙、富过磷酸钙、重过磷酸钙、磷酸铵类肥料、沉淀磷酸钙、经硝酸处理磷矿得到的氮磷复合肥料等。通过高温处理制成的磷肥称为热法磷肥,如脱氟磷肥、钢渣磷肥、钙镁磷肥、烧结钙钠磷肥等。

任务一　磷酸铵类肥料生产

[知识目标]

1. 掌握磷酸铵生产原理。
2. 掌握磷酸一铵和磷酸二铵的生产方法。
3. 掌握磷酸二铵的生产方法。

[技能目标]

1. 能够掌握磷酸一铵的工业生产流程。
2. 能够选择合适的生产方法生产磷酸二铵。

[预备知识]

磷酸铵是一种含磷和氮的复合肥料,由氨中和磷酸生成得到。磷酸分子有三个氢离子,可以与氨反应依次生成磷酸一铵($NH_4H_2PO_4$)、磷酸二铵[$(NH_4)_2HPO_4$]和磷酸三铵[$(NH_4)_3PO_4$]。工业上的磷酸铵盐肥实际上是磷酸一铵与磷酸二铵的混合物。

磷酸三铵不稳定,在常温下即可分解放出氨变成磷酸二铵:

$$(NH_4)_3PO_4 =\!=\!= NH_3 \uparrow + (NH_4)_2HPO_4$$

当温度达到 90 ℃时,磷酸二铵也会放出氨变成磷酸一铵:

$$(NH_4)_2HPO_4 =\!=\!= NH_3 \uparrow + NH_4H_2PO_4$$

磷酸一铵的性质稳定,加热到 130 ℃以上才会放出氨,生成焦磷酸($H_4P_2O_7$)或者偏磷酸(HPO_3)。

三种磷酸铵盐的性质如表 5-1 所示。

表 5-1　磷酸铵盐主要性质

名称	晶系	25 ℃时,在 100 g 水中的溶解度/g	生成热/(kJ/mol)	氨蒸气压/mmHg		0.1 mol 溶液的 pH
				100 ℃	125 ℃	
磷酸一铵	四方	41.6	121.26	0.0	0.05	4.4
磷酸二铵	单斜	72.1	202.95	5.0	30	7.8
磷酸三铵	三斜	24.1	244.2	643.0	1 177.70	9.0

由表可得磷酸一铵最稳定,磷酸二铵次之,磷酸三铵最不稳定。在水中的溶解度磷酸二铵最大,磷酸三铵最小。纯磷酸一铵和磷酸二铵的吸湿性小。在 30 ℃下,磷酸一铵的相对湿度为 91.6%,磷酸二铵为 82.5%,我国除沿海城市外,大多数城市夏季平均湿度都低于 82%,所以磷酸一铵与磷酸二铵都不吸湿。但是磷酸一铵与磷酸二铵的混合物在 30 ℃下的临界相对湿度为 78%,所以在我国大多数城市夏季是吸湿的。磷酸一铵盐可与一水磷酸二氢钙、硫酸铵、硝酸铵、氯化铵等混合制成肥料,得到的肥料物理性质好、吸湿性低、储存时不易结块。磷酸二铵可与氯化钾、过磷酸钙、硫酸铵或重过磷酸钙混合制得物理性质良好的混合肥料。

一、磷酸一铵的生产

工业上生产的磷酸一铵肥料的含氮量一般为 12%,含 P_2O_5 量为 52%。粒状或粉状的磷酸一铵可以直接作为肥料使用,粉状的磷酸一铵也可以与尿素、氯化钾等混合成为复合肥料使用。

1. 磷酸铵生产理论知识背景

用氨中和磷酸的化学反应式如下

$$H_3PO_4(l) + NH_3(g) == NH_4H_2PO_4(s)$$
$$H_3PO_4(l) + 2NH_3(g) == (NH_4)_2HPO_4(s)$$

以湿法磷酸为原料时,原料中的杂质如铁、铝、镁等均会参加反应生成相应的盐类,影响产品的质量。这些杂质盐类在产物中常是以脂溶性磷酸盐形式存在,会导致水溶性 P_2O_5 的"退化"。钙离子在氨化时会形成 $CaHPO_4 \cdot 2H_2O$,降低水溶性 P_2O_5 的含量。SO_4^{2-}、F^-、SiF_6^{2-} 的存在会导致产品的 N/P_2O_5 值增加。所以,用湿法磷酸制备磷酸铵时,产品的组成和性质会因所用的磷矿种类不同而有所差异。

用氨中和磷酸的化学反应均为放热反应,因为反应产生的热量能够蒸发大量的水分。

2. 磷酸一铵的生产方法

世界上生产磷酸一铵的工艺流程可以分为浓酸法和稀酸法。浓酸法采用的原料磷酸浓度为 45%~52% P_2O_5,稀酸法采用的磷酸浓度为 22%~30% P_2O_5。

欧美国家采用浓酸法生产磷酸一铵,浓酸法在磷酸中和阶段使用的设备有 3 种:管式反应器、常压反应器、压力反应器。造粒设备有喷雾塔干燥装置和转鼓造粒干燥装置。

前苏联用卡拉-塔乌磷矿生产磷酸一铵时采用的是稀酸流程,即在中和器中用氨中和磷酸,氨化料浆可以直接喷浆造粒然后干燥,也可以先浓缩再造粒干燥。

我国在使用含杂质高的磷矿生产磷酸一铵时也采用稀酸流程,氨化料浆经过浓缩后喷雾流化干燥或者喷浆造粒干燥,故也可称为料浆浓缩法。

3. 工业上磷酸一铵生产流程

目前工业上各企业磷酸一铵的生产工序基本一致,一般都要经过磷酸净化、中和反应、料浆压滤分离、滤液浓缩、结晶、脱水分离、干燥冷却等工序。磷酸净化除去固体悬浮物、SO_3 等杂质后,与氨进行中和反应,得到相对密度 1.2~1.24、pH 3.9~4.2 的磷酸一铵料浆,然后用泵送至压滤分离设备中除去碱金属杂质,得到相对密度为 1.18~1.2 的比较纯的磷酸一铵滤液,滤液经过蒸发浓缩得到相对密度为 1.38~1.4 的具有较高溶解度和较高温度的饱和浓缩液,再将饱和浓缩液送入冷却结晶槽,冷却降温得到过饱和溶液,结晶析出磷酸一铵晶体,脱水分离后得到固相部分,经过流化干燥、冷却包装得到工业级磷酸一铵产品。其生产流程图如图 5-1 所示。

几乎所有的磷酸铵盐生产工艺都将氨中和磷酸产生的大量热量用于蒸发物料水分,这样可以降低能耗。

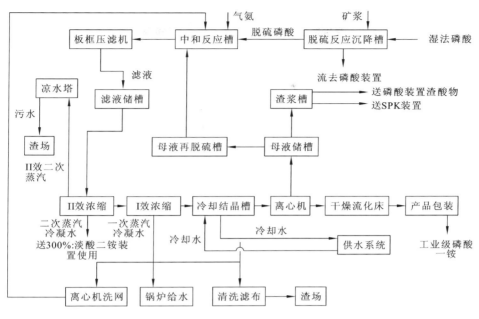

图 5-1 云峰分公司技改后磷酸一铵生产流程

二、磷酸二铵的生产

工业上磷酸二铵肥料的含氮量一般为 18%，含 P_2O_5 量为 46%，其生产工艺主要有喷浆造粒工艺、预中和转鼓氨化工艺、管式反应器-转鼓氨化工艺以及预中和-管反-转鼓氨化工艺等。

1. 喷浆造粒工艺生产磷酸二铵

喷浆造粒工艺是在中和槽中将浓缩后的湿法磷酸氨化，得到的磷铵料浆送到喷浆造粒机中进行造粒和干燥。此工艺流程简单，得到的产品机械强度高，且对磷酸适应性强，但是生产不能大型化。

2. 预中和转鼓氨化工艺生产磷酸二铵

预中和转鼓氨化工艺是指在预中和槽中形成磷铵料浆，预中和槽是上大下小，中间是扩大段的槽体，含磷酸的洗涤液从槽顶加入，液氨或者气氨均匀分布于槽底，沿切线方向加入。得到的磷铵料浆经泵送到造粒机，通过喷嘴喷洒到料床上，被进入的二次氨进一步氨化，提升氨含量，其造粒形式为转鼓氨化。该工艺能实现大型化，但是造粒温度难以控制，造粒机氨溢出量大。

3. 管式反应器-转鼓氨化工艺生产磷酸二铵

管式反应器-转鼓氨化工艺与预中和转鼓氨化工艺的主要区别是反应的方式不同。一定比例的磷酸和氨在管式反应器内完成中和，然后通过自身产生的高压喷洒在造粒机的料床上。此工艺具有设备的尺寸小、需要的返料低、干燥负荷小等优点。但是也具有得到的产品外观不圆整,生产物料颗粒小,造成的粉尘量大,氨损失量大等缺点。

4. 预中和-管反-转鼓氨化工艺生产磷酸二铵

预中和-管反-转鼓氨化工艺是预中和转鼓氨化工艺与管式反应器-转鼓氨化工艺的结合。它是将部分磷酸加入预中和槽进行氨化,并通过尾气风机移走部分热量,另一部分磷酸加到管式反应器内,优化了系统的水平衡与热平衡。该工艺可使用浓度较低的磷酸,得到的产品外观比较均匀圆润。但是该工艺控制系统复杂,需提高自控能力。

任务二 过磷酸钙类肥料的生产

[知识目标]

1. 掌握过磷酸钙盐的生产原理。
2. 掌握酸法磷肥工艺条件的选择。

[技能目标]

1. 能够采用干法和湿法两种方法生产普通过磷酸钙。
2. 能够采用化成室法和无化成室法生产重过磷酸钙。

[预备知识]

生产过磷酸钙的主要化学反应可以分为两个阶段。第一个阶段是硫酸分解磷矿生成磷酸和半水物硫酸钙:

$$Ca_5F(PO_4)_3 + 5H_2SO_4 + 2.5H_2O \Longrightarrow 3H_3PO_4 + 5CaSO_4 \cdot 0.5H_2O + HF\uparrow$$

此反应为放热反应,反应温度可迅速升高到 100 ℃ 以上,故在很短的时间内,半水硫酸钙结晶可转变成无水物:

$$2CaSO_4 \cdot 0.5H_2O \Longrightarrow 2CaSO_4 + H_2O$$

当硫酸完全消耗之后,生成的磷酸开始分解磷矿形成磷酸一钙:

$$Ca_5F(PO_4)_3 + 7H_3PO_4 + 5H_2O \Longrightarrow 5Ca(H_2PO_4)_2 \cdot H_2O + HF\uparrow$$

形成的磷酸一钙溶解在磷酸溶液中,当溶液被磷酸一钙饱和之后,随着分解反应进行,从溶液中不断析出 $Ca(H_2PO_4)_2 \cdot H_2O$ 结晶。

生成过磷酸钙的总反应式为:

$$2Ca_5F(PO_4)_3 + 7H_2SO_4 + 3H_2O \Longrightarrow 3[Ca(H_2PO_4)_2 \cdot H_2O] + 7CaSO_4 + 2HF\uparrow$$

反应的第一阶段是过磷酸钙在化成室中化成时完成的。第二阶段反应在化成室中开始,然后要在仓库堆放产品期间持续进行很长时间。

由于磷矿中含有很多杂质,故上述反应伴随许多副反应,其反应式如下

$$CaCO_3 + H_2SO_4 \Longrightarrow CaSO_4 + CO_2 + H_2O$$

$$MgCO_3 + H_2SO_4 \Longrightarrow MgSO_4 + CO_2 + H_2O$$

$$Fe_2O_3 + 3H_2SO_4 + 3Ca(H_2PO_4)_2 \Longrightarrow 3CaSO_4 + 2Fe(H_2PO_4)_3 + 3H_2O$$

$$Al_2O_3 + 3H_2SO_4 + 3Ca(H_2PO_4)_2 \Longrightarrow 3CaSO_4 + 2Al(H_2PO_4)_3 + 3H_2O$$

随着第二阶段反应的进行以及液相中游离磷酸浓度的降低,铁和铝的酸式盐转变为难溶

的中性磷酸盐：

$$Fe(H_2PO_4)_3 + 2H_2O \Longrightarrow FePO_4 \cdot 2H_2O + 2H_3PO_4$$

$$Al(H_2PO_4)_3 + 2H_2O \Longrightarrow AlPO_4 \cdot 2H_2O + 2H_3PO_4$$

上述反应生成的 $FePO_4 \cdot 2H_2O$、$AlPO_4 \cdot 2H_2O$ 都是难溶性磷酸盐，通常会导致水溶性 P_2O_5 变成难溶性 P_2O_5 即所谓的"退化"作用。

过磷酸钙中若含有游离酸或者水分会导致其物理性质差，故需要用氨中和游离酸并利用反应热蒸发掉一定水分来改变其物理性质。

过磷酸钙的氨化首先是氨中和磷酸：

$$H_3PO_4 + NH_3 \Longrightarrow NH_4H_2PO_4 + 112.9 \text{ kJ}$$

若加入的氨过多，则生成磷酸二铵：

$$H_3PO_4 + 2NH_3 \Longrightarrow (NH_4)_2HPO_4$$

而磷酸二铵又能与磷酸一钙生成磷酸二钙导致水溶性 P_2O_5 的退化，故过磷酸钙的氨化要控制适当的氨量。

制过磷酸钙的第一阶段与制湿法磷酸一样，都是用硫酸分解磷矿得到磷酸和硫酸钙。通常，硫酸分解磷矿的速度很快。在生产条件下，磷矿颗粒和溶液的界面层里形成过饱和度很高的硫酸钙过饱和溶液，生成大量细小的硫酸钙晶体，沉积在磷矿颗粒表面，将磷矿颗粒包裹住，阻碍反应的进行，为了减轻致密固体膜对反应速率的影响，应该尽量生成粗大的硫酸钙晶体。又因为硫酸钙晶体的大小形状以及磷矿颗粒包裹程度等与硫酸的温度、浓度、矿粉颗粒、搅拌条件、杂质含量等有关，故可作为工艺指标，寻找最佳工艺条件。

硫酸用量：根据磷矿的化学组成以及相关化学反应方程可计算硫酸的理论用量。由硫酸分解磷矿生成硫酸钙与磷酸一钙的反应方程式可以看出，每 3 mol P_2O_5 需要消耗 7 mol H_2PO_4，所以每份 P_2O_5 消耗硫酸量为 1.61 份。

由硫酸分解碳酸盐的反应方程可知，1 mol CO_2 消耗 1 mol 硫酸，所以每份 CO_2 消耗硫酸量为 $98/44 = 2.23$ 份。同理可得 1 mol Fe_2O_3 或 1 mol Al_2O_3 耗用 1 mol H_2SO_4，所以每一份 Fe_2O_3 消耗硫酸量 $98/159.7 = 0.61$ 份，每份 Al_2O_3 消耗硫酸量 $98/101.96 = 0.96$ 份。而每份磷矿的硫酸理论用量是 P_2O_5、CO_2、Fe_2O_3、Al_2O_3 消耗硫酸的总和，所以分解磷矿的理论硫酸用量为

$$1.61 \times P_2O_5\% + 2.23 \times CO_2\% + 0.61 \times Fe_2O_3\% + 0.96 \times Al_2O_3\%$$

加入的硫酸量增多可以增加矿料与酸的接触机会，加快反应的速率，提高分解率，并可以提高第二阶段的反应速率。但是用酸过多，会导致料浆难于固化，产品所含的游离酸增大，且成本增大。一般工业上所用硫酸量是理论酸用量的 $103\% \sim 105\%$。

硫酸浓度：硫酸的浓度对硫酸钙物理性质和磷矿分解率都有较大影响。因为在间歇混合时，开始的液相是硫酸，随着反应进行，液相中出现磷酸，反应过程在硫酸与磷酸比值不断变化的情况下进行。故一般只能采用较稀的硫酸，但是生产的产品水分含量高；若采用浓的硫酸，由于初始反应速率高，一开始就在磷矿颗粒上形成致密的硫酸钙薄膜，使得分解速率变慢，得到难于固化且物质性质不良的过磷酸钙。

在连续混合时，加入的硫酸不断被浆料的液相稀释，所以在此条件下，采用浓硫酸也可能避免形成致密固定膜。

在实际操作中通过选择料浆在混合器中的最适宜停留时间来确定最适宜的浓度条件。常采用的硫酸浓度为68%～72%,有的可提高到73%～75%,故硫酸必须稀释后才能使用。

硫酸温度:硫酸的温度对磷矿分解率、固化速率、成品物理性质都有影响。硫酸温度高,与反应热一起促进水分的蒸发和含氟气体的逸出,有助于提高反应速率,并改善产品的物理性质。当使用的硫酸浓度较高时,酸的温度可以适当降低。目前,工厂一般采用的硫酸温度为75～85 ℃,有的采用90 ℃或更高的温度。

搅拌强度:为了使得物料混合均匀,创造良好的液固相接触条件,需要进行搅拌。强度大的搅拌可创造高度湍流条件,增加液固相相对运动,减少界面层厚度,加快反应速率。一般搅拌桨的末端线速度为5～7 m/s。

磷矿粉的细度:磷矿粉的细度对磷酸钙的生成速率有很大影响,矿粉越细,总表面积越大,反应速率就越快。在反应第一阶段,反应表面积大的细小颗粒在流体力学条件较好情况下先与活性强的硫酸作用;但是在第二阶段,反应表面积小的粗颗粒,在物料已经固化的情况下与活性低的磷酸反应。所以粗矿颗粒数量多少是决定反应速率的重要因素之一。通常要求使用的矿粉通过100目的>95%,且70%～80%通过200目。

一、普通过磷酸钙的生产

1. 干法生产过磷酸钙

干法生产即将磷矿磨成干矿粉,细度为100目>90%,水分<1%,然后将硫酸稀释到62%～68%,冷却,之后至温度在60～90 ℃,与干矿粉一起加入混合器,进行搅拌生成新鲜的过磷酸钙,再经堆置熟化制成过磷酸钙成品。此种方法操作稳定,需用浓度较高的硫酸生产。

2. 湿法生产过磷酸钙

湿法生产即将磷矿加水磨成湿料浆,然后与98%浓硫酸直接反应制成过磷酸钙。此方法可省去磷矿干燥工序,节约燃料,工艺流程简单,粉尘污染小,湿磨噪声小,且生产的产品物性好,适用于品位高、亲水性差、矿浆流动性好的磷矿。

3. 产品熟化期处理

在熟化库中,堆积的产品要不断进行翻堆,降低产品温度并释放蒸发的水分,进而促进第二阶段反应并改善产品物性。产品熟化期一般为3～15天,熟化后的产品还含有少量(5.5%～8%)游离磷酸,由于酸的腐蚀性会给运输、储存、使用带来困难,故需要中和游离酸。

可通过添加能与磷酸迅速作用的物质如石灰石、骨粉、磷矿石等,或者通过氨化作用也能达到中和效果。中和后,产品的物性得到明显改善,减少吸湿性和结块性,并且通过氨化中和的过磷酸钙含有一定的氨能提高肥效。中和后的过磷酸钙送去造粒,干燥后即可得到粒状过磷酸钙。

4. 生产过程中的含氟废气处理

生产过程中产生的含氟废气可通过水洗涤吸收,得到氟硅酸,然后可加工成其他氟化工产品应用于化工、医药、建材等工业部门,特别是氟化氢的应用非常重要。

二、重过磷酸钙的生产

重过磷酸钙是磷酸分解磷矿得到的,其主要化学反应与普通过磷酸钙的第二阶段反应相同。产品中磷酸一钙盐 $Ca(H_2PO_4)_2 \cdot H_2O$ 约占总量的80%,故 P_2O_5 的含量可达40%～52%,是普通过磷酸钙含量的2～3倍。重过磷酸钙的生产分为化成室法与无化成室法两种。化成室法是用浓磷酸分解磷矿,物料需要进行化成和熟化;无化成室法是用低浓度的磷酸分解磷矿,无明显的化成和熟化过程,不需要设置堆置仓库。

1. 化成室法制备重过磷酸钙

化成室法采用的磷酸浓度达45%～55%,生产流程类似于普通过磷酸钙的生产流程,通常也采用混合、化成、堆置熟化流程。它们的主要区别在于混合设备的不同以及工艺条件的不同,化成室法过程中,因为料浆固化时间短,通常采用涡轮混合器、锥形混合器和透平混合器等,而不采用立式多桨,避免堵塞和结疤。熟化过程也比普通过磷酸钙要长,约为4周。

化成室法的工艺流程如图5-2所示。

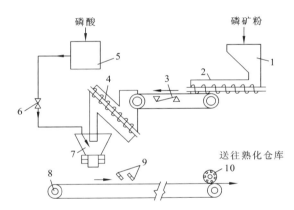

1—磷矿粉储斗;2,4—螺旋输送机;3—重量式加料机;5—转子流量计;
6—自动控制阀;7—锥形混合器;8—皮带化成室;9—切条刀;10—笼形切碎机

图5-2　化成室法制备重过磷酸钙工艺流程

将浓度为45%～55%的浓磷酸送入锥形混合器7中与磷矿粉混合,所用磷酸经过计量以后经喷嘴分四路按切线方向进入混合器。磷矿粉经中心管下流和旋流的磷酸相遇,经过2～3 s的剧烈混合之后,料浆流进皮带化成室8。并在较短时间固化后,被切条刀9切成窄条,然后经过鼠笼式切碎机被切碎后,送往仓库堆置熟化。熟化3～5周后的粉末状重过磷酸钙可以直接使用,也可进一步制成颗粒状产品。且造粒过程中还可以加入氮肥、钾肥或微量元素,生产复合肥料或混合肥料。

化成室法生产重过磷酸钙时,为了防止物料在化成室结块或在熟化过程中结块,通常可添加适量(占总物料的0.01%～0.1%)的非离子表面活性剂,如烷基苯酚、聚乙烯乙二醇等。也可以在物料出混合器后进化成室之前添加少量石灰粉,反应产生的 CO_2 使产品蓬松多孔,但是石灰石粉会导致产品中的五氧化二磷的水溶性有所降低。

2. 无化成室法制备重过磷酸钙

采用无化成室法制备重过磷酸钙,用来分解磷矿的磷酸浓度较低（$30\%\sim32\%$ P_2O_5,也有采用 $38\%\sim40\%$ P_2O_5 的）,分解磷矿得到料浆与成品细粉混合,加热促进磷矿进一步分解制得重过磷酸钙。该方法无明显化成和熟化阶段,故称为无化成室法。

其工艺流程图如图 5-3 所示。

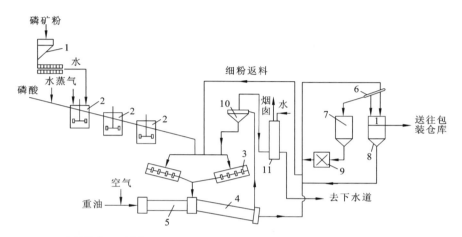

1—矿粉储斗;2—搅拌反应器;3—掺和机;4—回转干燥炉;5—燃烧室;6—振动筛;
7—大颗粒储斗;8—粉状产品储斗;9—破碎机;10—旋风除尘器;11—洗涤塔
图 5-3　无化成室法制备重过磷酸钙的工艺流程

将磷矿粉与稀磷酸在搅拌反应器 2 内混合,向反应器中通入温度 $80\sim100$ ℃的蒸汽。从反应器流出的料浆与返回的干燥细粉在掺和机 3 内混合,湿的颗粒状物料进入回转干燥炉 4,然后用从燃烧室 5 出来的与物料并流的热气加热,使未分解的磷矿粉进一步充分反应。控制干燥炉温度,使物料出炉温度为 $95\sim100$ ℃。干燥后得到的产品含水量为 $2\%\sim3\%$。

该方法可以直接使用由二水物法或半水物法制得的磷酸,不需要浓缩磷酸,且不需要熟化仓库,节约场地,还能避免如化成室法在堆置熟化过程中产生的含氟废气进入大气污染环境。但是该法返料量大,导致流程及设备比较复杂、能耗高。且该法采用稀酸可能导致磷矿分解不完全,产品物理性质有所降低。

[复习与思考]

1. 简述磷酸一铵的生产方法及典型工业生产流程。
2. 生产磷酸二铵的方法有哪些,它们各自有什么特点?
3. 影响硫酸钙晶体形成及磷矿颗粒包裹程度的因素有哪些,请简要说明?
4. 简要介绍普通过磷酸钙的生产及产品后处理过程。
5. 生产重过磷酸钙的方法有哪些,并简要介绍?

项目二　磷酸盐工业中的"三废"处理及利用

磷化工是一类产品门类众多的化学工业,从磷的制备,到磷酸的制备、净化以及最后做成磷酸盐类产品,这一系列的过程中必然会产生"三废"的排放,这些废料不经处理会对环境产生很大的危害,同时废料也可以综合利用生产其他化学品,创造效益。本节重点讨论黄磷尾气及废水的治理与利用、氟的回收和利用以及磷石膏的综合利用。

任务一　黄磷尾气及废水的治理及应用

[知识目标]

1. 掌握黄磷尾气处理方法。
2. 掌握黄磷尾气生产其他化学品的相关工艺。
3. 了解黄磷废水成分。
4. 掌握黄磷废水处理过程。

[技能目标]

1. 能够使用黄磷尾气生产草酸、甲酸、甲醇等化学品。
2. 能够处理黄磷废水。

一、黄磷尾气的处理

1. 黄磷尾气生产草酸

黄磷尾气生产草酸其主要的化学反应如下:

$$CO + NaOH \xrightarrow{\quad} HCOONa$$

$$2HCOONa \xrightarrow{\quad} Na_2C_2O_4 + H_2$$

$$Na_2C_2O_4 + Ca(OH)_2 \xrightarrow{\quad} CaC_2O_4 + 2NaOH$$

$$CaC_2O_4 + H_2SO_4 + 2H_2O \xrightarrow{\quad} H_2C_2O_4 \cdot 2H_2O + CaSO_4$$

以黄磷尾气生产草酸的传统工艺是:用压缩机将净化的尾气升压至 $1.8\sim2.0$ MPa,与一定量浓度的氢氧化钠溶液预热到 170 ℃后送入反应器中发生合成反应得到甲酸钠稀溶液。甲酸钠溶液经蒸发浓缩后,用泵打入活塞往复卸料离心机,得到固体甲酸钠。计量后的甲酸钠送入脱氢锅,加热熔融到 $380\sim400$ ℃脱氢。脱氢后的草酸钠配成悬浮液,搅拌下加入氢氧化钙,维持 pH=$3\sim4$。水洗除去可溶性杂质,再加入过量浓硫酸酸化得到草酸溶液。然后加入碳酸钡和质量分数为 1% 的聚丙烯酰胺凝聚和沉降,除杂。得到的溶液经冷却结晶,进入离心机分离,结晶物水洗后于振动流化床干燥机进行干燥,即得草酸成品。

黄磷尾气生产草酸工艺流程图如图 5-4 所示。

2. 黄磷尾气生产甲酸

将净化后的黄磷尾气与氢氧化钠溶液混合预热后加到合成塔中,在一定的温度和压

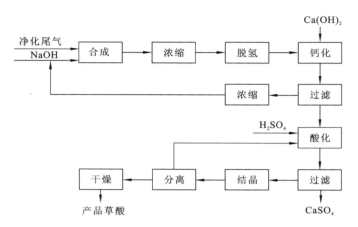

图 5-4 黄磷尾气生产草酸工艺流程图

力下,一氧化碳与氢氧化钠反应生产甲酸钠,用浓缩结晶分离法将其分离出来,再向甲酸钠中加硫酸酸化即可得到粗品甲酸,经过蒸馏、冷凝、分离精制后可得到甲酸成品。

黄磷尾气生产甲酸流程图如图 5-5 所示。

图 5-5 黄磷尾气生产甲酸工艺流程图

3. 黄磷尾气生产甲醇

甲醇的合成工艺是比较成熟的工艺技术,其工艺流程是:先将部分净化后的黄磷尾气经催化制备出氢气,当气体组成满足 $(n_{H_2} - n_{CO_2})/(n_{CO} - n_{CO_2}) = 2.15 \sim 2.25$ 时,就可作为合成甲醇的原料气。

黄磷尾气生产甲醇的成本低,适用于黄磷装置集中或生产规模大的工厂。目前我国大多数黄磷生产企业规模较小,利用此方法生产甲醇是不经济的。

二、黄磷废水处理

黄磷废水中氟化物含量在 $68 \sim 270$ mg/L 之间。废水经平流沉淀池沉淀,无阀滤池过滤和电解处理,氟含量为 $18 \sim 40$ mg/L,故必须对废水进行处理。含氟废水处理方法有混凝沉淀法和吸附法两种。

一些国家的黄磷工厂对黄磷污水的处理大多采用化学及生物氧化法,流程复杂费用较高。中国的多数工厂对污水进行循环利用,部分工厂在加强生产管理和技术管理的基础上实现了封闭循环无污水排放。废水进行全封闭循环时,可将喷淋塔内的污水经过封闭管道内的预沉槽,折流沉淀后进入变速升流膨胀式中和过滤塔,对含磷污水进行过滤,经过滤塔净化的水,进入冲渣池,用石灰乳调节 pH 后,一部分用作冲渣水,另一部分经隔栅除渣后用泵送至喷淋塔顶,用作喷淋用水,形成污水的封闭循环。

任务二 氟的回收和利用

[知识目标]

1. 掌握过磷酸钙生产中的含氟废气处理方法。
2. 了解磷酸浓缩过程中产生的含氟废气的处理方法。
3. 掌握磷酸浓缩过程中氟回收工艺特点。
4. 掌握萃取磷酸过程中的含氟废料及氟的处理方法。

[技能目标]

能够将含氟废气制成氟硅酸钠。

[预备知识]

磷化工行业产生的废弃物中的氟资源是非常宝贵的,现在自然界中能够作为氟资源的矿物仅限萤石、磷矿石和天然冰晶石,由于冰晶石的数量稀少,无开发利用价值。萤石含氟量高,是非常理想的氟资源,但是国内萤石资源特别是酸萤石资源已经面临枯竭,价格逐年上涨。磷矿石中含氟量大约为 3%,虽然含氟量远低于萤石,但是磷矿储量大,因此伴生的氟资源也很庞大。由于磷矿中可供利用的氟资源主要存在于磷肥生产、磷酸浓缩和萃取磷酸过程中,本节主要介绍磷肥生产、磷酸浓缩以及萃取磷酸产生的含氟废料中氟的回收工艺及现状。

一、过磷酸钙生产中的含氟废气的处理

过磷酸钙生产过程中产生的含氟废气通常是以水吸收,生产硅胶和氟硅酸,反应式如下

$$3SiF_4 + 3H_2O \xrightarrow{\quad\quad} 2H_2SiF_6 + H_2SiO_3$$

然后采用沉降分离除去部分硅胶后,氟硅酸和饱和氯化钠溶液反应,制成氟硅酸钠,反应式如下

$$H_2SiF_6 + 2NaCl \xrightarrow{\quad\quad} Na_2SiF_6 + 2HCl$$

每生产 1 t 氟硅酸钠就要排出 270.8 kg 硅酸、506.9 kg 盐酸、243.7 kg 氯化钠,还有悬浮和溶解的氟硅酸钠以及分离硅胶时夹带的氟硅酸等,它们存在于整个生产过程的母液、洗液以及滤液中,总量可达 15 t。用石灰处理,沉淀分离氟化钙后的处理液中依然含有大量的氯化钙、氯化钠,这些液体的排放会造成土壤盐碱化。

二、磷酸浓缩过程中产生的含氟废气的处理

对于磷酸盐和磷肥工业中含氟废气的处理方法有湿法和干法两种,目前基本上都是采用湿法处理。将浓缩萃取磷酸产生的氟化氢经水吸收生产氟硅酸,然后加工成氟硅酸钠。

根据磷酸一铵、磷酸二铵、重钙的生产工艺不同,氟的回收不同。当采用料浆浓缩喷

浆造粒时,磷酸经氨中和后浓缩时没有氟逸出;而采用预中和-氨化粒化流程时,通常磷酸浓缩到 $w(P_2O_5)$ 为 40% 即可,这是因为循环酸中含有较多的硅胶,而且氟的逸出率较低,氟的回收比较困难;若用管式反应器氨化粒化流程生产重钙时,磷酸需浓缩到 $w(P_2O_5)$ 为 50%,这时能回收磷酸中大约 60% 的氟。

回收工艺特点有:最常用水作吸收剂,吸收装置有喷淋塔、文丘里洗涤塔等。回收挥发性氟化物制得氟硅酸,然后将氟硅酸转化为一系列重要的氟化合物。

三、萃取磷酸过程中的含氟废料及氟的处理

用硫酸分解磷矿萃取磷酸时,常采用冷却或者真空冷却的方法移除多余的热量,此时萃取槽排出的氟占磷矿含氟量的 5%～17%,但是通常这部分氟处于没有回收的状态。

目前大多数萃取磷酸的生产都是采用二水物法,磷矿经硫酸分解后有 70% 的氟进入萃取磷酸中。而氟在磷酸中以氟硅酸形式存在,这部分氟一小部分在磷酸浓缩且浓缩到 P_2O_5 浓度较高时得到回收,其他很大部分进入肥料中。

萃取磷酸中的氟可以通过沉淀的方法让它从磷酸中以氟硅酸钠的形式分离出来,然后以氟硅酸钠作为起点制取多种氟化物。

任务三 磷石膏的综合利用

[知识目标]

1. 了解磷石膏在工业上的应用。
2. 掌握磷石膏相关应用方法。

[技能目标]

能够将磷石膏与其他材料混合制备工业产品。

我国是世界上第一大磷肥生产国,我国每年排放的磷石膏约 5 000 万 t,并且正以每年 15% 的速度增长。磷石膏的资源化利用是根治磷石膏污染的最佳出路。目前我国磷石膏的资源化利用主要是应用在水泥、建材、化工、农业以及充填矿坑、筑路等。

一、磷石膏在水泥行业的应用

利用磷石膏作为硫资源制备硫酸并联产水泥,是磷石膏综合利用最有效的途径之一。其主要是将磷石膏和焦炭、黏土等混合,在高温下分解生产二氧化硫和主要含氧化钙的物料,再将二氧化硫处理后制成硫酸,将含二氧化钙的物料煅烧之后生成水泥。

磷石膏还可以代替天然石膏作为水泥缓凝剂,但是需要经过处理后加入水泥熟料中。经过处理的磷石膏可以按水泥质量的 4%～6% 加入水泥中作为水泥缓凝剂,所生产的水泥强度甚至优于使用天然石膏的水泥,且生产的水泥产品能满足环保要求,降低水泥成本。

磷石膏也可作为水泥矿化剂,用来改善熟料的矿物组成。研究表明,在提高水泥熟料质量、降低熟料烧成温度方面,磷石膏略优于天然石膏,同时,磷石膏中的 P_2O_5 能适当促进水泥熟料中 C_3S 的形成。

二、磷石膏在建材行业的应用

目前利用磷石膏生产建筑石膏的技术已经成熟。以磷石膏为原料,已经成功研制出纤维石膏板、粉刷石膏、纸面石膏板、充填石膏等建材制品,并实现了工业化。

(1)磷石膏用来生产非煅烧墙体材料前景非常可观,将磷石膏适当掺入水泥和工业废渣等辅料,然后按照一定比例混合,加压成型,养护可得。

(2)利用磷石膏生产新型建筑材料具有质量轻、强度高、阻燃性好以及其他新功能的特性,还可以生产新型建筑材料,主要有石膏基导电材料、石膏基磁性材料及新型隔热材料等。

三、磷石膏在化工行业的应用

利用磷石膏生产硫酸铵用于肥料工业,磷石膏的主要成分是二水硫酸钙,能用来生产硫酸铵,反应式如下

$$CaSO_4 \cdot 2H_2O + 2NH_4HCO_3 \Longrightarrow (NH_4)_2SO_4 + CaCO_3 + CO_2 + 3H_2O$$

利用磷石膏生产硫酸钾,硫酸钾可以制备无氯钾肥。生产硫酸钾的方法很多,其中利用磷石膏生产硫酸钾不仅可以降低生产成本,并且采用两步法生产,工艺流程简单,效果也比较好。

利用磷石膏替代硫酸调控磷酸二铵(DAP)养分含量。在 DAP 生产中,当总养分过高时,常在原料磷酸中加入适量硫酸来降低磷含量,但是采用磷石膏代替硫酸调控 DAP 养分可以大大节约成本。

四、磷石膏在农业上的应用

(1)磷石膏中含有 S、P 等元素,可直接用于植物栽培中,为作物提供必需的养分,故可用于植物栽培。

(2)研究表明磷石膏可以作为矿物质添加剂添加到蛋鸡饲料中,为鸡蛋提供钙和硫等矿物质。

(3)堆肥中加入磷石膏可以降低氨的挥发,结果表明在堆肥中加入磷石膏可以降低肥料的 pH、电导率以及 CH_4 和 N_2O 的排放量。

(4)磷石膏可以用来改良土壤,修复酸性土壤、延缓土壤退化、降低土壤金属污染等。

五、磷石膏在充填矿坑、筑路方面的应用

利用粗、细粉煤灰及适量的活化剂对磷石膏进行改性后可以作为充填矿坑的骨料。

以磷石膏为主料,适量加入水泥、石灰、粉煤灰拌和后用于加固软土地基,增强效果好,抗裂性好,可以节省水泥用量,降低工程造价,故可以用于公路路基。

[复习与思考]

1. 处理黄磷尾气的方法有哪些,请给出相关化学反应方程式以及工艺流程?

2. 阐述黄磷废水的处理过程。

3. 阐述氟回收的目的及意义。

4. 介绍磷石膏在工业上的应用,并说明。

单元六 纯碱与烧碱的生产

教学目标

1. 掌握氨碱法制纯碱生产的原理、工艺条件和流程。
2. 掌握联合制碱法制纯碱生产的原理、工艺条件和流程。
3. 掌握电解法制烧碱的原理、电解槽的结构、工艺流程。

重点难点

1. 氨碱法制纯碱生产的工艺条件和流程。
2. 联合制碱法制纯碱生产的工艺条件和流程。

项目一 氨碱法制纯碱

氨碱法是以食盐和石灰石为主要原料，以氨为媒介来制造纯碱的，是比利时人索尔维在 19 世纪 60 年代提出来的。氨碱法使生产实现了连续性生产，食盐的利用率得到提高，产品质量纯净，因而被称为纯碱，但其最大的优点还在于成本低廉。

氨碱法生产纯碱过程主要分以下几个工序，工艺流程示意如图 6-1 所示。

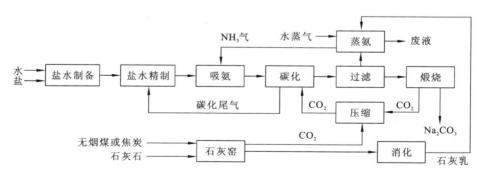

图 6-1 氨碱法工艺流程图

（1）二氧化碳和石灰乳的制备。将石灰石于 940～1 200 ℃在煅烧窑内分解得到生石灰 CaO 和 CO_2 气体，氧化钙加水制成氢氧化钙乳液。相应化学反应方程式为

$$CaCO_3 \xrightarrow{940\sim1\,200\,℃} CaO + CO_2$$

$$CaO + H_2O = Ca(OH)_2$$

（2）盐水的制备和精制。将原盐溶于水制得饱和食盐水溶液。由于盐水中含有 Ca^{2+}、Mg^{2+} 等离子，它们影响后续工序的正常进行，所以盐水溶液必须精制。

（3）氨盐水的制备。精制后的盐水吸氨制备含氨的盐水溶液。

（4）氨盐水的碳酸化。氨盐水的碳酸化是氨碱法的一个最重要工序。将氨盐水与 CO_2 作用，生成碳酸氢钠（重碱）和氯化铵，碳酸氢钠浓度过饱和后结晶析出，从而与溶液分离。这一过程包括吸收、气液相反应、结晶和传热等，其总反应可表示为

$$NaCl + NH_3 + CO_2 + H_2O = NaHCO_3 \downarrow + NH_4Cl$$

（5）碳酸氢钠的煅烧。煅烧的目的是分解碳酸氢钠，以获得纯碱 Na_2CO_3，同时回收近一半的 CO_2 气体（其含量约为 90%），供碳酸化使用。其反应式为

$$2NaHCO_3 \xrightarrow{煅烧} Na_2CO_3 + H_2O + CO_2$$

（6）氨的回收。碳酸化后分离出来的母液中含有 NH_4Cl、NH_4OH、$(NH_4)_2CO_3$ 和 NH_4HCO_3 等，需要将氨回收循环使用。

氨碱法生产纯碱的技术成熟，设备基本定型，原料易得，价格低廉，过程中的 NH_3 循环使用，损失较少。能规模连续化生产，机械化自动化程度高，产品的质量好，纯度高。

氨碱法生产纯碱的突出缺点是：原料利用率低，主要是指 $NaCl$ 的利用率低，废渣排放量大，严重污染环境，厂址选择有很大的局限性，石灰制备和氨回收系统设备庞大，能耗较高，流程较长。

碳酸钙是石灰石的主要组成部分，石灰石是生产玻璃的主要原料。石灰和石灰石大量用作建筑材料，也是许多工业的重要原料。碳酸钙可直接加工成石料和烧制成生石灰。石灰有生石灰和熟石灰。生石灰的主要成分是 CaO，一般呈块状，纯的为白色，含有杂质时为淡灰色或淡黄色。生石灰吸潮或加水就成为消石灰，消石灰也称熟石灰，它的主要成分是 $Ca(OH)_2$。熟石灰经调配成石灰浆、石灰膏、石灰砂浆等，用作涂装材料和砖瓦黏合剂。纯碱是用石灰石、食盐、氨等原料经过多步反应制得（索尔维法）。利用消石灰和纯碱反应制成烧碱（苛化法）。利用纯净的消石灰和氯气反应制得漂白剂。利用石灰石的化学加工制成氯化钙、硝酸钙、亚硫酸钙等重要钙盐。消石灰能除去水的暂时硬性，用作硬水软化剂。石灰石经加工制成较纯的粉状碳酸钙，用作橡胶、塑料、纸张、牙膏、化妆品等的填充料。石灰与烧碱制成的碱石灰，用作二氧化碳的吸收剂。生石灰用作干燥剂和消毒剂。农业上，用生石灰配制石灰硫磺合剂、波尔多液等农药。土壤中施用熟石灰可中和土壤的酸性，改善土壤的结构，供给植物所需的钙素。用石灰浆刷树干，可保护树木。

氯化钠（$NaCl$）是一种白色晶体状，其来源主要是在海水中，是食盐的主要成分。易溶于水、甘油，微溶于乙醇、液氨；不溶于浓盐酸。在空气中有潮解性。稳定性比较好，其水溶液显中性，工业上用于制造氯气、氢气和烧碱及其他化工产品，矿石冶炼；医疗上用来配制生理盐水；生活上可用于调味品。氯化钠是人所不可缺少的。成人体内所含钠离子的总量约为 $60\,g$，其中 80% 存在于细胞外液，即在血浆和细胞间液中。氯离子也主要存在于细胞外液。钠离子和氯离子的生理功能主要有：①维持细胞外液的渗透压；②参与体

内酸碱平衡的调节;③氯离子在体内参与胃酸的生成,此外,氯化钠在维持神经和肌肉的正常兴奋性上也有作用。

氨(ammonia)或称氨气,是氮和氢的化合物,分子式为 NH_3,是一种无色气体,有强烈的刺激气味。极易溶于水,常温常压下 1 体积水可溶解 700 体积氨,水溶液又称氨水。降温加压可变成液体,液氨是一种制冷剂。氨也是制造硝酸、化肥、炸药的重要原料。氨对地球上的生物相当重要,它是许多食物和肥料的重要成分。氨也是所有药物直接或间接的组成。氨用途广泛,同时它还具有腐蚀性等危险性质。

任务一 石灰石煅烧与石灰乳制备

[知识目标]

1. 了解石灰石煅烧的原理。

2. 掌握石灰石煅烧的条件。

[技能目标]

1. 能控制石灰石煅烧的条件。

2. 能制备石灰乳。

[知识点]

石灰石煅烧条件,窑气处理,石灰乳制备。

[技能点]

碳酸钙的分解,制备石灰乳。

在氨碱法制碱过程中氨盐水碳化需要大量的 CO_2,氨盐水精制和氨回收又需要大量的石灰乳。要获得石灰乳,需要通过煅烧石灰石制取 CO_2 和 CaO,再将生石灰消化制成石灰乳,这是氨碱法制碱中必不可少的工序。

一、石灰石的煅烧

1. 煅烧温度的控制

石灰石的来源丰富,主要成分是 $CaCO_3$,优质石灰石的 $CaCO_3$ 含量在 95% 左右,此外尚有 2%~4% 的 $MgCO_3$,少量 SiO_2、Fe_2O_3 及 Al_2O_3。

石灰石经煤煅烧受热分解的主要反应为

$$CaCO_3 === CaO + CO_2 \uparrow \qquad \Delta H = 179 \text{ kJ/mol}$$

这是一可逆吸热反应,当温度一定时,CO_2 的平衡分压为定值。此值即为石灰石在该温度下的分解压力。

$CaCO_3$ 分解的必要条件是升高温度,以提高 CO_2 的平衡分压;或者将已产生的 CO_2 排出,使气体中的 CO_2 的分压小于该温度下的分解压力,$CaCO_3$ 即可连续分解,直至分解完全为止。

石灰石的分解速度从理论上讲与其块状大小无关,只随温度的升高而增加。当温度高于 900 ℃时,分解速度急剧上升,有利于 $CaCO_3$ 迅速分解并分解完全。这是因为升高温度不仅加快了反应本身,而且能使热量迅速传入石灰石内部并使其温度超过分解温度,达到加速分解的目的。但升高温度也受一系列因素的限制,温度过高可能出现熔融或半熔融状态,发生挂壁或结瘤,还会使石灰变成坚实不易消化的"过烧石灰"。生产中一般控制石灰石温度在 950～1 200 ℃。

2. 窑气中 CO_2 浓度的控制

石灰石煅烧后,产生的气体称为窑气。$CaCO_3$ 煅烧分解所需热量由燃料煤(也可用燃气或油)提供。首先是由煤与空气中的氧反应生成 CO_2 和 N_2 的混合气,并放出大量的热量。燃烧所放出的热被 $CaCO_3$ 吸收并使之分解,同时产生大量的 CO_2。燃料燃烧和 $CaCO_3$ 的分解是窑气中 CO_2 的来源。两反应所产生的 CO_2 之和理论上可达 44.2%,但实际生产过程中,空气中氧不能完全利用,即不可避免有部分残氧(一般约为 0.3%),煤的不完全燃烧产生部分 CO(约 0.6%)和配焦率(煤中的 C 与矿石中 $CaCO_3$ 的配比)等原因,使窑气中的 CO_2 浓度一般只能达 40% 左右。

产生的窑气必须及时导出,否则将影响反应的进行。在生产中,窑气经净化、冷却后被压缩机不断抽出,以实现石灰石的持续分解。

二、煅烧设备——石灰窑

$CaCO_3$ 和煤通入空气制生石灰的反应过程是在石灰窑中进行的。石灰窑的形式很多,目前采用最多的是连续操作的竖窑。窑身用普通砖砌或钢板卷焊而制成,内衬耐火砖,两层之间填装绝热材料,以减少热量损失。空气由鼓风机从窑下部送入窑内,石灰石和固体燃料由窑顶装入,在窑内自上而下运动,反应自下而上进行,窑底可连续产出生石灰。

此类立窑称为混料立窑。该窑具有生产能力大,上料、下灰完全机械化,窑气中 CO_2 浓度高,热利用率高,石灰产品质量好等优点,因而被广泛采用。

三、石灰乳制备

把石灰窑排出的成品生石灰加水进行消化,即可制成后续工序(盐水精制和蒸氨过程)所需的氢氧化钙,其化学反应为

$$CaO + H_2O \Longrightarrow Ca(OH)_2 \uparrow \qquad \Delta H = -15.5 \ kJ/mol$$

消化时因加水量不同即可得到消石灰(细粉末)、石灰膏(稠厚而不流动的膏)、石灰乳(消石灰在水中的悬浮液)和石灰水[$Ca(OH)_2$ 水溶液]。$Ca(OH)_2$ 溶解度很低,且随温度的升高而降低。粉末消石灰等使用很不方便,因此,工业上采用石灰乳,石灰乳存在下列平衡

$$Ca(OH)_2(s) \Longrightarrow Ca(OH)_2(l) = Ca^{2+} + 2OH^-$$

石灰乳较稠,对生产有利,但其黏度随稠厚程度增加而升高,太稠则沉降和阻塞管道及设备,一般工业上制取和使用的石灰乳比重约为 1.27。

近年来,石灰乳的制备工艺也有了新的一些改进,有的企业利用氯碱工业的副产物电

石泥,回收其中的活性钙,取得了良好的经济效益。

任务二　盐水精制与吸氨

[知识目标]

1. 了解盐水吸氨的原理、工艺流程和主要设备。

2. 掌握饱和盐水的制备和精制方法。

[技能目标]

1. 能操作盐水吸氨。

2. 能精制盐水。

[知识点]

盐水精制,石灰-碳酸铵法,石灰-纯碱法,盐水吸氨。

[技能点]

盐水的精制,盐水吸氨。

一、饱和盐水的制备与精制

氨碱法生产的主要原料之一是食盐水溶液。用盐作制碱原料,首先是除去盐中有害和无用杂质,再制成饱和溶液进入制碱系统。无论是海盐、岩盐、井盐和湖盐,均须进行精制,精制的主要任务是除去盐中的钙、镁元素。虽然这两种杂质在原料中的含量并不大,但在制碱的生产过程中会与 NH_3 和 CO_2 生成盐或复盐的结晶沉淀,不仅消耗了原料 NH_3 和 CO_2,沉淀物还会堵塞设备和管道。同时这些杂质混杂在纯碱成品中,致使产品纯度降低。因此,生产中须进行盐水精制。

精制盐水的方法目前有两种,石灰-碳酸铵法和石灰-纯碱法。

1. 石灰-碳酸铵法

第一步是用消石灰除去盐中的镁 Mg^{2+},化学反应式为

$$Mg^{2+} + Ca(OH)_2 == Mg(OH)_2 \downarrow + Ca^{2+}$$

这一过程中溶液的 pH 一般控制在 $10\sim11$,若需加速沉淀出 $Mg(OH)_2$(一次泥)时,也可适当加入絮凝剂。

第二步是将分离出沉淀后的溶液送入除钙塔中,用碳化塔顶部尾气中的 NH_3 和 CO_2 再除去 Ca^{2+},其化学反应为

$$Ca^{2+} + CO_2 + 2NH_3 + H_2O == CaCO_3 \downarrow + 2NH_4^+$$

此法适合于含镁较高的海盐。由于利用了碳化尾气,成本降低。但此法具有溶液中氯化铵含量较高,氨耗增大,氯化钠的利用率下降,工艺流程复杂的缺点。我国氨碱技术路线多数采用此法。

2. 石灰-纯碱法

石灰-纯碱法除镁的方法与石灰-碳酸铵法相同,即第一步过程是相同的,而第二步在

除钙时则采用纯碱,化学反应式为

$$Ca^{2+} + Na_2CO_3 = CaCO_3 \downarrow + 2Na^+$$

这种方法除钙时不生成铵盐而生成钠盐,因此不存在降低 NaCl 利用率的问题。

采用这一方法时,除钙、镁的沉淀过程是一次进行的。其消石灰的用量与镁的含量相等,而纯碱的用量为钙镁之和。由于 $CaCO_3$ 在饱和盐水中的溶解度比在纯水中大,因此纯碱用量应大于理论用量,一般控制纯碱过量 0.8 g/L,石灰过量 0.5 g/L,pH 为 9 左右。

石灰-纯碱法须消耗最终产品纯碱,但精制盐水中不出现结合氨(即 NH_4Cl),而石灰-碳酸铵法虽利用了碳化尾气,但精制盐水中出现结合氨,对碳化略微不利。

二、盐水吸氨

盐水精制完成后即进行吸氨。吸氨操作也称氨化,目的是制备符合碳酸化过程所需浓度的氨盐水,同时起到最后除去盐水中钙镁等杂质的作用。所吸收的氨主要来自蒸氨塔,其次还有真空抽滤气和碳化塔尾气,这些气体中含有少量的 CO_2 和水蒸气。

1. 吸氨设备

精盐水吸氨的工艺流程如图 6-2 所示。精制以后的二次饱和盐水经冷却后进入吸氨塔,盐水由塔上部淋下,与塔底上升的氨气逆流接触,以完成盐水吸氨过程。此时放出大量热,会使盐水温度升高,因此需将盐水从塔中抽出,送入冷却排管进行冷却后再返回中段吸收塔下段出来的氨盐水经循环段储桶、循环泵、冷却排管进行循环冷却,以提高吸收率。

精制后的盐水虽已除去 99% 以上的钙、镁,但难免仍有少量残余杂质进入吸氨塔,形成碳酸盐和复盐沉淀。为保证氨盐水的质量,成品氨盐水经澄清桶沉淀,再经冷却排管后进入氨盐水储槽,最后经氨盐水泵送往碳酸化系统。

用于精盐水吸氨的含氨气体,导入吸氨塔下部和中部,与盐水逆流接触吸收后,尾气由塔顶放出,经真空泵,送往二氧化碳压缩机入口。

2. 盐水吸氨工艺条件控制

(1) 氨盐水 $NH_3/NaCl$ 比值的选择。为获得较高浓度的氨盐水,使设备利用和吸收效果好,原料利用率高,必须选择适当的 $NH_3/NaCl$ 比值。

理论计算中,氨盐水碳酸化是 $NH_3/NaCl$ 之比应为 1∶1(物质的量比),而生产实践中的比值为 1.08~1.12,即氨稍微过量,以补偿在碳酸化过程中的氨损失。若此比值过高,会有 NH_4HCO_3 和 $NaHCO_3$ 共同析出,降低氨的利用率;若比值过低,又会降低钠的利用率。

(2) 盐水吸氨温度的选择。盐水进吸氨塔之前用冷却水冷却至 25~30 ℃,自蒸氨塔来的氨气也先经冷却至 50 ℃后再进吸氨塔。低温有利于盐水吸收 NH_3,也有利于降低氨气夹带的水蒸气含量,继而降低盐水的稀释程度,但温度不宜太低,否则会产生 $(NH_4)_2CO_3 \cdot H_2O$、NH_4HCO_3 等结晶堵塞管道和设备。实际生产中进入吸氨塔的温度一般控制在 55~60 ℃。

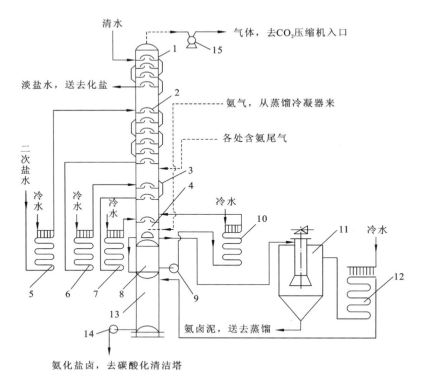

1—净氨塔;2—洗氨塔;3—中段吸氨塔;5、6、7、10、12—冷却排管;8—循环段储桶;
9—循环泵;11—澄清桶;13—氨盐水储槽;14—氨盐水泵;15—真空泵

图 6-2 吸氨工艺流程图

（3）吸收塔内的压力。为防止和减少吸氨系统的泄漏,加速蒸氨塔中的 CO_2 和 NH_3 的蒸出,提高蒸氨效率和塔的生产能力,减少蒸汽用量,吸氨操作是在微负压条件下进行的。其压力大小以不妨碍盐水下流为限。

[背景知识]

精制盐水吸氨过程中涉及的主要化学反应关系如下。

精制盐水与氨发生下列反应:

$$NH_3(g) + H_2O(l) = NH_4OH(l)$$

有 CO_2 存在时则发生下列反应:

$$2NH_3(g) + CO_2(g) + H_2O(l) = (NH_4)_2CO_3(l)$$

$$NH_3(g) + CO_2(g) + H_2O(l) = NH_4HCO_3$$

当有残余 Mg^{2+}、Ca^{2+} 存在时发生下列反应:

$$Ca^{2+} + (NH_4)_2CO_3 = CaCO_3 \downarrow + 2NH_4^+$$

$$Mg^{2+} + (NH_4)_2CO_3 = MgCO_3 \downarrow + 2NH_4^+$$

$$Mg^{2+} + 2NH_4OH = Mg(OH)_2 \downarrow + 2NH_4^+$$

任务三　氨盐水碳酸化

[知识目标]

1. 了解氨盐水碳化的原理、工艺流程和主要设备。
2. 了解铵盐水碳化的工艺条件。
3. 掌握影响 $NaHCO_3$ 结晶因素。

[技能目标]

1. 能控制氨盐水碳化的工艺条件。
2. 能对 $NaHCO_3$ 进行结晶。

[知识点]

氨盐水的碳化，碳化塔，碳化工艺条件，碳酸氢钠结晶。

[技能点]

氨盐水的碳化，碳酸氢钠的结晶。

氨盐水吸收 CO_2 的过程称为碳酸化，又称碳化，是纯碱生产过程中一个重要的工序，它集吸收、结晶和传热等化工单元操作过程于一体。碳酸化的目的和要求在于获得产率高、质量好的碳酸氢钠结晶。要求结晶颗粒大而均匀，便于分离，以减少洗涤用水量，从而降低蒸氨负荷和生产成本；同时降低碳酸氢钠粗产品的含水量，有利于重碱的煅烧。

一、氨盐水的碳化

1. 碳化步骤

氨盐水碳酸化过程是在碳化塔中进行的。如以氨盐水的流向区分，碳化塔分为清洗塔和制碱塔，清洗塔也称中和塔或预碳酸化塔。

氨盐水先经清洗塔进行预碳酸化，清洗附着在塔体及冷却壁管上的疤垢，然后进入制碱塔进一步吸收 CO_2，生成碳酸氢钠的晶体。制碱塔和清洗塔周期性交替轮流作业，氨盐水碳酸化的工艺流程如图 6-3 所示。

第一步：精制合格的氨盐水经泵送往清洗塔的上部。

第二步：窑气经清洗气压缩机及分离器送入清洗塔的底部，以溶解塔中的疤垢并初步对氨盐水进行碳化，而后经气升输卤器送入制碱塔的上部。另一部分窑气经中段气压缩机及中段气冷却塔送入制碱塔中部。

第三步：煅烧重碱所得的炉气(又称锅气)经下段气压缩机及下段气冷却塔送入制碱塔下部。

第四步：碳酸化以后的晶浆，由碳化塔下部靠塔内压力和液位自流入过滤工序悬浮液碱槽中，然后分离过滤出重碱。

2. 碳化设备——碳化塔

碳化塔是氨碱法制碱的主要设备之一，它由许多铸铁塔圈组装而成，分为上、下两部

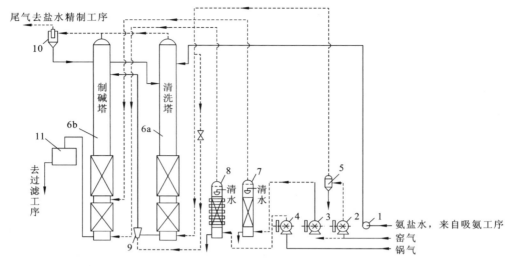

1—氨盐水泵;2—清洗气压缩机;3—中段气压缩机;4—下段气压缩机;5—分离器;
6a—碳酸化清洗塔;6b—碳酸化制碱塔;7—中段气冷却塔;8—下段气冷却塔;
9—气升输卤器;10—尾气分离器;11—碱液槽
图 6-3　碳酸化工艺流程

分,一般塔高为 24～25 m,塔径为 2～3 m,塔上部是二氧化碳的吸收段,每圈之间装有笠形泡帽以及略向下倾斜的中央开孔的漏液板、孔板和签帽。边缘有分散气体的齿缝以增加气液接触面积,促进吸收。塔的下部是冷却段。区间内除了有签帽和塔板外,还设有列管式冷却箱,用来冷却碳化液以析出碳酸氢钠结晶。冷却水在水箱管中的流向可根据水箱管板的排列方式分为"田字形"或"弓字形"。

二、氨盐水碳化的工艺条件控制

1. 碳化度

碳化度是指铵盐水溶液吸收 CO_2 程度量,一般以 R 表示,定义为碳化液体系中全部 CO_2 物质的量与总 NH_3 物质的量之比。

在适当的氨盐水组成条件下,R 值越大,氨转化成 NH_4HCO_3 越完全,$NaCl$ 的利用率 U_{Na} 越高,生产上尽量提高 R 值以达到提高 U_{Na} 的目的,但受多种因素和条件的限制,实际生产中的碳化度一般只能达到 180%～190%。

2. 原始氨盐水溶液的理论适宜组成

理论适宜组成是指一定温度和压力条件下,塔内达到液固平衡时液相的组成是 U_{Na} 达到最高时原始溶液组成,在实际生产中,原始氨盐水的组成不可能达到最适宜的浓度,其原因是饱和盐水被吸氨过程中氨夹带的水稀释,相对使 $NH_3/NaCl$ 的物质的量比提高;另外生产中为防止碳化塔尾气带氨损失,需控制 $NH_3/NaCl$ 物质的量比在 1.08～1.12。因此,最终液相组成点不可能落在 U_{Na} 最高的位置,而只能在靠近 U_{Na} 最高处附近区域。

三、NaHCO₃ 结晶条件控制

NaHCO₃ 在碳化塔中生产成重碱结晶，结晶颗粒越大，越有利于过滤、洗涤，所得到的产品含水量低，收率高，煅烧成品纯碱的质量高，因此，碳酸氢钠结晶在纯碱生产过程中对产品的质量有决定性的意义。NaHCO₃ 的结晶大小、快慢与溶液的过饱和度有关。过饱和度又与温度有关，因此，温度和过饱和度成为 NaHCO₃ 结晶的重要因素。

1. 温度

NaHCO₃ 在水中的溶解度随着温度降低而减少，所以低温对生成较多的 NaHCO₃ 结晶有利。

在塔内进行碳化反应是放热反应，使进塔溶液沿塔下降过程中温度由 30 ℃ 逐步升高到 60～65 ℃，温度高，NaHCO₃ 的溶解度大，形成晶核少，但晶粒颗粒大，当结晶析出后逐渐降温，有利于 CO₂ 的吸收和提高放热反应的平衡转化率，提高产率和钠的利用率；更重要的是可使晶体长大，产品质量得以保证。

降温过程因特别注意降温速率，在较高温度的条件下，应适当维持一段时间，以保证足够的晶核生成，时间太短则颗粒尚未生成或生成太少，会导致过饱和度增大，出现细小晶粒，甚至在取出时不能长大，时间太长则导致后来降温速率太快，使过饱加快，易于生成细晶，一般液体在塔内停留时间为 1.5～2 h，出塔温度为 20～28 ℃。

2. 添加晶种

碳化过程中溶液达到过饱和度甚至稍过饱和时，并无晶体析出，此时若加入少量的固体杂质，就可以使溶质以固体杂质为核心，长大而析出晶体，在 NaHCO₃ 生产中，就是采用向过饱和溶液中加入晶种并使之长大的办法来提高产量和质量。

应用此方法时应注意两点：①加晶种的部位和时间，晶种应加在过饱和时或过饱和溶液中，如果加入过早，晶种会被溶解；加入过迟则溶液自身已发生结晶，再加晶种失去了作用。②加入晶种的量要适量，如果加入晶种过多，则晶体中心过多，使晶体长大效果不明显，设备的生产能力反而下降；如果加入的晶种量过少，则又不能起到晶种的作用，仍需溶液自身析出晶体作为结晶中心，因此质量难以提高。

另外，也有少数企业采用加入少量表面活性剂的方法使晶粒长大，效果也较好。

[背景知识]

氨盐水吸收 CO₂ 的过程称为碳酸化，又称碳化，其反应式为

$$NaCl+NH_4HCO_3 =\!\!=\!\!= NH_4Cl+NaHCO_3 \downarrow$$

氨盐水碳化的基本化学过程与碳酸氢铵的生产过程极为相似，其不同之处在于该溶液中含有 NaCl 而已，因而 NH₄HCO₃ 将进一步与 NaCl 反应。其化学反应式为

$$NH_3+CO_2+H_2O =\!\!=\!\!= NH_4HCO_3$$
$$NH_4HCO_3+NaCl =\!\!=\!\!= NH_4Cl+NaHCO_3 \downarrow$$

吸收 CO₂ 并使之饱和的氨盐溶液及其形成 NaHCO₃ 沉淀的过程所组成的系统是一个复杂的多相变化系统，可把 NaCl 和 NH₄HCO₃ 看做原料来计算系统的原料利用率，在实际生产和计算时，用钠和铵的利用率分别表示氯化钠和碳酸氢铵的利用率。

任务四　重碱过滤与煅烧

[知识目标]

1. 了解真空过滤机的构造和工作原理。
2. 掌握重碱煅烧的化学原理。

[技能目标]

1. 能控制重碱煅烧的条件。
2. 能操作重碱的过滤。

[知识点]

重碱过滤，离心过滤，真空过滤，重碱煅烧。

[技能点]

重碱的过滤，重碱的煅烧。

从碳化塔取出的晶浆含悬浮固体 $NaHCO_3$ 45%～50%（体积分数），生产中采用过滤的方法使其部分分离。分离并洗涤后的固体 $NaHCO_3$ 去煅烧，母液送氨回收系统，煅烧过程要求保证产品纯碱含量较少，分解出来的 CO_2 气体纯度较高，损失少，生产过程中能耗低。

一、过滤设备的选用

过滤分离方法在制碱工业中经常采用的有两类：真空分离和离心分离，相应的设备分别为离心过滤机和真空过滤机。

离心过滤是利用离心力原理使液体和固体分离，这种设备流程简单，动力消耗低，滤出的固体重碱含水量少（可小于 10%），但它对重碱的力度要求高，生产能力低，氨耗高，国内大厂较少使用。这里重点介绍真空过滤设备。

真空过滤机的原理是利用真空泵将过滤机滤鼓内抽成负压，使滤布（即过滤介质层）两边产生压差，随着过滤设备的运转，碳化悬浮液中的母液被抽入鼓内导出。重碱固体附着在鼓面滤布上被吸干，在经洗涤挤压后由刮刀从滤布上刮下送煅烧工艺。

真空过滤机主要由滤鼓、错气盘、碱液槽、压辊、刮刀、洗水槽及传动装置组成，其中滤鼓的工作原理如图 6-4 所示。滤鼓内有许多格子连载错气盘上，鼓外面有多快鼻子板，板上多用毛毡作滤布，鼓的两端装有空心轴，轴上有齿轮和传动装置相连；滤鼓下部约 2/5 浸在槽内，旋转时全部滤面轮流与碱液槽相接处，滤液因减压而被吸入滤鼓内。重碱结晶则附着于滤布上，在鼓滤机旋转过程中，滤布上重碱内的母液被逐渐吸干，转至一定角度时用洗水洗涤重碱内残留的母液，然后经真空吸干，同时用压辊挤压，使重碱内的水分减少到最低程度，最后滤鼓上的重碱被刮刀刮下，落在带动运输机上送至煅烧工序。滤液及空气经空心轴抽到气液分离，为了不使重碱在槽液底部沉降，真空过滤机上附有搅拌机在半圆槽内往复摆动，使重碱均匀地附在滤布上。

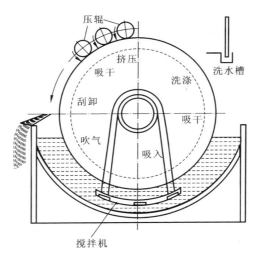

图 6-4　滤鼓旋转一周的工作原理图

该方法的优点是能连续操作,生产能力大,适合于连续大规模自动化生产,其缺点是滤除的重碱含水量较高,一般含水量在 15% 左右,有时高达 20%。

二、过滤的操作过程

转鼓过滤的工艺流程如图 6-5 所示。操作步骤如下:

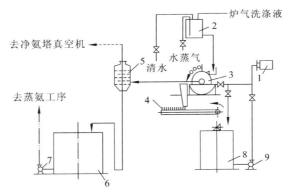

1—除碱槽;2—洗水槽;3—过滤机;4—皮带输送机;5—分离器;
6—储存槽;7—泵;8—碱液槽;9—碱液泵
图 6-5　真空转鼓过滤的工艺流程简图

第一步:碳化塔底部流出的晶浆碱液经出碱槽流入过滤机的碱槽内,在真空系统作用下,母液通过滤布的毛细孔被抽入转鼓,而重碱结晶则被截在滤布上。

第二步:转鼓内滤液与同时被吸入的空气一起进入分离器,滤液由分离器底部流出,进入滤液储存槽,经泵送至氨回收工序。

第三步:气体由分离器上部出来,进入过滤净氨塔下部,被逆流加入的清水洗涤并回

收 NH_3。

第四步:洗水从塔底流出并收集,供煅烧尾气洗涤时用,气体由塔顶出来后排空。

第五步:滤布上的重碱经吸干、洗涤、挤干、刮下后送煅烧工序。

三、重碱煅烧条件控制

重碱是一种不稳定的化合物,在常温常压下即能自行分解,随着温度的升高而分解速度加快。表 6-1 列出了不同温度下的分解压力。

表 6-1 某些温度下重碱的分解压力

温度/℃	30	50	70	90	100	110	120
分解压力/Pa	826.6	3 999.6	16 051.7	55 234.5	97 470.3	166 996.6	263 440.3

由表可见,分解压力随温度升高而急剧上升,并且当温度在 100～101 ℃时,分解压力已达到 97.470 kPa,即可使 $NaHCO_3$ 完全分解,但此时的分解速度仍较慢。生产实践中为了提高分解速度,一般采用升高温度的办法来实现。当温度达到 190 ℃时,煅烧炉内的 $NaHCO_3$ 在 0.5 h 内即可分解完全,因此生产中一般控制煅烧温度为 160～190 ℃。

四、重碱煅烧设备选用

目前工业一般采用内热式蒸汽煅烧炉,其工艺流程和设备如图 6-6 所示。具体步骤和流程如下:

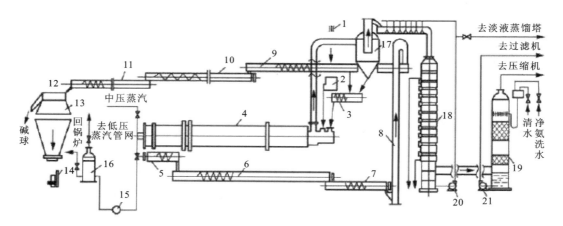

1—重碱带运输机;2—圆盘加料器;3—返碱螺旋输送机;4—蒸汽煅烧炉;5—出碱螺旋输送机;6—地下螺旋输送机;
7—喂碱螺旋输送机;8—斗式提升机;9—分配螺旋输送机;10—成品螺旋输送机;11—筛上螺旋输送机;
12—回转圆筒筛;13—碱仓;14—磅秤;15—疏水器;16—扩容器;17—炉气分离器;
18—炉气冷凝塔;19—炉气洗涤塔;20—冷凝泵;21—洗水泵

图 6-6 重碱煅烧工艺流程

重碱由重碱带输送机运来,经重碱溜口进入圆盘加料器控制加碱量,再返碱螺旋输送机与返碱混合,并与炉气分离器来的粉尘混合后进蒸汽煅烧炉,经中压水蒸气间接加热分解约 20 min,即由出碱螺旋输运机自炉内卸出,经地下螺旋输送机、喂碱螺旋输送机、斗式提升机、分配螺旋输送机后,一部分作返碱送至入口,一部分作为成品经成品螺旋输送机、筛上螺旋输送机后送回转圆筒筛筛分入仓。

炉气经炉气分离器将煅烧炉分解出的 CO_2、H_2O 和少量的 NH_3,一并从炉尾排出。炉气经炉气分离器将其中大部分碱尘回收返回炉内,少量碱尘随炉气进入总管,以循环冷凝液喷淋,洗涤后的循环冷凝液与炉气一起进入炉气冷凝塔塔顶,炉气在塔内被由上而下的冷却水间接错流冷却。经除尘冷却洗涤,CO_2 浓度可达 90% 以上的炉气由压缩机送碳化塔使用。

炉气中的水蒸气大部分冷凝成水。这部分冷凝水自塔底用泵抽出,一部分用泵送往炉气总管喷淋洗涤炉气,另一部分送往淡液蒸馏塔,冷却后的炉气由冷凝塔下部引出,进入洗涤塔的下部,与塔上喷淋的清水及自过滤净氨塔工序来的净氨洗水逆流接触,洗涤炉气中残余的碱尘和氨,并进一步降低炉气温度。洗涤后的炉气自炉气洗涤塔顶部引出送入二氧化碳压缩机,经压缩后供碳化使用后洗涤液用洗水泵送到过滤机作为洗水。

[背景知识]

重碱是一种不稳定的化合物,在常温常压下即能自行分解,随着温度的升高而分解速度加快。化学反应式为

$$2NaHCO_3 \xrightarrow{\triangle} Na_2CO_3 + CO_2\uparrow + H_2O\uparrow$$

其平衡常数为

$$K_p = p(CO_2)p(H_2O)$$

式中,$p(CO_2)$、$p(H_2O)$ 分别为 CO_2 和水蒸气的平衡分压,二者之和为分解压力。纯净的 $NaHCO_3$ 煅烧分解时,$p(CO_2)$ 和 $p(H_2O)$ 相等。

煅烧过程除了上述主反应外,部分杂质也会发生如下反应:

$$(NH_4)_2CO_3 \xrightarrow{\triangle} 2NH_3\uparrow + CO_2\uparrow + H_2O\uparrow$$

$$NH_4HCO_3 \xrightarrow{\triangle} NH_3\uparrow + CO_2\uparrow + H_2O\uparrow$$

重碱中如果夹带有 NH_4Cl 时,会发生复分解反应:

$$NH_4Cl(aq) + NaHCO_3(s) = NaCl(s) + NH_3\uparrow + CO_2\uparrow + H_2O\uparrow$$

因此,在煅烧炉炉气中除了有 CO_2 和水蒸气外,也有少量的 NH_3。

以上各种副反应不仅消耗了热能,而且使系统氨循环量增大,氨耗增加,同时在纯碱中夹带氯化钠而影响产品质量。因此重碱的碳化、结晶、过滤、洗涤是保证最终产品质量首先应把握的源头和环节。重碱经煅烧以后所得的纯碱质量与原重碱质量的比值称为烧成率,这是衡量重碱煅烧成为纯碱效率的数据。实际生产中,重碱的烧成率为 50%～60%。

任务五　氨　回　收

[知识目标]

1. 了解氨回收的目的、方法和基本化学原理。

2. 掌握蒸氨塔的工艺条件。

[技能目标]

1. 能用蒸氨塔回收氨。

2. 能控制蒸氨塔的操作条件。

[知识点]

氨回收,加热蒸馏,氢氧化钙吸收,母液,淡液,蒸氨塔,工艺条件。

[技能点]

氨的回收,蒸氨塔的操作。

氨碱法生产纯碱的过程中,氨是循环使用的。每生产 1 t 纯碱约需循环 0.4～0.5 t 氨,但由于逸散、滴漏等原因,还需向系统中补充 1.5～3.0 kg 的氨,且氨的价格较纯碱高几倍。因此,在纯碱生产和氨回收循环使用过程中,如何减少氨的逸散、滴漏和其他机械损失,是氨碱法的一个极为重要的问题。常见的氨回收方法是将各种含氨的溶液集中进行加热蒸馏回收,或用氢氧化钙对溶液进行中和后再蒸馏回收。

含氨溶液主要是指过滤母液和淡液。过滤母液中含有游离氨和结合氨,同时有少量的 CO_2 或 HCO_3^-。为了减少石灰乳的损失,避免生产 $CaCO_3$ 沉淀,氨回收在工艺上采用两步进行:①将溶液中的游离氨和二氧化碳用加热的方法逐出液相;②再加石灰乳与结合氨作用,使结合氨分解成游离氨而被蒸出。淡液是指炉气洗涤液、冷凝液及其他含氨杂水,其中所含的游离氨回收较为简单,可以与过滤母液一起或分开进行蒸馏回收。分开回收时可节约能耗,减轻蒸氨塔的负荷,但需单设一台淡液回收设备。

一、蒸氨设备——蒸氨塔

蒸氨过程的主要设备是蒸氨塔,如图 6-7 所示;蒸氨操作过程的工艺流程如图 6-8 所示。操作步骤如下:

第一步:从过滤工序来的 25～32 ℃ 的母液经泵打入蒸氨塔顶母液预热段的水箱内,被管外上升水蒸气加热,温度升至约 70 ℃,从母液预热段最上层流入塔中部加热段。加热段采用填料或设置托液槽,以扩大气液接触面,强化热量、质量传递。石灰乳蒸馏段主要用来蒸出由石灰乳分解结合氨而得的游离氨。

第二步:母液经分液槽加入,与下部上来的热气直接接触,蒸出液体中的游离氨和二氧化碳,剩下含结合氨和盐的母液。

第三步:含结合氨的母液送入预灰桶,在搅拌作用下与石灰乳均匀混合,将结合氨转变成游离氨,再进入蒸氨塔下部石灰乳蒸馏段的上部单菌帽泡罩板上,液体与底部上升蒸气直接逆流接触,蒸出游离氨。至此,99％以上的氨被蒸出,含微量氨的废液由塔底排出。

第四步:蒸氨塔各段蒸出的氨气自下而上升至母液预热段,预热母液后温度降至65～67 ℃,再进入冷凝器冷凝掉大部分水蒸气,随后送往吸氨工序。

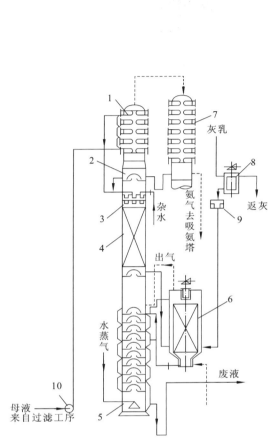

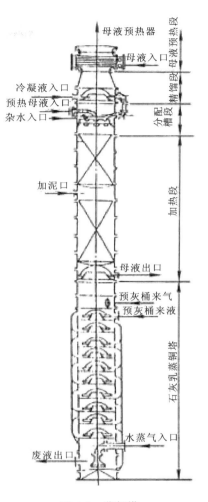

图 6-8　蒸氨塔

1—母液预热段；2—蒸馏段；3—分液槽；4—加热段；5—石灰乳蒸馏段；
6—预灰桶；7—冷凝器；8—加石灰乳罐；9—石灰乳流堰；10—母液泵

图 6-7　蒸氨过程的工艺流程

二、蒸氨过程的工艺条件控制

1. 温度

蒸氨只需要热量即可，所以采用何种形式的热源并不重要，因此为节省加热设备，工业上采用直接水蒸气加热。加水蒸气量要适当：若水蒸气用量不足，将导致液体抵达塔底时尚不能将氨逐尽而造成损失；若水蒸气量过多虽能使氨蒸出完全，但会使气相中水蒸气分压增加，温度升高。蒸氨尾气中水蒸气量增加，带入吸氨工序会稀释氨盐水。温度越高，母液中氯化铵的腐蚀性越强。一般塔底温度维持在 110～117 ℃，塔顶在 80～85 ℃，并在气体出塔前进行一次冷凝，使温度降至 55～60 ℃。

2. 压力

蒸氨过程中,在塔的上、下部压力不同。塔下部压力与所用水蒸气压力相同或接近,塔顶的压力为负压,有利于氨的蒸发和避免氨的逸散损失。同时也应保持系统密封,以防空气漏入而降低气体浓度。

3. 石灰乳浓度

石灰乳中活性氧化钙浓度的大小对蒸氨过程有影响。石灰乳浓度低,稀释了母液使水蒸气消耗增大,石灰乳浓度高又使石灰乳耗量增加。

[背景知识]

含氨溶液主要是指过滤母液和淡液。过滤母液中含有游离氨和结合氨,同时有少量的 CO_2 或 HCO_3^- 之类。由于母液中的组成较复杂,其蒸氨回收过程中的化学反应也很复杂。

首先在加热段加热时发生下列反应:

$$NH_4OH == NH_3 + H_2O$$
$$NH_4HCO_3 == NH_3 + CO_2 + H_2O$$
$$(NH_4)_2CO_3 == 2NH_3 + CO_2 + H_2O$$
$$NH_4HS == NH_3 + H_2S$$
$$(NH_4)_2S == 2NH_3 + H_2S$$

母液中的 $NaHCO_3$ 发生下列反应:

$$NaHCO_3 + NH_4Cl == NaCl + NH_3 + CO_2 + H_2O$$

溶解于洗液中的 Na_2CO_3 发生下列反应:

$$Na_2CO_3 + 2NH_4Cl == 2NaCl + 2NH_3 + CO_2 + H_2O$$

补充氨中带入 Na_2S 时发生下例反应:

$$Na_2S + 2NH_4Cl == 2NaCl + 2NH_3 + H_2S$$

在预灰桶和石灰蒸馏塔内发生的主反应的反应式为

$$Ca(OH)_2 + 2NH_4Cl == CaCl_2 + 2NH_3 + 2H_2O$$

其他次反应的反应式为

$$(NH_4)_2SO_4 + Ca(OH)_2 == CaSO_4 + 2NH_3 + 2H_2O$$
$$Ca(OH)_2 + CO_2 == CaCO_3 + H_2O$$
$$Ca(OH)_2 + H_2S == CaS + 2H_2O$$

[复习与思考]

1. 石灰石煅烧是的温度应控制在多少,为什么?
2. 如何处理石灰窑中产生的气体?
3. 盐水精制有哪两种方法?
4. 盐水吸氨的工艺条件如何控制?
5. 写出氨盐水碳化反应的化学方程式。
6. 影响 $NaHCO_3$ 结晶的因素有哪些?

7. 工业上常见的过滤方法和过滤设备有哪些？
8. 重碱煅烧时有哪些化学反应发生？
9. 氨碱法制氯碱中为什么要对氨进行回收，有哪些方法可以进行氨回收？
10. 蒸氨塔操作时应控制在什么工艺条件下？

项目二　联合法生产纯碱和氯化铵

纯碱工业属于重工业性质，产品规模很大，一直是化工生产中耗能大户，随着科技不断发展，通过调整产业结构以及废物利用等方面，纯碱企业在生产节能方面有了很大的提升，但是仍然存在可提升的空间。针对氨碱法生产纯碱时盐利用率低、制碱成本高、废液废渣污染环境和难以处理等缺点，我国著名化学家侯德榜历经上千次试验成功提出了联合制碱法。

氨碱法是目前工业生产纯碱的主要方法之一，但该法原料利用率低，环境污染严重，厂址受到限制，这也是氨碱法生产的致命弱点。长期以来，国内外科学工作者不遗余力地寻求合理综合利用的解决办法，提出了一种比较理想的工艺路线是氨、碱联合生产。以食盐、氨及合成氨工业副产的二氧化碳为原料，同时生产纯碱及氯化铵，即联合法生产纯碱与氯化铵，简称联合制碱或称为联碱。

我国著名化学家侯德榜在1938年即对联碱技术展开了研究，1942年提出了比较完整的工业方法。1961年在大连建成我国第一座联碱车间，后来经过完善和发展，现在已经成为制碱工业的主要技术支柱和方法。

产品 NH_4Cl 是一种良好的农用氮肥，特别适用生产复合肥料。NH_4Cl 也用于电镀、电池、染料、印刷、医药等部门，其常温下为白色晶体，理论含氮量为26.2%，相对密度为1.532，溶解热为16.72 kJ/mol，在密闭条件下加热至400℃熔化，在空气中加至100℃时开始升华，337.8℃时分解为 NH_3 和 HCl。NH_4Cl 易吸潮结块，给储存和运输带来一定困难。

联碱法与氨碱法比较有较多优点，其原料利用率高，其中 $NaCl$ 的利用率可达90%以上，不需石灰石、焦炭（煤），节约了燃料、原料、能源和运输费用，使产品成本大幅下降；不需蒸氨塔、石灰窑、化灰机等大型笨重设备，缩短了流程，节省了投资；不产生大量废渣废液排放，建厂厂址要求没有氨碱法苛刻。

在联碱生产过程中，设备腐蚀是一个十分重要的问题，这不仅影响产品的质量，同时也缩短了设备的寿命，消耗了材料，增加了设备维修费用，影响了生产周期和经济效益。因此在联碱法生产中，设备及管道腐蚀是工艺技术和生产管理中一个十分突出的难题，目前的主要措施是涂料防腐，其中主要为有机高分子材料。

世界上联碱法生产技术依原料加入的次数及析出氯化铵温度不同而发展并形成了多种工艺流程，我国联碱法主要采用一次碳化、两次吸收、一次加盐的工艺方法，其生产流程如图6-9所示。

原盐经洗盐机洗涤后，除去大部分钙、镁杂质，再经粉碎机粉碎后，经粒选分析稠厚，

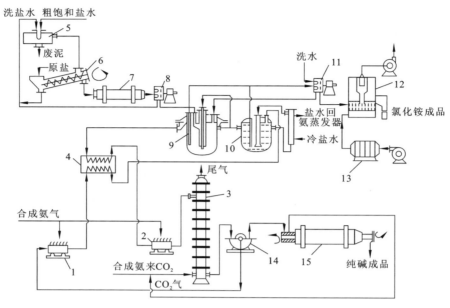

1,2—吸氨塔;3—碳化塔;4—热交换器;5—澄清桶;6—洗盐机;7—球磨机;8,11—离心机;
9—盐析结晶器;10—冷析结晶器;12—沸腾干燥炉;13—空气预热器;14—过滤机;15—重碱煅烧炉

图 6-9 联合制碱法生产流程图

滤盐机分离,制成符合规定纯度和粒度的洗盐,然后送往盐析结晶器。洗涤液循环使用,液相中杂质含量升高时则回收处理。

当原始开车时,在盐析结晶器中制备饱和盐水,经吸氨器吸氨制成氨盐水,此氨盐水(正常生产时为氨母液 II)在碳化塔内与合成氨系统所提供的 CO_2 气体进行反应,所得重碱经过滤机分离后,送重碱煅烧炉加热分解成纯碱。煅烧分解的炉气经冷却与洗涤,回收其中氨和碱粉,并使大部分水蒸气冷凝分离,使炉气自然降温。此时 CO_2 含量约为 90%的炉气用压缩机送回碳化塔制碱。此工艺过程与氨碱法基本相同。

过滤重碱后的母液称为母液 I。母液 I 被 $NaHCO_3$ 饱和,NH_4HCO_3 和 NH_4Cl 接近饱和,此时如果加入盐并冷却,可能会有 NH_4Cl、NH_4HCO_3 和 $NaHCO_3$ 同时析出,影响产品质量。为了使 NH_4Cl 单独析出,生产中将母液 I 首先吸 NH_3,制成氨母液 I,使溶解度小的 HCO_3^- 变成溶解度大的 CO_3^{2-},然后送往冷析结晶器,使部分 NH_4Cl 冷析结晶。冷析后的母液称为"半母液 II",由冷析结晶器溢流入盐析结晶器;加入洗盐,由于同离子效应,在此析出部分 NH_4Cl,并补充了以后过程所需的 Na^+。

由冷析结晶和盐析结晶器下部取出的 NH_4Cl 悬浮液,经稠厚器、滤铵机,再干燥制得成品 NH_4Cl。滤液送回盐析结晶器,盐析结晶器的清液(母液 II)送入母液换热器与氨母液 I 进行换热,经吸氨器吸氨后制成氨母液 II,再经澄清桶去泥后,送碳化塔制碱。

任务一 联碱法工艺条件控制

[知识目标]

1. 了解联碱法的工艺条件参数。
2. 掌握联碱法中母液浓度的表征参数。

[技能目标]

1. 能计算母液浓度的表征参数。
2. 能控制联碱法中的压力和温度。

[知识点]

压力,温度,母液浓度,α 值,β 值,γ 值。

[技能点]

温度控制,压力控制,浓度控制。

一、压力控制

制碱过程可在常压下进行,但氨盐水的碳化过程在加压条件下可以达到强化吸收的效果。因此,碳化制碱的压力可以从常压到加压,氨厂在流程上具体采用何种压力进行碳化,由合成氨系统的压缩机类型及流程设备而定,制铵和其他工序均可在常压下进行。

二、温度控制

碳化反应是放热反应,降低温度,平衡向生成 NH_4Cl 和 $NaHCO_3$ 方向移动,可提高产率。但温度降低,反应速率减慢,影响生产能力,实际操作中,联碱法碳化温度略高于氨碱法。由于联合制碱的氨母液 II 中有一部分 NH_4Cl 和 NH_4HCO_3,为了防止碳化过程结晶析出,故选取较高的出塔温度,但此温度又不宜过高,否则制铵结晶较困难或能耗提高,并且温度过高时,$NaHCO_3$ 的溶解度增大,产量下降。工业生产上一般控制碳化塔出塔温度为 32～38 ℃。

在制氨母液 II 的过程中,随着 NH_4Cl 结晶温度的降低,冷冻费用也相应增加,且氨母液 II 的黏度也提高,致使 NH_4Cl 分离困难。因此,在工业生产中一般控制 NH_4Cl 的冷析结晶温度应不低于 10 ℃,盐析结晶温度为 15 ℃左右,且制碱与制铵两过程的温差以 20～25 ℃为宜。

三、母液浓度控制

联合制碱循环母液有三个非常重要的控制指标,又称三比值,它们分别是 α、β、γ 值。

(1) α 值是指氨母液 I 中的游离氨 f-NH_3 与 CO_2 浓度之比。其定义为

$$\alpha = \frac{c(\text{f-}NH_3)}{c(CO_2)}$$

式中的 f-NH_3 和 CO_2 浓度以物质的量浓度表示。在联碱生产中 CO_2 浓度是以 HCO_3^- 的

形态折算的。氨母液 I 吸氨是为了减少液相中的 HCO_3^-,使之不至于在低温下形成太多的 $NaHCO_3$ 结晶而与 NH_4Cl 共析。因此,应维持母液中 f-NH_3 与 CO_2 有一定的比例关系。α 值过低,重碳酸盐与氯化铵共同析出;若 α 值过高,氨的分压增大,损失增大,同时恶化操作环境。

一般情况下,只要操作条件稳定,氨母液 I 中的 CO_2 浓度可视为定值,而 α 值则只与 NH_4Cl 结晶温度有关,如表 6-2 所示。

表 6-2　结晶温度与 α 值的关系

结晶温度/℃	20	10	0	−10
α 值	2.35	2.22	2.09	2.02

由表 6-2 可知,结晶温度越低,要求维持的 α 值越小,即在一定的 CO_2 浓度条件下,要求的吸氨量越少。在实际生产中结晶析出温度在 10 ℃左右,因此 α 值一般控制在 2.1～2.4 之间。

(2) β 值是指氨母液 II 中游离氨 f-NH_3 与氯化钠的浓度之比,即相当于氨碱法中的氨盐比,其定义为

$$\beta = \frac{c(\text{f-}NH_3)}{c(NaCl)}$$

在制碱过程中的反应是可逆反应,提高反应物浓度有利于化学反应向生成物的方向进行。因此,在碳化开始之前,溶液 $NaCl$ 应尽量达到饱和,碳化时 CO_2 气体的浓度应尽可能提高。在此基础上,溶液中游离氨的浓度适度提高,以保证较高的钠的利用率。实际生产中,β 值不宜过高,因游离氨 f-NH_3 过高,碳化过程中会有大量的 NH_4HCO_3 随 $NaHCO_3$ 结晶析出,部分游离氨被尾气和重碱带走,造成氨的损失。因此要求氨母液 II 中 β 值控制在 1.04～1.12 之间。

(3) γ 值是指氨母液 II 中 Na^+ 浓度与结合氨浓度 c-NH_3 的比值。其定义为

$$\gamma = \frac{c(Na^+)}{c(\text{c-}NH_3)}$$

γ 值的大小标志着加入原料氯化钠的多少。根据同离子效应,加入的氯化钠越多,氨母液 II 中结合氨浓度越低,γ 值越大,单位体积溶液的 NH_4Cl 产率越大。但 $NaCl$ 在溶液中的量与溶液的温度相关,即与该温度条件下 $NaCl$ 溶解度相关。

生产中为了提高 NH_4Cl 产率,避免过量 $NaCl$ 与产品共结晶,一般盐析结晶器的温度为 10～15 ℃时,γ 值控制在 1.5～1.8。

任务二　氯化铵的结晶

[知识目标]

1. 了解氯化铵的结晶原理。
2. 掌握影响氯化铵结晶的影响因素。

[技能目标]

1. 能控制过饱和度的条件。

2. 能操作氯化铵的结晶。

[知识点]

过饱和度,结晶过程,晶核,晶粒,结晶器。

[技能点]

过饱和度计算,结晶过程描述。

氯化铵结晶是联碱法生产过程的一个重要步骤,它不仅是生产氯化铵的过程,同时也密切影响制碱的过程与质量。氯化铵的结晶是通过冷冻和加入氯化钠产生同离子效应而发生盐析作用来实现的,同时获得合乎要求的氨母液 II。

一、氯化铵的结晶条件

1. 过饱和度

在碳化塔中,溶液连续不断地吸收 CO_2 而生成 $NaHCO_3$,当其浓度超过了该温度下的溶解度,并且形成过饱和时才有结晶析出。氯化铵的析出并不是由于逐步增加浓度而使其超过溶解度,而是溶液在一定浓度条件下,降低温度所形成的对应温度下的过饱和后而析出的。对一种过饱和溶液,如果使之缓慢冷却,则仍可保持较长一段时间不析出结晶。

2. 氯化铵结晶条件的控制

从溶液到析晶,可分为过饱和的形成、晶核生成和晶粒成长 3 个阶段,为了得到较大的均匀晶体,必须避免大量析出晶核,同时促进一定数量的晶核不断成长。

影响晶核成长速度和大小的因素主要有以下几个方面:

(1)溶液的成分。不同母液组成具有不同的过饱和极限,溶液成分是影响结晶粒度的主要因素。氨母液 I 的介稳区较宽,而母液 II 的介稳区较窄。介稳区较窄,使操作易超出介稳区范围,造成晶核数量增多,粒度减小。

(2)搅拌强度。适当增加搅拌强度,可以降低溶液的过饱和度,并使其不超过饱和极限,从而减少骤然大量析晶的可能。但过分激烈搅拌将使介稳区缩小而易出现结晶,同时颗粒间的互相摩擦、撞击会使结晶粉碎,因此搅拌强度要适当。

(3)冷却速度。冷却越快,过饱和度必然有很快的增大的趋势,容易超出介稳区极限而析出大量晶核,从而不能得到大晶体。

(4)晶浆固液比。母液过饱和度的消失需要一定的结晶表面积。晶浆固液比高,结晶表面积大,过饱和度消失将较完全。这样不仅可使已有结晶长大,而且可防止过饱和度积累,减少细晶出现,故应保持适当的晶浆固液比。

(5)结晶停留时间。停留时间为结晶器内结晶盘存量与单位时间产量之比。在结晶器内,结晶停留时间长,有利于结晶粒子的长大。当结晶器内的晶浆固液比一定时,结晶盘存量也一定。因此当单位时间的产量小时,则停留时间就长,从而可获得大颗粒晶体。

二、氯化铵结晶设备——结晶器

结晶器是氯化铵结晶的主体设备,母液过饱和度的消失、晶核的生成及长大都在结晶器中进行。当前使用的结晶器属于奥斯陆(OSLO)外冷式,如图 6-10 和图 6-11 所示。

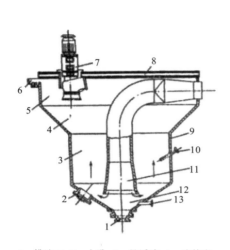

1—排渣口;2—人孔;3—悬浮液;4—连接段;
5—清液段;6—溢流槽;7—轴流泵;
8—结晶器顶盖;9—结晶器筒体;10—取出口;
11—中心循环管;12—锥底;13—放出口

图 6-10 冷析结晶器

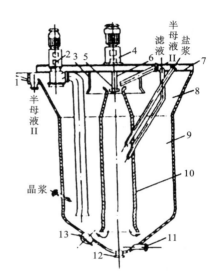

1—溢流槽;2—备用轴流泵;3—套筒;4—轴流泵;
5—轴流泵叶轮;6—轴流泵轴;7—结晶器盖;
8—清液段;9—悬浮段;10—中心循环管;
11—放出口;12—排渣口;13—人孔

图 6-11 盐析结晶器

结晶器在设计和制造时必须满足以下要求:

(1) 应有足够的容积和高度。为了稳定结晶质量,一般要求在器内结晶停留时间大于 8 h。盐析结晶器负荷比冷析结晶器大,所以它的容积应较冷析结晶器大,结晶器的悬浮段是产生结晶的关键段,一般应高 3 m 左右。

(2) 要有分级作用。当含氯化氨的过饱和溶液通过晶浆浆层,在中心管外的环形截面上上升时,产生对晶粒的上升力,在一定流速与晶浆固液比条件下,悬浮出一定大小的晶粒。结晶器的分级作用是通过不同表观流速来实现的。所以要求结晶器清液段直径要大,以降低其表观流速(0.015~0.02 m/s);对于悬浮层,为了悬浮一定粒度的结晶,要求有较大的表观流速(0.025~0.05 m/s),直径应较清液段小。因此结晶器上部直径大,中部直径小。上述表观流速,下限适用于盐析,上限适用于冷析。

(3) 晶浆取出口的位置要合适。应在不降低取出晶浆固液比的前提下尽量提高晶浆取出口位置,以降低产品的含盐量。

(4) 结晶器内壁应力求平整、光滑,减少死角。

三、氯化铵结晶工艺选择

氯化铵结晶的工艺流程,按所选方法、制冷手段的不同而不同。

1. 并料流程

在母液Ⅱ中析出氯化铵分为两步,先冷析后盐析,然后分别取出晶浆,再稠厚分离出氯化铵,此即并料流程。并料工艺流程如图 6-12 所示。

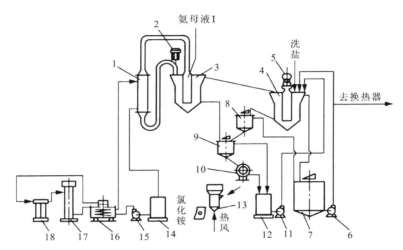

1—外冷器;2—冷析轴流泵;3—冷析结晶器;4—盐析结晶器;5—盐析轴流泵;6—母液Ⅰ泵;7—母液Ⅰ桶;
8—盐析稠厚器;9—混合稠厚器;10—滤盐机;11—滤液泵;12—滤液桶;13—干铵炉;
14—盐水桶;15—盐水泵;16—氨蒸发器;17—氨冷凝器;18—氨压缩机

图 6-12　并料工艺流程图

从制碱来的母液Ⅰ吸氨后成为氨母液Ⅰ,在换热器中与母液Ⅱ进行换热以降低温度,经流量计后,与外冷器的循环母液一起进入冷析结晶器的中央循环管,到结晶器底部再折回上升。冷析结晶器的母液由冷析轴流泵送至外冷器,换热降温后经冷析器中央循环管回到冷析结晶器底部。如此循环冷却,以保持结晶器内一定的温度。结晶器内,降温形成的氯化铵过饱会逐渐消失,并促使结晶的生成和长大。

由于大量液体循环流动,所以晶体呈悬浮状,上部清液为半母液Ⅱ,溢流进入盐析结晶器的中央循环管。由洗盐工序送来的精洗盐也加入盐析结晶器中央循环管,与母液Ⅱ一起由结晶器下部均匀分布上升,逐渐溶解,借同离子效应析出 NH$_4$Cl 结晶。盐析轴流泵不断地将盐析结晶器内母液抽出,再压入中央循环管,使盐析晶浆与冷析结晶器中物料一样,呈悬浮结晶状。

盐析结晶器上部清液流入母液Ⅱ桶,用泵送至换热器与氨母液Ⅰ换热,再去吸氨制成氨母液Ⅱ后,用以制碱。

两结晶器的晶浆,都是利用系统内自身静压取出。盐析晶浆先入盐析稠厚器,盐析稠厚器内高浓度晶浆由下部自压流入混合稠厚器,与冷析晶浆混合。盐析晶浆中含盐较高,在混合稠厚器中,用纯度较高并有溶解能力的冷析晶浆来洗涤它,并一起稠厚,如此可提高产品质量。稠厚晶浆用滤铵机分离,固体 NH_4Cl 用皮带输送去干铵炉进行干燥。滤液与混合稠厚器溢流液一起流入滤液桶,用泵送回盐析结晶器。

从氨蒸发器来的低温盐水,入外冷器管间上端,借助于盐析轴流泵在管间循环。经热交换后的盐水由外冷器管间下端流回盐水桶,并用泵送回氨蒸发器,在蒸发器中,利用液氨蒸发吸热使盐水降温。气化后的氨气进氨压缩机,经压缩后进氨冷凝器,以冷却水间接冷却降温,使氨气液化,再回氨蒸发器,供盐水降温之用。工业上,将如此不断的循环称为冰机系统。

2. 逆料流程

逆料流程,是将盐析结晶器的结晶借助于晶浆泵或压缩空气气升设备送回冷析结晶器的晶床中,而产品全部从冷析结晶器中取出,其流程简图如图 6-13 所示。

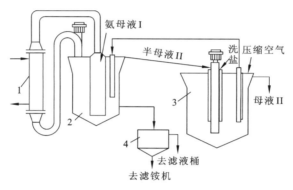

1—外冷器;2—冷析结晶器;3—盐析结晶器;4—稠厚器

图 6-13　逆料流程简图

半母液由冷析结晶器溢流到盐析结晶器中,经加盐再析结晶,因此结晶须经过两个结晶器,停留时间较长,故加盐量可以接近饱和。盐析结晶器中的晶浆返回到冷析结晶器中,冷析器中的晶浆导入稠厚器,经稠厚后去滤按机分离得 NH_4Cl 产品。在盐析结晶器上部溢流出来的母液 II,送去与氨母液 I 换热。

近年来,我国已对此晶液逆向流动的流程,取得良好的试验和使用效果。它具有以下突出特点:

(1)由于析结晶器中的结晶送至冷析结晶悬浮层内,使固体洗盐在 Na^+ 浓度较低的半母液 II 中可以充分溶解。与并料流程相比,总的产品纯度可以提高。但在并料流程中,在冷析结晶器可得到颗粒较大、质量较高的精铵,而逆料流程则不能制取精铵。

(2)逆料流程对原盐的粒度要求不高,不像并料流程那样严格,但仍能得到合格产品。可使盐析结晶器在接近 NaCl 饱和浓度的条件下进行操作,提高了设备的利用率,相对盐析结晶器而言,控制也较容易掌握。

(3)由于析结晶器允许在接近 NaCl 饱和浓度的条件下操作,因此,可提高 γ 值,使母液 II 的结合氨降低,从而提高了产率,母液的当量体积可以减少。

[背景知识]

过饱和度可通过图解和计算两种方法求得,在这里只介绍图解法。

氯化铵在氨母液 II 中的过饱和曲线如图 6-14 所示图中 SS 为溶解度曲线,$S'S'$ 为过饱和曲线。如在温度 t_1 时,所对应的饱和溶液浓度为 C_1,过饱和溶液浓度为 C'_1,其过饱和的浓度为 C'_1-C_1。

因为温度可直接从温度计读出,生产中过饱和度常以温度来表示。用温度表示的方法是:在温度 t_3 时,有一溶液浓度为 C'(图中 A_3 点),由于 A_3 点不饱和,当开始冷却时,仅温度下降,而无结晶析出,故无浓度变化,过程沿水平方向为 $A_3 \rightarrow A_2 \rightarrow A_1$;$A_2$ 与 A_1 分别交于 SS 和 $S'S'$ 线,相对应的温度为 t_2

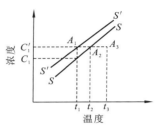

图 6-14　图解法求过饱和度

和 t_1,t_2 和 t_1 是溶液 A_3 的饱和温度和过饱和温度,用温度表示的过饱和度则为 t_2-t_1。

用温度表示和用浓度表示的过饱和度,在数值上显然是不相等的。实际应用中,常用浓度过饱和度与温度过饱和度之比,表示 t_2 到 t_1 这一温度范围内每降低 1 ℃所能析出的氯化铵的量。

过饱和溶液虽是不稳定的,但在一定过饱和度内,不经摇动、无灰尘落入或无晶种投入,则很难引发结晶生成和析出,当以上三者中任一情况发生就引起结晶生成的溶液状态,称为介稳状态。如图 6-14 所示,SS 和 $S'S'$ 线之间的区域为介稳区,此区域内,较少引发新晶核,原有晶核却可长大;SS 线以下为不饱和区,晶体投入其中便被溶解;$S'S'$ 线以上为不稳定区,晶核可在此区域内瞬间形成。因此,应尽量将过饱和度控制在介稳区内,以获得大颗粒的晶粒。

[复习与思考]

1. 联碱法中碳化过程的温度为什么要控制在 32～38 ℃?
2. 母液浓度控制指标各有何作用?
3. 影响晶核成长速度和大小的因素有哪些?
4. 设计结晶器时应注意哪些问题?

项目三　电解法制烧碱

烧碱生产有苛化法与电解法两种。苛化法是纯碱与石灰乳通过苛化反应生成烧碱,也称石灰苛化法。电解法是采用电解食盐水溶液生产烧碱和氯气、氢气的方法,简称氯碱法,该工业部门又称氯碱工业。

生产烧碱和氯气有着悠久的历史,早在 19 世纪初,人们已经研究烧碱生产的工业化问题。1884 年开始在工业上采用石灰乳苛化纯碱溶液生产烧碱。19 世纪末,大型直流发电机制造成功,提供了人功率直流电源,促进了电解法的发展。1890 年,德国在格里斯海姆建成世界第一个工业规模的隔膜电解槽制烧碱装置并投入生产。1892 年,美国人卡斯勒(H. Y. Castner)发明水银法电解槽。第二次世界大战结束后,随着氯碱产品从军用生产转入民用生产,特别是石油工业的迅速发展,为氯产品提供了丰富而廉价的原料,氯需要量大幅度增加,促进了氯碱工业的发展,从而电解法取代苛化法成为烧碱的主要生产方法。1968年,钛基涂钌的金属阳极隔膜电解槽实现了工业化。1975年,世界上第一套离子交换膜法电解装置在日本旭化成公司投入运转。

我国最早的隔膜法氯碱工厂是1929年投产的上海天原电化厂。国内第一家水银法氯碱工厂是锦西化工厂,于1952年投产。1974年,我国首次采用金属阳极电解槽,在上海天原化工厂投入工业化生产。自1986年我国甘肃故锅峡化工引进第一套离子膜烧碱装置投产以来,离子交换膜法电解烧碱技术迅速发展。北京化工机械厂开发的复极式离子膜电解槽(GL型),使我国成为世界上除日本、美国、英国、意大利、德国等少数几个发达国家之外能独立开发、设计、制造离子膜电解槽的国家之一。此外,我国在金属扩张阳极、活性阴极、改性隔膜及固碱装置等方面都有很大进展。

氯碱工业除原料易得,生产流程较短外,主要有以下三个特点:

(1) 能耗高。氯碱工业的主要能耗是电能,目前,我国采用隔膜法生产1 t的100%烧碱约耗电2 580 kW·h,总能耗折合标准煤约为1.815 t。如何采用节能新技术来提高电解槽的电解效率和碱液热能蒸发利用率,具有重要的意义。

(2) 产品结构可调整性差。氯与碱的平衡电解法制碱得到的烧碱与氯气产品的质量比恒定为1∶0.88,但一个国家或地区对烧碱和氯气的需求量,是随着化工产品生产的变化而变化的。对于石油化工和基本有机化工发展较快的发达国家,会因氯气用量过大,而出现烧碱过剩的矛盾。烧碱和氯气的平衡,始终是氯碱在工业发展中的矛盾问题。

(3) 腐蚀和污染严重。氯碱生业的产品烧碱、氯气、盐酸等均具有强腐蚀性,生产过程中所使用的石棉、汞以及含氯废气都可能对环境造成污染。因此,防止腐蚀、保护环境一直是氯碱工业努力改进的方向。

氯碱工业的核心是电解,电解方法有隔膜法、水银法、离子交换膜法。

隔膜法是在电解槽的阴极与阳极间设置多孔性隔膜。隔膜不妨碍离子迁移,但能隔开阴极和阳极的电解产物。隔膜法电解所采用的阳极是石墨阳极或金属阳极,阴极材料为铁,隔膜常用石棉或石棉掺入含氟树脂的改性石棉隔膜。在阳极室引出氯,阴极室引出氢和含食盐的氢氧化钠溶液。

水银法以食盐水溶液为电解质,电解槽包括电解室和解汞室两部分。电解室中没有隔膜,阳极用石墨或金属阳极,阴极则采用汞。在阳极上析出氯,在阴极上Na^+放电并与汞生成钠汞齐,钠汞齐从电解室引入解汞室,钠汞齐分解并与水生成NaOH和H_2,生成的汞送回电解室循环利用。水银法中,电解室产生氯,解汞室产生氢和苛性钠溶液,溶液不含氯化钠。这样就解决了阳极产物和阴极产物隔开的关键问题,所以水银法电解制烧碱具有浓度高、质量好、生产成本低的特点,于19世纪末实现工业化后就获得广泛应用。但水银法最大缺点为汞对环境的污染,因此,水银法电解生产受到世界性的限制。

离子交换膜法是选择具有选择性的阳离子交换膜来隔开阳极和阴极,只允许Na^+和水透过交换膜向阴极迁移,不允许Cl^-透过,所以离子交换膜法从阳极室得到氯,从阴极室得到氢和纯度较高的烧碱溶液,NaOH浓度为17%~28%,基本上不含氢化钠。离子交换膜法兼有隔膜法和水银法的优点(产品质量高,能耗低,又无水银、石棉等公害,没有污染问题），是极有发展前途的方法。

此外，还有固体聚合物电解质法电解和 β-氧化铝隔膜法电解。

此前，美国、日本和俄罗斯以隔膜法为主，西欧各国以水银法为主，但总的发展趋势是水银法会继续下降。新建或扩建厂都采用隔膜法或离子交换膜法。

电解食盐水溶液制造烧碱、氯气和氢气的基本工艺如图 6-15 所示。

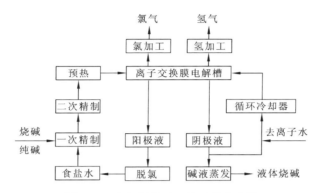

图 6-15　电解制烧碱工艺过程示意图

首先将食盐溶解制成粗盐水。粗盐水中含有很多杂质，必须精制，主要是除去机械杂质及 Ca^{2+}、Mg^{2+}、SO_4^{2-}、Fe^{3+} 等，使之符合电解要求。精制后的盐水送去电解。

电解需要使用大量的直流电，而电厂输送的是交流电。因此，必须把交流电经过整流设备变成直流电，然后把直流电送到电解槽进行电解。在电解槽中，精盐水借助于直流电电解产生烧碱、氯气和氢气。

从电解槽来的电解碱液中，烧碱含量比较低，仅为 $11\%\sim12\%$，电解碱液还含有大量的盐，不符合要求，因此需要经过蒸发，变成碱浓度符合要求的液体烧碱。电解碱液中的盐在蒸发过程中结晶析出，送盐水精制工序回收。回收缺水中有少量的烧碱，对盐水的精制具有一定的作用。

电解槽来的氯气温度较高，且含有大量的水分，不能直接使用。经过冷却、干燥后送出，制造液氯、盐酸等氯产品。

电解槽来的氢气，其温度和含水与氯气相似，经冷却、干燥后作为产品。

任务一　电解食盐水溶液

［知识目标］

1．了解电解食盐水过程中的主反应和副反应。

2．了解电解过程中的电解电压、电压效率和电流效率。

［技能目标］

1．能控制电解食盐水的条件。

2．能计算电解时的电压效率、电流效率和电能效率。

［知识点］

电解主反应,电解副反应,电解电压,电流效率,电压效率,电能效率。

［技能点］

直流电电解,设备防腐。

一、电解过程的反应

1. 电解过程的主反应

食盐水溶液中主要有 4 种离子,即 Na^+、Cl^-、OH^- 和 H^+,直流电通过食盐水溶液时,阴离子向阳极移动,阳离子向阴极移动。当阴离子到达阳极时,在阳极放电,失去电子变成不带电的原子;同理,阳离子到达阴极时,在阴极放电,获得电子也变成不带电的原子。离子在电极上放电的难易不同,易放电的离子先放电,难放电的离子不放电。

在阴极上,H^+ 比 Na^+ 容易放电,所以,阴极上是 H^+ 放电,电极反应为

$$2H^+ + 2e^- = H_2 \uparrow$$

在阳极上,Cl^- 比 OH^- 易放电,所以,阳极上是 Cl^- 放电,其放电反应为

$$2Cl^- - 2e^- = Cl_2 \uparrow$$

不放电的 Na^+ 和 OH^- 则生成了 $NaOH$。

电解食盐水溶液的总反应式为

$$2NaCl + 2H_2O = 2NaOH + Cl_2 \uparrow + H_2 \uparrow$$

2. 电解过程的副反应

随着电解反应的进行,在电极上还有一些副反应发生。在阳极上产生的 Cl_2 部分溶解在水中,与水作用生成次氯酸和盐酸,反应式为

$$Cl_2 + H_2O = HCl + HClO$$

电解槽中虽然放置了隔膜,但由于渗透扩散作用仍有少部分 $NaOH$ 从阴极室进入阳极室,在阳极室与次氯酸反应生成次氯酸钠,反应式为

$$NaOH + HClO = NaClO + H_2O$$

次氯酸钠解离为 Na^+ 和 ClO^-,ClO^- 也可以在阳极上放电,生成氯酸、盐酸和氧气,反应式为

$$12ClO^- + 6H_2O - 12e^- = 4HClO_3 + 8HCl + 3O_2 \uparrow$$

生成的 $HClO_3$ 与 $NaOH$ 的作用,生成氯酸钠和氯化钠等。

此外,阳极附近的 OH^- 浓度升高后也导致 OH^- 在阳极放电,反应式为

$$4OH^- - 4e^- = 2H_2O + O_2 \uparrow$$

副反应生成的次氯酸盐、氯酸盐和氧气等,不仅消耗产品,而且浪费电能。必须采取各种措施减少副反应,保证获得高纯度产品,降低单位产品的能耗。

二、电解电压的控制

1. 理论分解电压

某电解质进行电解,必须使电极间的电压达到一定数值,使电解过程能够进行的最小电压,称为理论分解电压,主要与其浓度、温度有关。理论分解电压是阳离子的理论放电电位和阴离子的理论放电电位之差,即

$$E_{理} = E_+ - E_-$$

2. 过电压

过电压(又称超电压,E 超)是离子在电极上的实际放电电位与理论放电电位的差值。实际电解过程并非可逆,存在浓差极化、电化学极化,从而使电极电位发生偏离,产生了过电压。金属离子在电极上放电的过电压不大,可忽略不计,但如果在电极上放出气体物质,过电压则较大。

过电压的存在,要多消耗一部分电能,但在电解技术上有很重要的应用。利用过电压的性质选择适当的电解条件,以使电解过程按着预先的设计进行的。如阳极放电时,氧比氯的过电压高,所以阳极上的氯离子首先放电并产生氯气。

过电压的大小主要取决于电极材料和电流密度,降低电流密度、增大电极表面积、使用海绵状或粗糙表面的电极、提高电解质温度等,均可降低过电压。

3. 槽电压和电压效率

电解生产过程中,电解浓度不均匀和阳极表面的钝化,以及电极、导线、接点、电解液和隔膜的局部电阻等因素也会消耗外加电压,因此实际分解电压大于理论分解电压。工业上,将实际分解电压称为槽电压,数学表达式为

$$E_{槽} = E_{理} + E_{超} + \Delta E_{液} + \Sigma \Delta E_{降}$$

式中,$\Delta E_{液}$ 为电解液中的电压降;$\Sigma \Delta E_{降}$ 为电极、接点、电线等电压降之和。

实际分解电压可通过实测的方法获得。隔膜法电解的实际分解电压一般为 3.5~4.5 V;离子膜法电解的实际分解电压一般低于 3 V。

理论分解电压与实际分解电压之比,称为电压效率,表达式为

$$电压效率 = \frac{E_{理}}{E_{槽}} \times 100\%$$

可见,降低实际分解电压,可提高电压效率,进而可降低单位产品电耗。一般来说,隔膜电解槽的电压效率在 60% 左右,离子膜电解槽的电压效率在 70% 以上。

4. 电流效率和电能效率

根据法拉第定律,每获得 1 g 当量的任何物质需要 96 500 C 的电量。实际生产中,由于电极上要发生一系列的副反应以及漏电现象,电能不可能被完全利用,某物质实际析出的质量总比理论产量低。实际产量与理论产量之比为电流效率,表达式为

$$电流效率 = \frac{实际产量}{理论产量} \times 100\%$$

电解食盐水溶液时,根据 Cl_2 计算的电流效率称为阳极效率,根据 NaOH 计算电流效率

称为阴极效率。电流效率是电解生产中很重要的技术经济指标,电流效率高,意味着电量损失小,说明相同的电量可获得较高的产量。现代氯碱工厂的电流效率一般为95%～97%。

电解是利用电能来进行化学反应而获得产品的过程,因此,产品消耗电能的多少,是工业生产中的一个极为重要的技术指标。电能用kW·h来表示。电解理论所需的电能值($W_理$)与实际消耗电能($W_实$)的比值,称为电能效率,表达式为

$$电能效率 = \frac{W_理}{W_实} \times 100\%$$

由于电能是电量和电压的乘积,故电能效率是电流效率和电压效率的乘积,可见,降低电能消耗,必须提高电流效率和电压效率。

任务二　氯碱的生产

[知识目标]

1. 了解离子交换膜法的基本原理。
2. 了解离子膜电解槽的结构和电解条件。
3. 了解离子交换膜法的生产工艺流程。

[技能目标]

1. 能使用离子膜电解槽。
2. 能控制保护离子膜的电解条件。

[知识点]

离子交换膜电解法,离子交换膜结构,电解槽结构,电极材料,电解条件。

[技能点]

离子交换膜电解,电解液双效蒸发浓缩。

在金属阳极和改性隔膜电解槽基础上开发出的离子交换膜电解槽,被称为第三代电解槽。与隔膜法和水银法相比,离子交换膜法具有能耗低、投资少、产品质量好、生产能力大、没有汞污染等优点。

一、离子交换膜法的基本原理

图6-16是离子交换膜法电解原理。离子交换膜(简称离子膜)将电解槽分成阳极室和阴极室,饱和精盐水进入阳极室,去离子纯水进入阴极室。导入直流电时,Cl^-在阳极表面放电产生Cl_2逸出;H_2O在阴极表面不断被离解成H^+和OH^-,H^+放电生成H_2;Na^+通过离子交换膜迁移进入阴极室,与OH^-结合生成NaOH。形成的NaOH溶液从阴极室流出,其含量为32%～35%,经浓缩得成品液碱或固碱。电解时,由于NaCl被消耗,食盐水浓度降低,以淡软水排出,NaOH的浓度可通过调

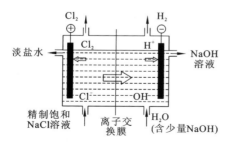

图6-16　离子交换膜法电解原理

节去离子纯水量来控制。

目前,国内外使用的离子交换膜是耐氯碱腐蚀的磺酸型阳离子交换膜,膜内部具有较复杂的化学结构。膜体中有活性基团,由带负电荷的固定离子团(如—SO$_3^{2-}$、—COO$^-$)和一个带正电的可交换离子(如 Na$^+$)组成。

从微观角度看,离子交换膜是多孔结构物质,由孔和骨架组成,孔内是水相,固定离子团(负离子团)之间由微孔水道相通,骨架是含氟的聚合物,如图 6-17 所示。

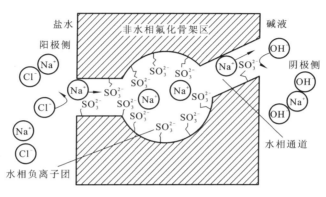

图 6-17 离子膜选择透过性示意图

在电场作用下,阳极室的 Na$^+$ 被负离子吸附并从一个负离子团迁移到另一个负离子团,这样 Na$^+$ 从阳极室迁移到阴极室。

离子交换膜内存在着的负离子团,对阴离子 Cl$^-$ 和 OH$^-$ 有很强的排斥力,尽管受电场力作用,阴离子有向阳极迁移的动向,但无法通过离子膜。若阴极室碱溶液浓度太低,膜内的含水量增加使膜膨胀,OH$^-$ 有可能穿透离子交换膜进入阳极室,导致电流效率降低。

二、离子交换膜电解槽

1. 电解槽

离子交换膜电解槽有多种类型。无论何种类型,电解槽均由若干电解单元组成,每个电解单元由阳极、离子交换膜与阴极组成。

图 6-18 是离子交换膜电解槽的结构示意图,其主要部件是阳极、阴极、隔板和槽框。在槽框中,有一块隔板将阳极室与阴极室隔开。两室所用材料不同,阳极室一般为钛,阴极室一般为不锈钢或镍。隔板一般是不锈钢或镍和钛板的复合板。隔板的两边还焊有筋板,其材料分别与阳极室和阴极室的材料相同。筋板上开有圆孔以利于电解液流通,在筋板上焊

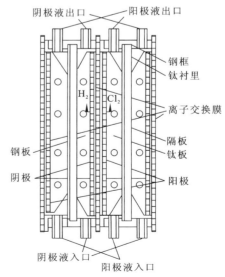

图 6-18 离子交换膜电解槽的结构示意图

有阳极和阴极。

按供电方式不同,离子交换膜电解槽分成单极式和复极式,两者的电路接线方式如图 6-19 所示。

由图 6-19(a)可知,单极式电解槽内部的直流电路是并联的,通过各个电解单元的电流之和等于通过这台单极电解槽的总电流,各电解单元的电压是相等的。所以,单极式电解槽适合于低电压高电流运转。复极式电解槽则相反,如图 6-19(b)所示槽内各电解单元的直流电路都是串联的,各个单元的电流相等,电解槽的总电压是各电解单元电压之和。所以,复极式电解槽适合于低电流高电压运转。

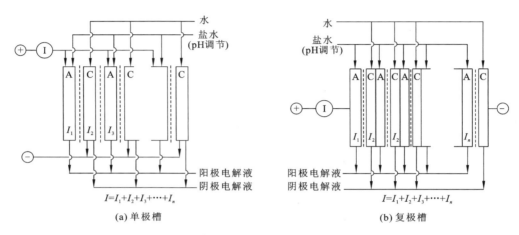

图 6-19　单极槽和复极槽的直流电接线方式

2. 电极材料

电极材料分为阳极材料和阴极材料。

(1)阳极材料。由于阳极直接与氯气、氧气及其他酸性物质接触,因此要求阳极具有较强的耐化学腐蚀性、对氯的超电压低性、导电性能良好、机械强度高、易于加工及便宜等特点,此外还要考虑电极的寿命。

阳极材料有金属阳极和石墨阳极两类,离子交换膜电解均采用金属阳极,以金属钛为基体,在表面涂有其他金属氧化物的活性层。金属钛的耐腐蚀性好,具有良好的导电性和机械强度,便于加工;阳极活性层主要成分以钌、铱、钛为主,并加有锆、钴、铌等成分。

金属阳极具有耐腐蚀、过电位低、槽电压稳定、电流密度高、生产能力强、使用寿命长和无环境污染等优点,一般为网形结构。

(2)阴极材料。阴极材料要耐氢氧化钠和氯化钠腐蚀,氯气在电极上的超电压低,具有良好的导电性、机械强度和加工性能。

阴极材料主要有铁、不锈钢、镍等,铁阴极的电耗比带活性层的阴极高,但镍材带活性层阴极的投资比铁阴极高。阴极材料的选用,要考虑综合经济效益。

三、电解工艺条件

离子交换膜对电解产品质量及生产效益具有关键作用,而且价格昂贵,所以,电解工艺条件应保证离子交换膜不受损害,离子交换膜电解槽能长期、稳定运转。

(1) 食盐水的质量。离子交换膜法制碱技术中,盐水质量对离子交换膜的寿命槽电压和电流的效率均有重要的影响。盐水中的 Ca^{2+}、Mg^{2+}、Ba^{2+} 等重金属离子透过交换交换膜时,从阴极室反渗透来的少量 OH^- 或 SO_4^{2-} 结合生成沉淀物,堵塞离子交换膜,使膜电阻增加,引起电解槽电压上升,降低电压效率。因此,应严格控制盐水中的 Ca^{2+}、Mg^{2+} 等杂质含量,使 Ca^{2+}、Mg^{2+} 浓度(质量浓度)小于 $20~\mu g/L$,SO_4^{2-} 浓度小于 $4~g/L$。

(2) 阴极液中 $NaOH$ 的浓度。阴极液中氢氧化钠的浓度与电流效率的关系存在极大值,如图6-20所示,当 $NaOH$ 浓度(质量分数)低于 36% 时,随其升高,阴极一侧离子交换膜的含水率减少,排斥阴离子力增强,电流效率增大,若氢氧化钠浓度继续升高,膜中 OH^- 浓度(物质的量浓度)增大,反迁移增强,电流效率明显下降。此外,$NaOH$ 浓度升高,槽电压也升高。因此,氢氧化钠的浓度一般控制在 30%～35%。

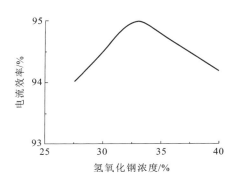

图 6-20　氢氧化钠对电流效率的影响

(3) 阳极液中 $NaCl$ 的浓度。若阳极液中 $NaCl$ 浓度太低,阴极室的 OH^- 易反渗透,导致电流效率下降,此外,阳极液中 Cl^- 也容易通过扩散迁移到阴极室,导致碱液的盐含量增加。如果离子交换膜长期在低盐浓度下运行,还会使膜膨胀,严重时可导致起泡、膜层分离,出现针孔使膜遭到永久性的损坏;但阳极液中盐浓度也不宜太高,否则会引起槽电压升高。生产上,阳极液中的氯化钠浓度通常控制在 200～$220~g/L$。

(4) 阳极液的 pH。阳极液一般处于酸性环境中,有时,在进槽的盐水中加入盐酸,中和从阴极室反迁移来的 OH^-,可以阻止副反应的发生,提高阳极电流效率。但是,要严格控制阳极液的 pH 不低于 2,以防离子交换膜阴极侧的羧酸层因酸化而致使导电性受损,并使电压急剧上升并造成膜的永久性破坏。

四、离子交换膜法生产工艺流程

离子交换膜法电解工艺流程如图 6-21 所示。在原盐溶解后,需先对其进行一次精制,即用普通化学精制法使粗盐水中 Ca^{2+}、Mg^{2+} 含量降至 10～$20~mg/L$。而后送至螯合树脂塔,用螯合树脂吸附处理,使盐水中 Ca^{2+}、Mg^{2+} 含量低于 $20~\mu g/L$,这一过程称为盐水的二次精制。

二次精制盐水经盐水预热器升温后送往离子交换膜电解槽阳极室进行电解。纯水由电解槽底部进入阴极室。通入直流电后,在阳极室产生的氯气和流出的淡盐水经分离器分离后,湿氯气进入氯气总管,经氯气冷却器与精制盐水热交换后,进入氯气洗涤塔洗涤,

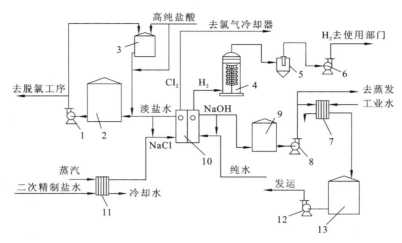

1—淡盐水泵；2—淡盐水储槽；3—氯酸盐分解槽；4—氢气洗涤塔；5—水雾分离器；6—氢气鼓风机；
7—碱冷却器；8,12—碱泵；9—碱液受槽；10—离子交换膜电解槽；11—盐水预热器；13—碱液储槽

图 6-21　离子膜电解工艺流程图

然后送往氯气处理工序。从阳极室流出来的淡盐水，一部分补充到精制盐水中返回电解槽阳极室，另一部分进入淡盐水储存槽，再送往氯酸盐分解槽，用高纯盐酸进行分解。分解后的盐水回到淡盐水储存槽，与未分解的淡盐水充分混合并调节 pH 在 2 以下，送往脱氯塔脱氯，最后送到一次盐水工序重新制成饱和盐水。在阴极室产生的氢气经过洗涤和分离水雾后送后续使用环节，而氢氧化钠溶液送蒸发浓缩处理。

五、碱液的蒸发浓缩

电解槽出来的电解液不仅含有烧碱，而且含有盐。蒸发电解液的主要目的是将电解液中 NaOH 含量浓缩至符合一定规格的产品浓度（质量分数），如 30%、42%、45%、50% 和 73% 等；另外，可将电解液中未分解的 NaCl 与 NaOH 分离，并回收送至化盐工序再使用。

1. 电解液蒸发原理

本工序借助于蒸汽，使电解液中的水分部分蒸发，以浓缩 NaOH。

工业上，该过程是在沸腾状态下进行的。在电解液蒸发的全过程中，烧碱溶液始终是一种被 NaCl 饱和的水溶液。经证明，NaCl 在 NaOH 水溶液中的溶解度随 NaOH 含量的增加而明显减小，随温度的升高而稍有增大，因而随着烧碱浓度的提高，NaCl 便不断从电解液中结晶出来，从而提高了碱液的纯度。

2. 电解液蒸发的工艺流程

为了减少加热蒸汽的耗量，提高热能利用率，电解液蒸发常在多效蒸发装置中进行，随着效数的增加，单位质量的蒸汽所蒸发的水分增多，蒸汽利用的经济程度更好。但蒸发效数过多会因增加成本投入而降低经济效益，故实际生产中，通常采用二效或三效蒸发工艺。

离子交换膜法的蒸发广泛采用的是双效蒸发流程,也有一部分单效蒸发流程,三效蒸发流程则将会越来越受到重视。

双效并流蒸发流程如图 6-22 所示。从离子交换膜电解槽出来的碱液被送入 I 效蒸发器,在外加热器中由大于 0.5 MPa 表压的饱和蒸汽进行加热,碱液达到沸腾后在蒸发室中蒸发,二次蒸汽进入 II 效蒸发器的外加热器。I 效蒸发器中的碱液浓度控制在 37%~39%,碱液依靠压力差进入 II 效蒸发器中,在加热室被二次蒸汽加热沸腾,蒸发浓缩至产品浓度分别为 42%、45% 或 50% 等。II 效蒸发器的二次蒸汽进入水喷射冷凝器后被冷却水冷凝,然后冷却水进入冷却水储罐。达到产品浓度的碱液连续出料至热碱液储罐,然后由浓碱泵经换热器冷却后送入成品碱储罐。

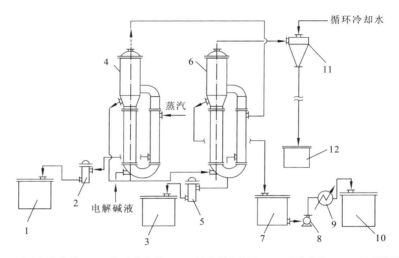

1—I 效冷凝水储罐;2,5—气液分离器;3—II 效冷凝水储罐;4—I 效蒸发器;6—II 效蒸发器;
7—热碱液储罐;8—浓碱泵;9—换热器;10—成品碱储罐;11—水喷射冷凝器;12—冷却水储罐
图 6-22 双效并流蒸发流程

I 效蒸发器的蒸汽冷凝水经气液分离器进入 I 效冷凝水储罐,II 效蒸汽冷凝水经气液分离器分离后进入 II 效冷凝水储罐。由于 I、II 效冷凝水的质量不同(II 效冷凝水温度较低,且可能含微量碱),应分别储存及使用。流程图中蒸发器为自然循环蒸发器,实际生产中为了提高传热速率,很多工厂都用蒸发器循环泵来代替自然循环,使碱液循环速率提高,从而提高了传热系数、传热速率及蒸发能力。

任务三 盐酸的生产

[知识目标]

1. 掌握电解产品制备盐酸的基本原理和步骤。
2. 了解 Cl_2 和 H_2 的合成条件。

[技能目标]

1. 能控制合成氯化氢的条件。

2. 能控制氯化氢吸收的条件。

[知识点]

氯化氢合成,合成条件,合成炉,氯化氢吸收,吸收要求。

[技能点]

氯化氢合成控制,氯化氢吸收控制。

盐酸生产主要有两种方式:一种是直接合成法,另一种是无机或有机产品生产的副产品。这里讨论用电解产品 Cl_2 和 H_2 直接合成盐酸。

一、生产原理与工艺条件

1. 生产原理

合成盐酸分两步:①氯气与氢气作用生成氯化氢;②用水吸收氯化氢生产盐酸。

合成氯化氢的反应式为

$$Cl_2 + H_2 = 2HCl \qquad \Delta H = -18\ 421.2\ kJ/mol$$

此反应若在低温、常压和没有光照的条件下进行,其反应速率非常缓慢;但在高温和光照的条件下,反应会非常迅速,放出大量热。因此氯气与氢气的合成反应,必须很好地控制,否则会发生爆炸。

由于反应后的气体温度很高,因此,在用水吸收之前必须冷却,当用水吸收氯化氢时,也有很多热量放出,放出的热量使盐酸温度升高,不利于氯化氢气体的吸收,因此,生产盐酸必须具有移热措施。

工业上有两种吸收方法,即冷却吸收法和绝热吸收法,分别适用于被吸收的气体中氯化氢浓度低与高的不同情况。以合成法制取氯化氢时,气体中氯化氢的含量较高,因此多采用绝热吸收法。

2. 工艺条件

(1)温度。氯气和氢气在常温、常压、无光的条件下反应进行得很慢,当温度升至 440 ℃以上时,即迅速化合。在有催化剂的条件下,150 ℃时就能剧烈化合,甚至爆炸。所以,高温可使反应完全。但如果温度过高,会有显著的热分解现象,因此,一般控制合成炉出口温度为 400～450 ℃。

(2)水分。绝对干燥的氯气和氢气是很难反应的,而有微量水分存在时可以加快反应速率,水分是促进氯气与氢气反应的媒介。但如果水含量超过 0.005%,其对反应速率的影响将减弱。

(3)氯氢的物质的量比。氯化氢合成的反应,理论上,氯和氢按 1∶1 的物质的量比化合。实际生产中,原料成分或操作条件稍有波动,就会造成氯气供应过量,这对防止设备腐蚀、提高产品质量、防止环境污染都是不利的。因此,使氢气适当过量,范围控制在 5%～10%;若氢气过量太多,会有爆炸的危险。

二、合成炉与工艺流程

1. 合成炉

目前,国内外合成炉的炉型主要分为两大类:铁制炉和石墨炉。

铁制炉耐腐蚀性能差,使用寿命短,合成反应难以利用,操作环境较差,目前采用较少。

石墨炉分为二合一石墨炉和三合一石墨炉。二合一石墨炉是将合成和冷却集为一体的合成炉,三合一石墨炉则是将合成、冷却、吸收集为一体。

一般来说,石墨合成炉是立式圆筒形石墨设备,由炉体、冷却装置、燃烧反应装置、安全防爆装置、吸收装置、视镜等附件组成。

图 6-23 是三合一石墨炉,石英燃烧器(也称石英灯头)安装在炉的顶部,喷出的火焰方向朝下。合成段为圆筒状,由酚醛浸沸的不透性石墨制成,设有冷却水夹套,炉顶有一环形的稀酸分配槽,溢出的稀酸沿内壁向下流,一方面冷却炉壁,另一方面与氯化氢接触形成浓度稍高的稀盐酸作吸收段的吸收剂。与合成段相连的吸收段由六块相同的圆块孔式石墨元件组成,其轴向孔为吸收通道,径向孔为冷却水迈道。为强化吸收效果,增加流体的扰动,每个块体的轴向孔首末端加工成喇叭口状,并在块体上表面加工径向和环形沟槽,经过一段吸收的物料在此重新分配进入下一块体,直至最下面的块体。未被吸收的氯化氢,经下封头气液分离后去尾气塔,成品盐酸经液封送储槽。

2. 工艺流程

三合一石墨炉法的工艺流程如图 6-24 所示。由氯氢处理工序来的氯气和氢气分别经过氯气缓冲罐、氢气缓冲罐、氯气阻火器、氢气阻火器和各自的流量调节阀,以一定的比例进入石墨合成炉顶部的石英灯头。氯气走石英灯头的内层,氢气走石英灯头的外层,二者在石英灯头前混合燃烧,化合成氯化氢。

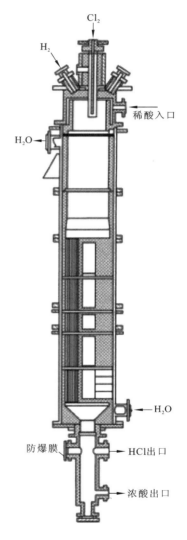

图 6-23 三合一石墨炉

生成的氯化氢向下进入冷却吸收段,从尾气塔来的稀酸从合成炉顶部进入,经分布环呈膜状沿合成段炉壁下流至吸收段,经再分配流入块孔式石墨吸收段的轴向孔,与氯化氢一起顺流而下。同时,氯化氢不断地被稀酸吸收,气

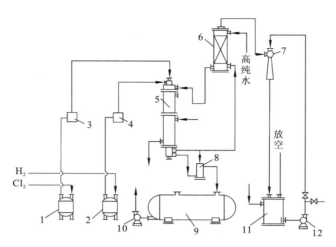

1—氯气缓冲罐;2—氢气缓冲罐;3—氯气阻火器;4—氢气阻火器;5—三合一石墨炉;6—尾气塔;
7—水力喷射器;8—液封罐;9—盐酸储槽;10—酸泵;11—循环酸罐;12—循环泵

图 6-24　三合一石墨炉法流程图

体中的氯化氢浓度变得越来越低,而酸浓度越来越高。最后未被吸收的氯化氢经石墨炉底部的封头进行气液分离,浓盐酸经液封罐流入盐酸储槽,未被吸收的氯化氢进入尾气塔底部。生成氯化氢的燃烧热及氯化氢溶解热由石墨炉夹套冷却水带走。

高纯水经转子流量计从尾气塔顶部喷淋,吸收逆流而上的氯化氢而成稀盐酸,并经液封进入石墨炉顶部。从尾气塔顶出来的尾气用水力喷射器抽走,经循环酸罐分离,不凝废气排入大气。下水经水泵输往水力喷射器,往复循环一段时间后可作为稀盐酸出售,或经碱性物质中和后排入下水道,或作为工业盐酸的吸收液。

三、吸收操作的基本要求

氯化氢溶于水形成盐酸是一个吸收过程,遵循吸收的规律,本质是氯化氢分子越过气液相界面向水中扩散的溶解过程。吸收操作应注意以下几点:

(1)吸收过程应在较低的温度下进行。氯化氢易溶于水,其溶解度与温度密切相关,温度越高溶解度越小;另外氯化氢的溶解产生大量溶解热,溶解热使溶液温度升高,从而降低氯化氢的溶解度,其结果是吸收能力降低,不能制备浓盐酸。因此,为确保酸的浓度和提高吸收氯化氢的能力,除加强对从合成炉来的氯化氢的冷却外,还应设法移出溶解热。

(2)保持一定的气流速率。根据双膜理论,氯化氢气体溶解于水,氯化氢分子扩散的阻力主要来自气膜,而气膜的阻力取决于气体的速率。流速越大则气膜越薄,其阻力越小,氯化氢分子扩散的速率越大,吸收效率也就越高。

(3)保证有足够大的接触面积。气液接触的相界面越大,氯化氢分子向水中扩散的机会越多,应尽可能提高气液相接触面积。如膜式吸收器分配要均匀,不要使吸收液膜断裂填料塔中的填料润湿状况应良好等。

[复习与思考]

1. 电解过程中有哪些副反应,对生产有何影响,该如何控制?
2. 可以通过什么措施来提高电能效率?
3. 离子交换膜的结构有何特点?
4. 保护离子交换膜的电解工艺条件有哪些?
5. 合成氯化氢时的条件有哪些?
6. 水吸收氯化氢气体制备盐酸应注意什么?

单元七　石油炼制与加工

 教学目标

1. 通过本章的学习,了解石油基本知识。
2. 掌握石油炼制的典型过程—常减压蒸馏、催化裂化。
3. 了解石油化工产品的基本知识,掌握催化裂解工艺,掌握液相本体法生产聚丙烯工艺,了解其他的聚丙烯生产方法。
4. 了解石油炼制及化工生产过程中"三废"治理及综合利用的基本情况。

 重点难点

1. 根据生产需要选择合适的工艺、生产方法。
2. 能正确分辨及处理石油炼制加工过程中的故障。

项目一　石油的常减压蒸馏

[知识目标]

1. 理解石油常减压蒸馏的原理及工艺影响因素。
2. 掌握蒸馏生产过程的概念及操作方式、特点及工业应用。

[能力目标]

1. 能以工程的观念、经济的观点和市场的观念,选择合适的工艺生产方法。
2. 能正确分辨及处理蒸馏生产过程中的故障。

[背景知识]

1. 装置组成

装置包括原油电脱盐部分、原油换热部分、闪蒸塔部分、常压蒸馏部分、减压蒸馏部分、减黏部分、电精制部分。

2. 原料油

本单元以 M100 为燃料油。

3. 装置的主要产品（或中间产品）

装置的主要产品（或中间产品）：汽油、柴油、减压腊油、减压渣油。石油系列产品如图 7-1 所示。

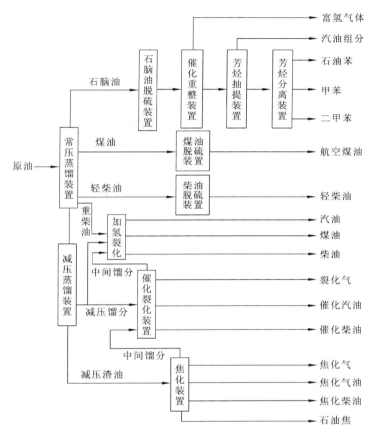

图 7-1　石油炼制工艺与产品

4. 工艺原理

（1）原油预处理。原油中含有水、无机盐等各种杂质，在加工过程中会对设备及产品质量造成危害，而绝大多数的盐可溶于水，形成乳化液，要脱盐就必须脱水，脱水就必须破乳。原油中注水后，在破乳剂和高压电场的作用下，原油中处于分散状态下的含盐水滴逐步聚合，形成较大的水滴，利用油水的密度差使油水分离，再通过切水系统将其除去，达到脱盐脱水的目的。

（2）脱水脱盐原理。由于原油中的盐类，大部分是溶于所含水中的，因此，脱盐脱水是同时进行的。原油脱盐的原理是将盐分用一定的淡水稀释，将悬浮在油中的盐分溶解洗掉，然后借助于盐水密度差，把水和盐脱除，它们的分离，基本符合球形粒子在静止流体中自由沉降斯托克斯定律。

原油中的水由于天然乳化剂（胶质、沥青质）的存在及开采、输送过程中的剧烈扰动，形成了高度分散的油包水性乳状液,因此要加入适当的破乳剂来破坏油水界面的吸附膜,而与破乳剂形成一个较弱的吸附膜,并容易受到破坏。

在一定的压力和温度条件下,加入适当的破乳剂,使原油破乳的方法为化学脱水法,然而这种方法虽有效果,但毕竟不是快速的,为了提高破乳效果,常采用电化学脱水法。

电化学脱水法是在化学脱水法的基础上,引入高压电场(通常为交流电场),原油中水滴不断受到吸引、排斥和振荡的结果而变形,水滴表面的保护膜受力不均匀而遭到破坏,小水滴合成大水滴而沉降。

对于原油量较高的原油,原油中有固体结晶盐存在,结晶盐被油膜包围,是一种油包盐的分散体系,也可用破乳剂来破坏,所以处理含有结晶盐的原油时,一方面要加入淡水洗盐,同时也要加入破乳剂,提高脱盐效果。

(3) 影响原油脱水脱盐的因素。

a. 温度。脱水脱盐过程中要在一定的温度条件下进行,温度升高,可以降低原油的密度和黏度,在一定范围内就意味着增加油水的密度差,减少水滴阻力,有利于水滴运动。国内几种原油的脱水脱盐温度一般控制在 120～140 ℃ 之间。原油脱盐脱水温度不应太高,一是有可能使油水两相的密度差反而减少,二是原油的电导率随温度的上升而增加,温度过高不但不会提高脱水脱盐效果,而且可能由于电流过大,变压器跳闸而不能正常送电。

b. 压力。在原有脱水脱盐时,维持一定的压力是很有必要的,目的是防止原油的轻组分和水分的汽化,引起油层搅动,影响水滴的沉降分离,压力与原油轻组分含量和加热温度有关,必须保证压力大于该温度下水的饱和蒸汽压,一般采用 1.0 MPa～1.6 MPa。

c. 注水量及注水量位置。原油中的盐类不仅溶解于原油中的水相,还会分散于油中,如果不能使含于原油中的盐溶解于水。则不能将盐从原油中脱除,原油电脱盐脱水过程中加入淡水的目的是洗去原油中的结晶盐,促进乳状液破乳,加强脱盐效果。注水量与原油性质和电场梯度有关,原油中含盐多时,应当多注水,以便使盐充分溶解,来提高脱盐效果,但水是良好导体,注水过多就会在电极间出现短路,破坏电场平稳操作。

淡水注入位置,可在原油泵入口处或在加热器入口处,也可在电脱盐灌入口处,一方面要考虑混合良好提高洗盐效果,另一方面要防止过度混合,形成牢固的乳状液,影响脱水脱盐效果。

d. 破乳剂。注入量一般在 60 ppm 左右,注入位置可与淡水同时注入,也可单独注入。

e. 电场梯度和原油在电场内的停留时间。原油电脱盐脱水效率主要取决于电场梯度的大小和原油在电场中的停留时间。从破乳化效果考虑,应维持较大的电场梯度较好,但在实际操作中电场梯度大,会使原油中的水滴串联起来造成电极短路,这种情况尤其在原油含水含盐较多时更为严重,在实际操作中,电场梯度选择得低些,对原油含盐含水量变化的适应能力较强,目前电场强度一般控制在 700～1 000 V/cm。

原油脱水脱盐的效率还与原油在强电场内的停留时间有关,所谓的强电场是指下层电极以上的电场,这里的电场梯度称为强电场强度。实践表明,原油在电场内停留时间一定时,脱盐效率随电场梯度的增加而提高。在同一电场梯度下,脱盐效率随停留时间的延长而提高,但是脱盐效率的提高只有在停留时间小于 2 min,电场梯度小于 1 500 V/cm 的条件下才较显著,超出此范围,随着停留时间的延长和电场强度的提高,单位原有的耗电量就会上升。

f. 电脱盐罐的结构。

① 采用卧式灌和水平电极板,增加电极板面积,提高其原油处理量,降低耗电量。

② 电极板由多层减少到二、三层,加大极板间距离和极板尺寸,降低电场梯度和原油在电场中的停留时间,有利于扩大处理量。

③ 选用下大上小的极板间距离,原油先经过间距大、电场梯度小的极板脱水,然后由下而上,通过电极梯度大的极板,使顽固的乳化液在苛刻的条件下破乳。

④ 电极板加长加宽,消除边壁效应,增大电场水平截面积,这样使极板于器壁形成边壁电场,提高脱水脱盐效果。

⑤ 原油进出口管采用与电极等长的筛孔管,使喷出的含水原油能均匀地进入电场,从而保证电场的平稳,提高脱水脱盐效果。

⑥ 针对瓷质绝缘吊挂易损坏的缺点,本装置电脱盐罐均用聚四氟乙烯吊挂电极板,减少吊挂的直径和长度,有耐用、轻便、好换、安全等优点。

(4) 几种蒸馏方法。

a. 一次汽化和一次冷凝。液体混合物在加热后,产生的蒸汽和液体密切接触,待加热到一定温度时,汽液两相一次分离,这种分离过程称为汽化。原油的一次汽化(又称平衡蒸发)在一次汽化过程中,混合物中各组分都有部分汽化,由于轻组分的沸点低,易汽化;重组分的沸点高,难汽化,所以一次汽化后的汽相中含有较多的轻组分,液相中则含有较多的重组分,但是不可能将轻重组分完全分离。

一次冷凝与一次汽化是相反的过程,在冷凝过程中形成的冷凝液体不与汽相分开,与汽相呈平衡状态,直到混合物冷却到一定温度,才将冷凝液体与未冷凝的气体分离,在冷凝过程中,重组分先冷凝,所以气体混合物经过一次冷凝后,汽相中含较多的轻组分,但是同一次汽化一样,不可能将轻重组分完全分离。

b. 渐次汽化和渐次冷凝。在汽化过程中,随时将汽化处的气体与液体分离称为渐次汽化,是一种间歇式的蒸馏方法,实验室中的恩式蒸馏和实沸点蒸馏属于渐次汽化。

渐次冷凝与渐次汽化相反,冷凝液不断与气体混合物分离,随着气体的温度下降,气体混合中重组分浓度不断减少,经组分浓度不断增加,直至达到规定的冷凝温度为止。蒸馏塔顶产品的冷凝冷却即为渐次冷凝过程。

c. 两种汽化与冷凝方式的比较。

① 一次汽化气相与残液始终处于相平衡状态,渐次汽化只有刚生成的微量气体与残液处于相平衡状态,渐次汽化由多次微小的一次汽化组成。

② 同一液体混合物在相同的压力下采用不同的汽化方法,开始的汽化温度由不相同的,一次汽化的泡点较渐次汽化的初馏点高。

③ 同一液体混合物在相同的压力下,采用不同的汽化方法,一次汽化过程全部汽化时的温度与原始组分有关,如混合物中轻组分多,则全部汽化所需温度就低些。渐次汽化过程全部汽化时的温度与原始组成无关,由于最后的是残余的重组分,所以汽化终了时的

温度就是重组分的沸点。

④ 在一定压力下,温度相同,一次汽化的汽化率要比渐次汽化大,在同一汽化率时,一次汽化所需的温度比渐次汽化低,换句话说,汽化处相同的数量的油品时,一次汽化所需的温度较渐次汽化低。

d. 水蒸气蒸馏与减压蒸馏原理。精馏是利用汽化冷凝的方法,将不同沸点的混合物分开,原油中重组分的沸点很高,在常压下蒸馏时,需要加热到较高的温度,但是当原油加热到 370℃ 以上时,其中高分子烃类对热不稳定,容易分解影响馏出物的质量,为此,对于蒸出高沸点馏分时常采用水蒸气蒸馏和减压蒸馏。

① 水蒸气蒸馏。原油蒸馏装置采用水蒸气蒸馏的方法来降低油品的沸点。即在蒸馏塔的塔底或塔侧线吹入过热水蒸气,由于水和油形成互不相溶的混合物,根据道尔顿分压定律,在塔内总压力保持一定时,塔内总压力等于水蒸气分压和油气分压之和,这时油是在一定的油气分压下进行蒸馏,也就是水蒸气帮助油品在低温下汽化和沸腾,吹入水蒸气越多,形成水蒸气分压就越大,油气分压就越小,油品沸腾所需的温度就越低。

使用的蒸汽通常是过热蒸汽,水蒸气温度应高于或等于被蒸馏油品的温度。

② 减压蒸馏(干式)。减压蒸馏是利用蒸汽喷射抽空器将减压塔内的气体抽出,使塔内形成负压,常压渣油经过减压炉加热,在低于大气压力下进行汽化(蜡油组分)蒸馏,这样较高沸点的馏分就在低于它们常压沸点的温度下汽化蒸出,这样不至于在常压下汽化,因温度过高而造成渣油热分解或结焦影响正常生产。

(5) 一脱四注。

a. 一脱。即原油电脱盐,脱除原油中水分及无机盐类($NaCl$,$CaCl_2$,$MgCl_2$)。由于 $CaCl_2$、$MgCl_2$ 较难脱除,水解后产生 HCl 溶于水形成盐酸,对设备具有腐蚀作用。因此。电脱盐不仅要降低总盐量,也要降低 Ca、Mg 含量,才能减轻设备腐蚀,因此我车间采用三级电脱盐工艺。

b. 四注。

① 原油注破乳剂。原油在电脱盐罐前注入破乳剂脱掉原油中的水及盐。

② 挥发线注氨。由于挥发线部位温度较低,已有冷凝水产生,原油经电脱盐及注碱后,仍有部分 $HCl(5\%\sim10\%)$ 在低温部位形成严重腐蚀,因此在挥发线注氨,以中和水冷凝前的 HCl。

$$NH_3 \cdot H_2O + HCl = NH_4Cl + H_2O$$

注氨也中和了 H_2S,使生成的 F_2S 保护膜不被破坏,进一步降低了腐蚀。

注入量应按冷凝水的 pH 控制,pH 一般控制在 7.5~8.5 之间。

③ 挥发线注水。

④ 挥发线上注缓蚀剂(或碱性水)。通常将碱性水注入挥发线,进行急冷,使冷凝器的腐蚀移到馏出线内,中和和稀释 HCl 溶液,溶解 NH_4Cl,防止 NH_4Cl 堵塞及腐蚀设备,注水量一般以塔顶馏出总量的 5% 为宜。

c. 设备的腐蚀及防腐。炼厂设备由于腐蚀而损坏设备,影响开工周期,尤其加工含硫原油或电脱盐系统不好时,腐蚀更加严重。按腐蚀部位不同分为高温重油及低温轻油两部分。

d. 高温重油部位腐蚀。高温重油部位的腐蚀主要由原油中的活性硫(硫、硫化氢、硫醇)在高温条件下引起的腐蚀,通常集中在加热炉管内壁、各塔塔底系统等高温部位。

e. 低温轻油部位腐蚀。低温轻油部位腐蚀是由于原油中无机盐如 $MgCl_2$ 水解产生 HCl,硫化物分解产生 H_2S,遇到冷凝水时形成 $HCl\text{-}H_2S\text{-}H_2O$ 腐蚀,其集中在分馏塔塔顶及冷凝冷却系统,尤其以常压塔塔顶及其冷凝冷却系统的腐蚀更加严重。

另外,石油中的环烷酸对设备的腐蚀也不容忽视。

f. 设备的防腐措施:

① 高温重油部位衬以耐腐蚀材料。

② 采用一脱四注工艺,消除 HCl 的产生,同时抑制它的腐蚀作用,但对含硫原油并不起决定作用。

(6)常压蒸馏。脱盐后的原油经换热进入闪蒸塔进行预分馏,以减少进入常压塔的轻组分,并使原油中所含的水在闪蒸塔汽化,避免对常压塔操作造成大的冲击。闪蒸塔底油经常压炉加热至 365 ℃ 左右,使其部分汽化后进入常压塔,在常压塔内平衡汽化后气相经塔盘上升,在塔盘上与液相回流发生传质热作用,通过回流调整塔内的温度梯度和汽液相负荷的分布,利用塔盘的分离作用,在塔的不同高度处抽出液相,就可以得到所需的各种馏分的产品,如图 7-2 所示。

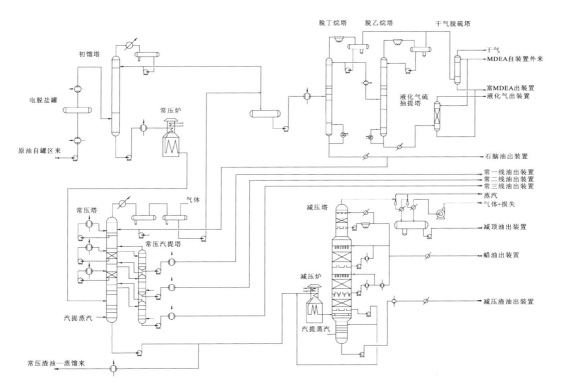

图 7-2　常减压蒸馏流程图

(7)减压蒸馏。常底重油在常压下必须加热到 400 ℃ 以上才能继续分馏,但高温度造成油品裂解和结焦,影响产品质量和长周期生产。根据油品的沸点随压力降低而降低的原理,利用喷射式蒸汽抽空器抽真空的方法使减压塔内保持负压状态,使高沸点组分在低于其常压沸点的温度下汽化蒸汽,从而避免温度过高造成的渣油热裂化和结焦,保证油品质量和分馏效果,如图 7-2 所示。

(8)渣油减黏。减黏装置是以减压渣油为原料,在较低温度下(368 ℃),经过延迟反应器,渣油发生轻度的热裂化,产生部分气体(1%)和轻组分(2%),使渣油黏度降低,生产合格的燃料油。

任务一　石油常压蒸馏

[知识目标]

1. 了解常压蒸馏生产油品的种类。
2. 掌握常压蒸馏的步骤和方法。

[技能目标]

1. 能够分析比较不同蒸馏方法。
2. 能够根据生产实际选择最佳的操作方式。

一、塔的操作

主要是包括塔底液面、塔顶压力和塔顶及侧线温度液面的控制,塔的平稳操作的关键是控制好塔的物料、热量平衡,维持好一个合理的操作条件,工艺参数的控制主要就是针对上述两点的要求进行调节的。

1. 初馏塔顶温度的控制与调节

(1)控制原则:用塔顶冷回流量来控制。

(2)初顶温度调节:

影响因素	调节方法
(1)塔顶回流量变化	(1)控制好塔顶回流量
(2)塔顶回流温度变化	(2)手动调节冷后温度
(3)塔顶压力变化	(3)找出塔顶压力变化原因进行调节
(4)原油性质变化	(4)根据原油轻重相应调节塔顶温度
(5)原油含水量变化	(5)联系原油罐区加强切水并加强电脱盐切水
(6)原油进塔温度变化	(6)稳定原油进塔温度
(7)原油量变化	(7)稳定原油量
(8)塔底吹汽量变化	(8)根据操作适当调节
(9)塔顶溢流滞水	(9)加强回流罐切水
(10)冲塔	(10)找出冲塔原因,并处理
(11)循环水压力波动	(11)联系调度调节水压

2. 初顶压力控制

(1)控制原则:要求保持塔顶压力平稳且低,提高拔出率且质量合格。

（2）初顶压力控制：

影响因素	调节方法
（1）进料量变化	（1）稳定原油量
（2）塔底液面变化	（2）稳定塔底液面搞好物料平衡
（3）原油进塔温度变化	（3）稳定原油进塔温度
（4）塔顶回流滞水	（4）加强回流罐切水
（5）仪表失灵	（5）联系维修处理
（6）塔底吹汽量变化	（6）根据操作适当调节
（7）回流罐液位变化	（7）稳定回流罐液位
（8）原油含水量变化	（8）联系原油罐区切水加强电脱盐切水
（9）塔顶三注量不稳	（9）控制好塔顶三注量
（10）天气温度变化	（10）根据气温变化开停部分空冷风机或调整冷却水

3. 底液面的控制与调节

初馏塔对整个原油的换热起了一个中路缓冲作用,初馏塔底液面控制的好坏与否,直接影响司炉岗位及常压岗位的操作,所以初馏塔底液面控制平衡是正常生产中的关键一环。

（1）控制原则:塔底液面由原油量及塔底出料量来调节。

（2）初馏塔底液面控制:

影响因素	调节方法
（1）原油进料量变化	（1）联系罐区,采取措施稳定进料量
（2）原油带水或电脱盐效果不好	（2）加强罐区切水,加强电脱盐操作
（3）出现堵、卡	（3）改走副线,联系仪表处理
（4）主线出现故障	（4）改走副线,联系仪表处理
（5）副线出现故障	（5）副线调节以两路原油量不变为准
（6）塔底扫线及其他扫线阀关不严	（6）关严扫线蒸汽阀
（7）后路系统发生故障	（7）及时查找原因处理
（8）抽空或发生故障	（8）切换备用泵,联系钳工处理
（9）原油性质变化	（9）根据情况,适当处理
（10）进料温度波动	（10）查找原因加以调整
（11）塔底液位指示失灵	（11）维持操作,联系仪表处理
（12）回流温度,流量波动	（12）调节回流

4. 常压塔顶温度的控制与调节

温度是全塔热平衡的一个集中而又灵敏的反映,它控制着塔顶回流量的大小,是全塔温度控制的一个关键点,对汽油组分及常一线的质量有决定性的影响。

（1）控制原则:用塔顶回流量和常顶循还塔温度来控制。

（2）常顶温度控制:

影响因素	调节方法
(1) 出口温度波动	(1) 稳定炉出口温度
(2) 塔顶回流带水	(2) 加强切水
(3) 塔顶回流量波动	(3) 控制好回流量
(4) 一中、二中常顶循回流量波动	(4) 控制好回流量
(5) 一中、二中常顶循温度波动	(5) 控制好回流量度
(6) 原油性质变化	(6) 根据原油性质,调整塔顶温度
(7) 塔底吹汽量变化	(7) 根据操作适当调节
(8) 原油带水或脱水效果不好	(8) 加强罐区切水及电脱盐脱水
(9) 原油量波动	(9) 稳定原油量
(10) 侧线量波动	(10) 稳定侧线量
(11) 仪表指示失灵	(11) 联系仪表处理

5. 常压侧线温度的调节

温度是控制侧线产品质量的一个重要因素,它是通过改变塔顶温度和改变侧线抽出量,从而使抽出板上下液相回流量发生变化来进行调节的,但由于侧线的抽出量对一定的进料量占一定的比例关系,不允许做大幅度的变化。

(1) 控制原则:用塔顶温度及侧线抽出量来控制。

(2) 侧线温度的控制:

影响因素	调节方法
(1) 塔顶温度变化	(1) 找出变化原因,平稳塔顶温度
(2) 塔顶压力变化	(2) 平稳塔顶压力,调好回流及瓦斯后路
(3) 出口温度波动	(3) 平稳炉出口温度
(4) 侧线抽出量变化	(4) 平稳抽出量
(5) 塔底液面波动	(5) 平稳塔底液面
(6) 塔底吹汽及侧线吹汽量变化	(6) 平稳吹汽量
(7) 蒸汽压力波动	(7) 平稳蒸汽压力
(8) 流量指示表失灵,侧线温度变化	(8) 联系仪表处理
(9) 中段回流量,温度变化	(9) 平稳中段回流量及温度
(10) 原油性质变化	(10) 根据原油性质调整操作
(11) 冲塔	(11) 找出冲塔原因,并处理
(12) 馏出管线堵	(12) 吹扫管线
(13) 塔盘堵	(13) 洗塔盘
(14) 常顶回流,常顶循回流量温度变化	(14) 平稳常顶回流及常顶循回流量及温度

6. 常压塔底液面的控制

(1) 控制原则:由原油量和塔底出料量来控制。

(2) 塔底液面控制:

影响因素	调节方法
(1) 进料量变化	(1) 稳定进料量
(2) 出口温度波动	(2) 稳定炉出口温度
(3) 进料量变化	(3) 稳定进料量
(4) 侧线抽出量变化	(4) 稳定抽出量
(5) 各回流量变化	(5) 调整各回流量
(6) 塔底吹汽量变化	(6) 稳定吹汽量
(7) 原油含水或电脱盐罐脱水效果不好	(7) 加强原油切水及电脱盐脱水
(8) 塔顶压力波动	(8) 找出塔顶矿井力波动原因进行调整
(9) 原油性质变化	(9) 根据原油性质适当调整侧线量
(10) 塔底泵上量不好	(10) 切换备用泵,修泵
(11) 塔底液面指示失灵	(11) 联系仪表处理
(12) 塔底扫线关不严	(12) 关严扫线阀

7. 常顶压力的控制

产品分馏的主要工艺条件之一,它的变化会引起全塔操作条件的改变,塔顶压力实际上反映了塔顶系统压力降的大小。常压塔属低压分馏容器,不允许在压力超高下操作,当常顶压力>0.24 MPa 时,安全阀起跳泄压,以保证设备的安全运行。

(1) 控制原则:要求保持塔顶压力低并且平稳,以提高拔出率,并使质量合格。

(2) 塔顶压力控制:

影响因素	调节方法
(1) 处理量变化	(1) 稳定处理量,据处理量调节塔顶注水量
(2) 塔底液面波动	(2) 稳定塔底液面,搞好物料平衡
(3) 天气温度变化及空冷风机开停	(3) 根据气温情况,调节风机开停
(4) 出口温度变化	(4) 稳定出口温度
(5) 原油带水及电脱盐脱水不好	(5) 加强原油切水及电脱盐脱水
(6) 液面变化	(6) 稳定液面
(7) 吹汽量变化	(7) 调整吹汽至适当
(8) 仪表失灵	(8) 联系仪表处理
(9) 回流带水	(9) 加强切水
(10) 原油性质变化	(10) 根据原油性质对操作进行调整
(11) 回流量及温度变化	(11) 根据实际情况调整回流量或开关风机
(12) 空冷器堵塞	(12) 加大常顶注水,冲洗堵塞物

8. 汽提塔液面控制

常压侧线的抽出都是部分抽出,一般采用满塔操作,但如果对侧线产品的闪点要求较高时,就必须采用控制汽提塔液面的方法来提高汽提效果。

(1) 控制原则:用进料量和塔底抽出量来控制。

(2) 汽提塔液面控制:

影响因素	调节方法
（1）侧线泵抽出量变化	（1）稳定抽出量
（2）液面控制失灵	（2）走副线联系仪表处理
（3）吹汽量变化	（3）根据情况决定吹汽量
（4）原油性质变化	（4）根据原油性质决定侧线抽出量
（5）处理量变化	（5）侧线抽出量随处理量成比例改变

二、产品质量调节

1. 初顶汽油质量（干点）控制

（1）控制原则：由塔顶温度控制。

（2）初顶汽油质量控制：

影响因素	调节方法
（1）塔顶温度变化	（1）稳定塔顶温度
（2）塔顶压力变化	（2）稳定塔顶压力
（3）原油量波动	（3）稳定原油量
（4）塔底或侧线吹汽过大	（4）调节吹汽至适当
（5）原油性质变化	（5）适当调节塔顶温度
（6）原油带水或脱水效果不好	（6）加强罐区切水及脱盐罐脱水
（7）顶回流带水	（7）加强切水
（8）顶回流温度变化	（8）平稳温度
（9）塔底液面过高	（9）加大抽出量降液面
（10）顶循温度，流量变化	（10）平稳顶循温度，流量
（11）塔盘堵塞	（11）洗塔盘
（12）一中、二中温度和流量变化较大	（12）平稳一中、二中温度和流量
（13）常一线汽提蒸汽过大	（13）适当关小
（14）出口温度波动	（14）平稳出口温度

2. 常顶汽油质量（干点）控制

（1）控制原则：由塔顶温度控制。

（2）常顶汽油质量控制：

影响因素	调节方法
（1）塔顶温度变化	（1）稳定塔顶温度
（2）塔顶压力变化	（2）稳定塔顶压力
（3）原油量波动	（3）稳定原油量
（4）塔底或侧线吹汽过大	（4）调节吹汽至适当
（5）原油性质变化	（5）适当调节塔顶温度

续表

影响因素	调节方法
(6) 原油带水或脱水效果不好	(6) 加强罐区切水及脱盐罐脱水
(7) 顶回流带水	(7) 加强切水
(8) 顶回流温度变化	(8) 平稳温度
(9) 塔底液面过高	(9) 加大抽出量降液面
(10) 塔盘堵塞	(10) 洗塔盘

3. 侧线质量(溶剂油、柴油)控制

(1) 侧线闪点过低:

影响因素	调节方法
(1) 侧线汽提开度不够	(1) 适当开大
(2) 塔顶或上侧线馏出温度过低	(2) 适当提高塔顶或上侧线馏出温度
(3) 上一侧线抽出量过少	(3) 适当增加上一侧线抽出量
(4) 侧线馏出温度过低	(4) 开大侧线量或提高顶温

(2) 侧线干点过高:

影响因素	调节方法
(1) 侧线馏出量过多	(1) 减少侧线馏出量
(2) 侧线馏出温度过高	(2) 降低塔顶温度或适当提高中段回流量
(3) 下一侧线汽提量过大	(3) 减少下一侧线汽提量
(4) 上侧线或下一侧线馏出量过大	(4) 看馏程降上一侧线或下一侧线的量
(5) 炉温过高	(5) 降低炉出口温度
(6) 换热器漏,原油串入侧线	(6) 甩换热器
(7) 蒸汽压力波动,塔底汽提过大	(7) 平稳蒸汽压力,适当降汽提蒸汽量
(8) 塔底液面过高冲塔	(8) 按冲塔处理
(9) 原油量下降	(9) 提高原油量,保证平稳

(3) 侧线凝固点高:

影响因素	调节方法
(1) 塔顶温度过高或上一层侧线馏出量过多	(1) 适当压低塔顶温度或减少上层侧线馏出量
(2) 汽提量过大	(2) 减少汽提量
(3) 侧线干点高,凝固点高	(3) 处理方法同干点高一样

(4) 侧线比例大,黏度大:

影响因素	调节方法
（1）该侧线馏出温度高	（1）适当降低塔顶温度
（2）进料温度高	（2）稳定 F-101 出口温度至正常
（3）该侧线馏出量大	（3）适当减少该侧线抽出量
（4）原油性质变化过重	（4）酌情降低塔顶温度或减少汽提开度
（5）塔顶温度或上侧线温度过高	（5）降塔顶或上侧线温度
（6）汽提开度太大	（6）关小汽提

任务二 减压蒸馏

[知识目标]

1. 了解减压蒸馏生产油品的种类。
2. 掌握减压蒸馏的步骤和方法。

[技能目标]

1. 能够根据生产实际选择最佳的操作方式。
2. 能够选择合适的质量调节方法。

减压分馏的原理和操作法与常压大致相同，它的侧线量、温度、顶温、液面控制、影响因素以及物料和热量的平衡的维持也基本与常压相同，所不同的是在负压的条件下蒸馏，所以真空度对以下各个操作条件都会造成影响，几乎每个条件中的影响因素与调节方法都提到了真空度的变化和控制。

一、正常操作

1. 减顶温度控制

（1）控制原则：用减顶循回流量和回流温度来调节。

（2）减顶温度控制：

影响因素	调节方法
（1）出口温度波动	（1）稳定出口温度
（2）顶回流量波动	（2）稳定顶回流量
（3）顶回流量温度波动	（3）调整减顶冷却效果，保持冷后温度稳定
（4）一中、二中回流量及温度变化	（4）平稳一中、二中回流量及温度
（5）塔进料量变化	（5）根据负荷、塔顶温度适当调整
（6）塔底吹汽，炉管注汽变化	（6）调整塔底吹汽及炉管注汽
（7）真空度波动	（7）调整真空度
（8）各侧线抽出量波动	（8）稳定各侧线量
（9）常压拔出率变化	（9）加强常压拔出率
（10）冲塔	（10）按冲塔处理
（11）仪表失灵	（11）联系仪表处理
（12）各液面波动	（12）平稳液面至正常

2. 侧线温度变化

（1）控制原则：由减顶循、一中、二中回流量及侧线馏出量来控制。

（2）侧线温度变化：

影响因素	调节方法
（1）减顶温度变化	（1）平稳减顶温度
（2）减顶真空度变化	（2）调整真空度
（3）回流温度和流量变化	（3）稳定回流温度及流量
（4）回流取热比例变化	（4）调整回流取热比例到正常
（5）塔底吹汽量变化	（5）平稳塔底吹汽量
（6）出口温度变化	（6）平稳出口温度
（7）各侧线液面变化	（7）调整液面至正常
（8）冲塔	（8）按冲塔处理
（9）指示仪表失灵	（9）联系仪表处理

3. 液面控制

（1）控制原则：用塔底及侧线抽出量来控制，减底液面不可长时间超高，以免渣油停留时间过长造成结焦。

（2）液面控制：

影响因素	调节方法
（1）出口温度变化	（1）平稳出口温度在指标范围内
（2）减底及侧线泵上量差	（2）切换备用泵运行
（3）真空度变化	（3）调整真空度
（4）进料量变化	（4）平稳进料量
（5）侧线拔出量变化	（5）调节平稳侧线量
（6）液面控制失灵	（6）改副线联系仪表处理
（7）备用泵预热量突变	（7）关小备用泵预热阀
（8）塔底吹汽变化	（8）稳定吹汽
（9）各回流量波动	（9）稳定各回流量

4. 真空度下降

影响因素	调节方法
（1）蒸汽压力下降	（1）联系热电提高压力
（2）循环水水温上升	（2）联系供排水调节水温
（3）循环水水压下降	（3）联系供排水调节水压
（4）减压系统泄漏	（4）找出泄漏点
（5）出口温度过高	（5）降低炉出口温度至正常

影响因素	调节方法
（6）塔底液面过高	（6）降低塔底液面
（7）水封破坏	（7）建立水封
（8）内漏,减顶回流带水	（8）处理换热器
（9）中段回流过少或抽空	（9）加大中段回流,处理抽空泵
（10）塔顶温度过高	（10）加大减顶循回流,增加常压拔出率
（11）真空表失灵	（11）联系仪表处理
（12）抽空器蒸汽太小或太大	（12）将抽空器蒸汽调到适中
（13）冷却器或大气腿堵	（13）处理冷却器或大气腿
（14）冷却器结垢严重,冷却效果差,大气腿温度过高	（14）处理冷却器或大气腿
（15）抽空器结垢或堵塞	（15）处理抽空器
（16）减顶瓦斯后路堵塞	（16）疏通瓦斯线
（17）塔底吹汽量大	（17）适当调节吹汽量

二、产品质量调节

1. 侧线蜡油残炭（干点）控制

残炭、干点过高原因	调节方法
（1）换热器泄漏,串油	（1）甩换热器,检修
（2）中段回流少,温度过高	（2）加大回流,压侧线温度
（3）真空度过高	（3）适当降低真空度
（4）冲塔	（4）按冲塔处理
（5）出口温度过高	（5）降出口温度至正常
（6）常压拔出率过高或过低	（6）将常压拔出率调至适当
（7）液相内回流在填料走短路	（7）停工处理油量
（8）处理量过大或过小	（8）将处理量调至适当
（9）减底液面过高	（9）降塔底液面至正常
（10）破沫网损坏	（10）停工处理
（11）塔底吹汽过高	（11）降低吹汽量

2. 减压侧线生产润滑油基础油的质量调节方法

（1）黏度的变化及调节方法：

影响因素	调节方法
（1）上一侧线残馏出量变化	（1）调节合适的上一侧线量
（2）本侧线残馏出温度变化	（2）调节本侧线馏出量
（3）本侧线汽提蒸汽影响	（3）保持合适的汽提量
（4）塔底吹汽量变化	（4）适当调节塔底吹汽量
（5）F-102 出口温度变化	（5）平稳操作炉出口温度

（2）比色的变化及调节方法：

影响因素	调节方法
（1）油品馏稳重，黏度高造成比色上升	（1）根据化验分析结果适当调整
（2）塔内气相负荷大	（2）适当调节塔顶温度，分配好各段回流量

3. 渣油软化点低（生产沥青时）

影响因素	调节方法
（1）出口温度低	（1）调节出口温度至正常指标
（2）真空度变低	（2）提高真空度
（3）侧线拔出较少	（3）加大回流提侧线量
（4）常压拔出率低	（4）提高常压拔出率
（5）塔底吹汽过少	（5）加大塔底吹汽量
（6）中段回流量过大，塔压降大	（6）适当降低回流量

项目二　石油催化裂化

[知识目标]

1. 理解石油催化裂化的原理及工艺影响因素。

2. 掌握石油催化裂化生产过程的概念及操作方式、特点及工业应用。

[能力目标]

1. 能以工程的观念、经济的观点和市场的观念，选择合适的工艺生产方法。

2. 能正确分辨及处理石油催化裂化生产过程中的故障。

催化裂化是原油二次加工中最重要的加工过程，是液化石油气、汽油、煤油和柴油的主要生产手段，在炼油厂中占有举足轻重的地位。

催化裂化一般以减压馏分油和焦化蜡油为原料，但是随着原油的日趋变重的增长趋势和市场对轻质油品的大量需求，部分炼厂开始掺炼减压渣油，甚至直接以常压渣油作为裂化原料。下面将从六个方面对催化裂化展开介绍。

（1）催化裂化的一般特点：

a. 轻质油（包括汽油、煤油和柴油）收率高，可达 70%～80%（质量分数），而原油初馏的轻质油收率仅为 10%～40%。

b. 催化裂化汽油的辛烷值较高，研究法辛烷值可达 85 以上，汽油的稳定性也较好。

c. 催化裂化柴油的十六烷值低，常与直馏柴油调和使用，或者加氢精制提高十六烷值。

d. 催化裂化气体产品占 10%～20%（质量分数），其中 90% 是液化石油气，并且含有

大量的 C_3、C_4 烯烃,是优良的石油化工和生产高辛烷值汽油组分的原料。

（2）重油催化裂化的特点：

a. 焦炭产率高。重油催化裂化的焦炭产率高达 $8\%\sim12\%$,而馏分油催化裂化的焦炭产率通常为 $5\%\sim6\%$。

b. 重金属污染催化剂。与馏分油相比,重油含有较多的重金属,在催化裂化过程中这些重金属会沉积在催化剂表面,导致催化剂受污染或中毒。

c. 硫、氮杂质的影响。重油中的硫、氮等杂原子的含量相对较高,导致裂化后的轻质油品中的硫、氮含量较高,影响产品的质量;也会导致焦炭中的硫、氮含量较高,在催化剂烧焦过程中会产生较多的硫、氮氧化物,腐蚀设备,污染环境。

d. 催化裂化条件下,重油不能完全气化。重油在催化裂化条件下只能部分气化,未气化的小液滴会附着在催化剂表面上,此时的传质阻力不能忽略,反应过程是一个复杂的气-液-固三相催化反应过程。

（3）单体烃的催化裂化反应：

a. 烷烃主要发生分解反应,生成较小分子的烷烃和烯烃。

b. 烯烃除发生分解反应外,还发生异构化、氢转移和芳构化等反应。

c. 环烷烃可以发生开环反应生成链状烯烃,也可以发生氢转移反应生成芳香烃。

d. 芳香烃不发生开环反应,只发生断侧链反应,且断裂的位置主要发生在侧链同芳香环连接的键上。

（4）烃类催化裂化反应机理和产物分布规律：绝大多数学者认为烃类的催化裂化反应遵循碳正离子反应机理。按照碳正离子反应机理,烃类催化裂化的反应性能和产物分布规律如下：

a. 裂化原料中,烯烃裂化的速度和芳香烃断侧链的速度都很快,而环烷烃和异构烷烃的反应速率较慢,正构烷烃的分解速率最慢。

b. 汽油中的烯烃含量很高,芳香烃含量也比较高,汽油的辛烷值较高。

c. 柴油中烷烃含量较低,十六烷值较低。

d. 裂化气体中 C_3 和 C_4 产物的含量很高,并且主要是丙烯和丁烯,在 C_4 产物中,异构烃类的含量较高。

（5）催化裂化的影响因素：主要包括原料油的性质、催化剂性质、操作条件以及反应装置。

a. 裂化原料油性质的影响。一般来说,原料油的 H/C 比越大,饱和分含量越高,则裂化得到的汽油和轻质油收率越高。原料的残炭值越大,硫、氮以及重金属含量越高,则汽油和轻质油收率越低,且产品质量越差。

b. 催化剂的性质。催化裂化催化剂分为硅酸铝催化剂和分子筛催化剂两种,催化剂的活性、选择性、稳定性、抗重金属污染性能、流化性能和抗磨损性能都对催化裂化有着不同程度的影响。一般来说,催化剂的活性越高,原料的转化率也越大;而催化剂的选择性越高,则轻质油品的收率也越高。分子筛催化剂的活性和选择性一般都优于硅酸铝催化剂,可提高汽油产率 $15\%\sim20\%$。

c. 操作条件的影响。操作条件包括原料的雾化效果和气化效果、反应温度、反应压力、反应时间、剂油比、水蒸气量和催化剂的停留时间等。原料的雾化效果和气化效果越好，原料油的转化率越高，轻质油品的收率也越高；反应温度越高，剂油比越大，则原料油转化率和汽油产率越高，但是焦炭的产率也变大；油气停留时间不能太短，也不宜过长，一般在 2～4 s；催化剂停留时间越长，则意味着单位催化剂上发生的反应数越多，催化剂的平均活性下降，会导致原料油的转化率下降，而反应压力的影响相对较小。

　　d. 目前炼油厂催化裂化装置普遍采用提升管作为反应装置，提升管的长短对裂化有一定的影响，提升管越长，则二次反应加剧，气体和焦炭产率较高。另外，原料油雾化喷嘴和旋风分离器的性能也对裂化产品分布有着一定的影响。

　　（6）催化裂化的工艺流程：催化裂化装置一般由三部分组成：反应-再生系统、分馏系统和吸收-稳定系统。其中，反应-再生系统是催化裂化装置的核心部分，其装置类型主要有床层反应式、提升管式，提升管式又分为高低并列式和同轴式两种。尽管不同装置类型的反应-再生系统会略微有所差异，但是其原理都是相同的，下面就以高低并列式提升管催化裂化为例进行简单介绍，其反应-再生系统的工艺流程如图 7-3 所示。

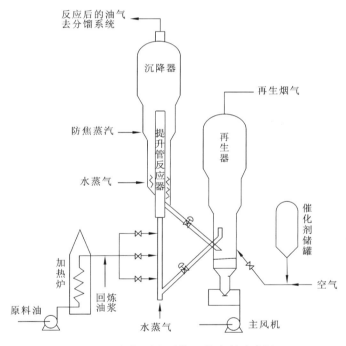

图 7-3　反应-再生系统工艺流程示意图

　　a. 反应-再生系统。新鲜原料油经过换热后与回炼油混合，经加热炉加热至 300～400 ℃后进入提升管反应器下部的喷嘴，用蒸汽雾化后进入提升管下部，与来自再生器的高温催化剂（600～750 ℃）接触，随即气化并进行反应。油气在提升管内的停留时间很短，一般 2～4 s。反应后的油气经过旋风分离器后进入集气室，通过沉降器顶部出口进入分馏系统。

　　积有焦炭的再生催化剂（待生催化剂）由沉降器进入下面的汽提段，用过热水蒸气进行汽提,以脱除吸附在待生催化剂表面的少量油气,然后经过待生斜管、待生单动滑阀进入再生器,与来自再生器底部的空气接触反应,恢复催化剂的活性,同时放出大量的热量。

b. 分馏系统。该部分的作用是将反应-再生系统的产物进行初步分离,得到部分产品和半成品。

c. 吸收-稳定系统。该部分包括吸收塔、解吸塔、再吸收塔、稳定塔和相应的冷却换热设备,目的是将来自分馏部分的富气中 C_2 以下组分与 C_3 以上组分分离以便分别利用,同时将混入汽油中的少量气体烃分出,以降低汽油的蒸气压。

任务一　石油反应-再生

[知识目标]

1. 了解反应-再生系统发生的过程。
2. 掌握关键工艺指标的控制步骤和方法。

[技能目标]

1. 能够分析比较不同工艺控制方法。
2. 能够根据生产实际选择最佳的操作方式。

一、反应

混合蜡油和常(减)压渣油分别由罐区原料罐送入装置内的静态混合器混合均匀后,进入原料缓冲罐,然后用原料泵抽出,经流量控制阀后与一中回流换热,再与油浆换热至 170～220 ℃,与回炼油一起进入静态混合器混合均匀。在注入钝化剂后分三路(三路设有流量控制)与雾化蒸汽一起经六个进料喷嘴进入提升管,与从第二再生进入的高温再生催化剂接触并立即汽化,裂化成轻质产品(液化气、汽油、柴油)并生成油浆、干气及焦炭。

新增焦化蜡油流程:焦化蜡油进装后先进焦化蜡油缓冲罐,然后经焦化蜡油泵提压至 1.3 MPa 后分为两路:一路经焦化蜡油进提升管控制阀进入提升管反应器的回炼油喷嘴或油浆喷嘴,剩余的焦化蜡油经另一路通过的液位控制阀与进装蜡油混合后进入原料油缓冲罐。

新增常压热渣油流程:为实现装置间的热联合,降低装置能耗,由常减压装置分出一路热常渣(约 350 ℃),进入原料油与回炼油混合器前,与原料混合均匀后进入提升管原料喷嘴。

反应油气、水蒸气、催化剂经提升管出口快分器分离出大部分催化剂,反应油气经过沉降器稀相沉降,再经沉降器内四组单级旋风分离器分离出绝大部分催化剂,反应油气、蒸汽连同微量的催化剂细粉经大油气管线至分馏塔人字挡板下部。分馏塔底油浆固体含量控制在<6 g/L。

旋分器分出的催化剂通过料腿返回到汽提段,料腿装有翼阀并浸没在汽提段床层中,保证具有正压密封,防止气体短路,汽提蒸汽经环形分布器进入汽提段的上中下三个部位使催化剂不仅处于流化状态,并汽提掉催化剂夹带的烃油气,汽提后的催化剂通过待生滑阀进入一再催化剂分布器。

二、再生

第一再生器在比较缓和的条件下进行部分燃烧,操作压力为 0.15～0.25 MPa(表),温度 660～690 ℃,在床层中烧掉焦炭中绝大部分氢和部分碳。由于有水蒸气存在,一再温度要控制低一些,以减轻催化剂的水热失活。烧焦用风分别由一再主风及过剩氧较高的二再烟气提供。

从一再出来的半再生催化剂通过半再生滑阀进入二再下部,并均匀分布。二再压力在 0.27 MPa(表),720～760 ℃温度下操作,催化剂上剩余碳用过量的氧全部生成 CO_2。由于一再烧掉绝大部分氢,从而有效降低了二再水蒸气分压,使二再可在较高的温度下操作。二再烟气由顶部进入一再,热再生催化剂从二再流出,通过再生滑阀进入提升管底部,实现催化剂的循环。

三、反位-再生工艺控制

1. 提升管出口温度的控制

反应温度对反应速率、产品分布和质量、再生烧焦率和设备结焦都有很大影响,它是日常生产中调节反应转化率和改变生产方案的最主要的调节参数之一。提升管出口温度的设计值为 510～538 ℃。

该温度的确定:

(1) 用于改变生产方案:液化气方案(510～515 ℃);汽油方案(503～510 ℃);柴油方案(497～503 ℃)。

(2) 控制设备结焦:反应终了温度偏高,热裂化反应严重,热裂化缩合结焦——硬焦;反应终了温度偏低,油气中重沸物冷凝、聚合结焦——"软焦"。

(3) 降低再生烧焦率:减少非反应焦——可汽提炭,温度在汽提影响因素中起很大作用。

(4) 对产品质量的影响:升高温度可以提高汽油辛烷值,但随着温度的升高,汽油烯烃含量增加。

2. 反应中止剂的使用

(1) 中止剂的作用:强化重油裂化;抑制轻油转化;控制中间馏分反应。

(2) 中止剂注入位置的确定:

a. 新鲜原料油性质越重,中止剂注入位置越往上,避免抑制一次反应。

b. 增产液化气的位置高于增产汽油;增产柴油的位置低于增产汽油。

c. 回炼轻油(即改质),位置越低,转化率越高。

(3) 中止剂介质的确定:增产液化气,宜使用汽油作为中止剂;增产轻油(汽油+柴油),宜使用水或轻回炼油(一中)或重回炼油。

3. 反应沉降器压力的控制

反应压力指反应沉降器顶部压力。提高反应压力,可提高混合油气的烃分压,增加反应时间。因此,有利于提高转化率,但焦炭和干气产率也提高。在设备尺寸一定的情况下,反应压力主要是由装置的处理量、再生压力、分馏塔和后部系统的阻力以及气压机的工作状况决定。在不同情况下,反应压力有不同的控制手段。正常时,反应压力由气压机转速控制;事故状态由气压机出、入口放火炬控制。如果反应压力大幅度变化,轻则影响反应温度、反应转化率;重则发生催化剂倒流事故。

4. 反应沉降器料位的控制

沉降器料位是催化剂在汽提段有足够停留时间的保证,使待生剂表面及内部孔隙中的油气被水蒸气汽提出来,减少可汽提炭;保持一定的料位,还可以使沉降器内的旋分器料腿有正压密封,防止油气倒串而引起催化剂大量跑损;同时它还担负着为待生线路提供足够推动力的作用。但沉降器料位也不能太高,否则会引起料腿下料不畅。

5. 原料预热温度的控制

原料预热温度的高低直接影响原料的雾化效果。预热温度提高,可降低油品黏度,提高雾化效果,从而提高反应转化率、降低生焦等,但预热温度太高又会使剂油比减少,进提升管的催化剂活性中心数减少,造成转化率下降。一般控制预热温度在 180~220 ℃,设计值为 200 ℃。

6. 分馏塔底液面的控制

分馏塔底液面、回炼油液面同属重油液面,其液面的高低是重油裂化平衡的"眼睛"。油浆外甩量不变,两个液面同时升高或降低,说明重油转化率减少或增加。影响因素有原料油性质的变化,反应苛刻度的改变,催化剂加入量的调整。

如果两个液面一高一低,说明油浆与回炼油的切割点发生了变化,即人字挡板上温度发生了变化。

如果两个液面一个变化而另一个不变,分馏塔底液面的变化通常受油浆外甩量的影响,回炼油液面的变化通常受柴油馏出量的影响。

7. 一再温度

一再温度是一再烧焦状态的重要参数,由于一再水蒸气分压较高,为减少催化剂水热失活,一再温度控制不能过高,设计一再温度为 660~690 ℃。

8. 二再床层温度的控制

二再床层温度对催化剂再生效果和重油转化率影响很大。二再温度设计值是 720~760 ℃,更多的是从催化剂再生效果考虑。实践证明,在确保催化剂再生效果的前提下,通过调节取热量控制相对低的二再温度是控制重油转化率、改善产品分布及提高产品质量的主要手段。适宜的二再温度控制范围是 670~720 ℃。

9. 一再压力的控制

一再压力的高低同时也影响二再压力的高低。一再压力越高,再生氧分压高,烧焦效果好。一再压力的高低随再生供风量的大小变化,同时还受主风机出口压力的限制及反应-再生压力平衡的制约。再生压力对待生线路阻力以及再生线路推动力均有着重要的影响。一再压力的设计值为 0.25 MPa。

10. 二再烟气氧含量的控制

二再顶部虽设有氧分析仪,但由于烟气中催化剂含量高,氧分析仪一直无法正常投用,因而二再烟气氧含量并不能直接获取。在实际生产中,通常根据二再稀密相温差的大小及一再、二再密相温度的变化来间接判断含氧量的多少。二再稀密相温差变小,甚至由正变负,同时一再密相温度降低,二再密相温度升高,说明再生系统已经缺风,此时应及时向系统内并入所需的风量以确保催化剂的再生效果。设计条件下,为保证二再高温富氧完全再生,二再烟气氧含量应在 6% 以上。

如果二再稀密相温差变为负值,则二再稀相肯定缺氧。这与一再完全一致,一再稀密相温差为正值,说明一再稀相贫氧;反之,一再稀密相温差变为负值,说明一再稀相富氧并易造成尾燃。

二再稀密相温差高低并不是在任何条件下均能完全反映二再稀相过剩氧含量的高低。在二再烧焦负荷较大(占总烧焦量的 25%~30% 以上)的条件下,二再稀密相温差变化与二再稀相过剩氧量的变化成正比,即二再稀密相温差降低,二再稀相过剩氧含量减少。但当二再烧焦负荷较小时,由于二再过剩氧含量过高,绝大部分 CO 在密相被转化,稀相 CO 含量很少,此时二再稀密相温差的变化与二再稀相过剩氧量的变化没有对应关系,即使二再稀密相温差过低,也不存在二再氧含量低的问题。

11. 一再料位的控制

一再料位最低应将旋分器翼阀封住,防止料腿窜气导致催化剂大量跑损,但太高会使流化困难,催化剂停留时间增加,催化剂水热失活加快等。另外,一再料位还是半再生斜管、外取热催化剂循环的推动力。

12. 钝化剂的注入量

原料中的重金属会使催化剂中毒,从而使催化剂活性降低、选择性变差。炼制国内胜利原油,催化剂以镍中毒为主;炼制进口中东原油,催化剂以钒中毒为主。镍的危害主要表现为氢气和焦炭产率上升,产品质量、分布变差;钒的危害主要是破坏沸石的晶体结构,降低沸石的裂化活性,使催化剂造成永久失活。钠、铁、钙的含量也呈增加的趋势,同样对催化剂造成一定的污染。目前,装置使用多功能钝化剂,其功能的选择是根据催化剂上重金属的类型;其加入量是根据催化剂受污染的程度确定的。当催化剂重金属污染严重时,应加大催化剂置换速率。

13. 再生催化剂含碳量

两段再生所用催化剂是 USY 系列催化剂,这种催化剂的选择性、稳定性和活性都很好,但对焦炭敏感性也较强,一般要求再生剂定碳在 0.1% 以下。

14. 平衡催化剂活性、比表面积

催化剂经过反复循环使用后,催化剂处于一种相对稳定的平衡状态,这时的催化剂称为平衡催化剂,平衡催化剂的活性称为平衡活性。平衡催化剂比表面积是指每克平衡催化剂所具有的、总的内孔表面积的平方米数值,该指标对于渣油催化裂化更能反映实际,是评价重油催化剂性质最重要的指标之一。

15. 外取热汽包液面

主要影响因素:① 给水量增加,液面上升;② 外热器取热量多,液面下降;③ 外取热器管束漏,液面下降;④ 中压蒸汽系统压力的影响;⑤ 排污的影响;⑥ 仪表失灵。

调节方法:

(1) 正常操作中,汽包水位是由给水调节阀来自动调节。

(2) 在事故状态下或其他原因造成水位大幅度波动时应将自动调节改为手动调节。若液面过高且一时调节不过来,可启用紧急放水。

(3) 仪表失灵,调节阀改手动控制,并及时联系仪表处理。如仪表水位与汽包就地水位计有误差,以汽包就地水位为准。

16. 外取热器量取热量的控制

外取热器取热量的多少应根据反应器和再生器之间热平衡的情况调节控制,热量过剩越多,再生温度越高,取热量就越多,正常操作中主要表现在二再温度上。

17. 控制反应系统结焦

主要控焦措施如下:

(1) 提高再生剂温度。渣油中沥青质含量高,与催化剂接触前不能完全汽化,渣油大分子团很难进入沸石孔道中进行裂化反应,因此需要借助高温催化剂的热震击作用将其打成碎片或自由基再进行反应,又称预裂化或一次裂化。原料油性质越重,再生剂温度控制越高(再生剂温度控制在 660~710 ℃)。但再生剂温度控制不宜大于 730 ℃,否则,会加速催化剂失活,平衡剂比表面积下降较快,同时热裂化倾向加剧,干气增加。

再生剂温度不仅是强化催化剂烧碳、提高剂油比强化催化反应的主要条件,而且是强化重油反应、降低烧焦、控制设备结焦的关键条件,尤其对渣油掺炼比高的装置更是如此。

(2) 降低反应回炼比。回炼比减小就等于减少总进料的中、重芳烃含量。当回炼比降低 0.17,可减少总进料中重芳烃量约 8.0%。降低反应回炼比可降低烃分压,从而达到降低沸点增加汽化率、降低露点减少冷凝量的目的。降低反应回炼比的措施有:一是提高反应苛刻度以提高反应单程转化率;二是控制油浆密度(1 040~1 060 kg/m³),增加重油浆外甩量。原料油性质越重,回炼比应控制越小(回炼比控制在 0.2~0.1)。

(3) 发挥好反应中止剂的作用。提高下部温度,控制中部温度,抑制上部温度。原料油性质越重,中止剂量越多(占进料量的 5%~10%)。

(4) 增加反应注水量。一是雾化蒸汽量;二是中止剂水量。原料油性质越重,反应注水量越多(两项之和占总进料量的 10% 左右)。

(5) 优化提升管出口温度控制。提升管出口温度过低,油气中重沸物易冷凝聚合结焦成"软焦"。原料油性质越重,提升管出口温度控制越高,自保切断反应进料的最低温度也随原料油性质变重升高(一般蜡油催化为 460 ℃,重油催化为 480 ℃)。提升管出口温度过高,热裂化反应严重,热裂化缩合结焦成"硬焦"(建议提升管出口温度控制在 495~515 ℃)。

(6) 保证混合进料黏度不小于 5 cst(1 cst=10⁻⁶ m²/s)。回炼油与新鲜原料油混合进料,预热温度控制一般不小于 180 ℃。

（7）预提升段线速控制在 $2.5\sim3.0$ m/s，密度在 $250\sim450$ kg/m³ 为宜。

（8）加工原料油性质较重的装置采用油浆单程通过方式，即油浆不回炼。这样的结果是回炼最轻的、外甩最重的，不仅可有效控制设备结焦，也可减少反应生焦，提高轻油收率。正常情况下，油浆不回炼，维持油浆外甩率 3% 即可平衡油浆固体含量不超标。

（9）为确保催化剂对重质烃有足够的裂化能力，需控制平衡剂比表面大于 100 m²/g，最低不小于 90 m²/g。

（10）固体催化剂助剂的加入量不应超过主催化剂加入量的 1/10，否则会降低重油的裂化能力。

（11）油浆循环下返塔实施最大流量控制（下返塔控制阀全开），具有以下优点：一是塔底温度最低；二是线速度最大；三是停留时间最短。实际操作证明，分馏塔底温度低，不会导致油浆含有过多的轻馏分，这是因为下返塔油浆并不与油气直接接触，塔底油属过冷液体（非平衡液相）。这样操作带来的结果是，不仅分馏塔底不结焦，而且整个油浆系统也不结焦。塔底温度降低对静设备长周期运行极为有利，对动设备长周期运行也非常有利。

（12）确保油浆上返塔量不低于最小流量。随着油浆停止回炼，塔底油的冷凝量减少，油浆取热量也随之减少。为确保循环油浆对油气中催化剂的洗涤效果（若洗涤效果不好，容易造成分馏塔下部塔板结焦），油浆上返塔流量不宜过小，为此采取了塔底热油浆直接进入油浆上返塔，通过提高返塔温度，增加油浆上返塔流量。

（13）使用好油浆阻垢剂。

18. 外取热排污操作

连续排污量由汽水化验分析人员根据水质控制。

定期排污操作程序：

（1）定期排污应由上而下，先排外取热出口联箱，再排过滤器。

（2）排污时一次排污阀全开，用二次阀控制排污量，时间不超过 30 s，且不允许同时开启两组排污阀。

定期排污注意事项：

（1）排污时穿戴好工作服和手套，不允许在排污时开关阀门用力太猛。

（2）排污时应检查排污系统是否有人在检修作业，排污时不允许正对排污阀门。

（3）排污时必须注意汽包水位、压力。在外取热器和过滤器排污时，必须掌握好排污阀门的开度和排污时间，防止外取热器水循环破坏。

（4）系统和装置发生事故时，禁止排污（满水、汽水共腾除外）。

（5）当水质不合格时，增加排污次数。

任务二　油品分馏

[知识目标]

1. 了解催化裂化生产油品的种类。

2. 掌握热回收的步骤和方法。

[技能目标]

1. 能够分析比较不同馏分。

2. 能够根据生产实际选择最佳的操作方式。

催化裂化分馏系统的任务主要是把反应器送来的油气混合物,按沸点的差异分割为富气、粗汽油、轻柴油、回炼油和油浆等馏分,并保证各个馏分的质量符合规定要求,为气压机和吸收稳定提供合格进料;此外,还要将反应油气携带的热能,通过回流热和馏分余热回收利用,用来发生中压蒸汽或预热原料、提供脱吸和稳定热源、加热除盐水、低温热至气分作热源等,其流程如图7-4所示。

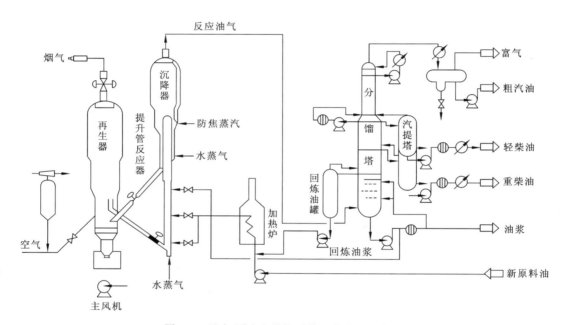

图 7-4 反应-再生和分馏系统工艺流程示意图

一、分馏塔底液相温度的控制

由于油浆中含有较多的重质芳烃,在较高的温度下极易结焦,造成油浆泵排量减小,油浆所流经的管线、换热器等以较低的流速通过,导致固体颗粒沉积,进一步加剧油浆在管内结焦,严重时导致被迫停工。为防止塔底结焦,应控制最大的油浆循环总量(还应控制油浆上返塔量不低);油浆固体含量不大于 6 g/L;严格控制分馏塔底温度不大于 350 ℃。

二、分馏塔底液面

就分馏自身而言,塔底液面的变化反映了全塔物料平衡的变化,物料平衡又取决于温度、流量和压力的平衡及回炼油与油浆量的平衡。反应深度对分馏塔底液面的影响较大。液面过低容易造成泵抽空,中断油浆循环回流而发生冲塔、超温及超压事故;液面过高会淹没反应油气进料口,使反应系统憋压,造成严重后果。

三、油浆中固体(催化剂粉末)含量的控制

油浆中固体含量高,设备会强烈地磨损,特别是如油浆泵等高速运转设备,还会造成严重的结焦堵塞事故,因此正常生产中,应控制油浆中固体含量不大于 6 g/L。油浆中固体含量的高低取决于催化剂进出分馏塔数量上的平衡,进入量取决于反应沉降器旋分器的分离效果等,即反应油气携带进入分馏塔的催化剂量,而排出量取决于油浆外甩出装携带的催化剂量。

四、粗汽油罐液面的控制

液面过高,会使富气带油,损坏气压机,并引起反应憋压;D-201 液面过低,则易引起粗汽油泵抽空,也影响油水分离。

五、界面的控制

控制界面的目的是使污水有足够的停留时间,从而使油水充分分离。界面太低,容易使污水带油,造成损失;过高又易使粗汽油带水,给分馏塔及吸收稳定操作带来不利影响。污水进入进一步沉降分离,满罐操作,顶部油返回。

六、轻柴油汽提塔液面的控制

分馏塔第 21 层塔盘上馏出的轻柴油,自流入汽提塔(另一部分可经冷却作为贫吸收油,利用顶循环汽油替代后一般不投用),内第 20 层塔盘内回流由一中段回流提供。若满塔溢流,不但影响汽提效果,还会使中段取热负荷下降,塔顶取热负荷上升;液面过低,则易造成抽空。

七、分馏塔顶温度的控制

分馏塔顶温度是塔顶产物粗汽油的其本身油气分压下的露点温度,塔顶温度是控制粗汽油干点的主要参数。塔顶馏出物包括粗汽油、富气、水蒸气及惰性气体,油气分压越高,馏出同样的粗汽油所需的塔顶温度越高,在一定的油气分压下,塔顶温度越高,粗汽油的干点越高。

八、分馏塔 20 层气相温度的控制

分馏塔 20 层气相温度是控制轻柴油凝点的重要参数。在一定的油气分压下,20 层气相温度越低,柴油的凝点越低;油气分压越低,馏出同样的柴油所需 20 层气相温度也越低。

九、产品质量的控制调节

1. 根据产品质量的变化调整操作

产品质量指标是很全面的,但由于蒸馏所得的馏分多为半成品,在分馏操作中主要控制的是与分馏有关的指标,包括恩氏蒸馏的馏分组成、闪点、凝固点及密度等。馏分头部

轻,表现为闪点低,初馏点低,说明前一馏分未充分蒸出,不仅影响这一馏分的质量,还会影响上一馏分收率。调节方法是提高上一侧线馏分的抽出温度或抽出量,提高或加大本侧线馏分的汽提蒸汽量,均可以使轻组分被赶出,从而使产品的闪点、初馏点指标合格,解决了头部轻的问题。馏分尾部重表现为干点高、凝固点高,说明下部馏分的重组分被携带上来,不仅使本侧线不合格,也会影响下一侧线馏分的收率。调节方法是降低本侧线抽出温度或抽出量,从而使干点、凝固点指标合格,有循环回流的降低回流返塔温度或提高循环回流量,使塔板上升的油气温度下降,随之抽出温度降低,油品变轻。

粗汽油干点不合格,主要是在一定的顶循回流量(不低于干板流量)下,调节顶循返塔温度来控制分馏塔顶温度,加大冷回流,提高油气分压,从而保证粗汽油干点合格。柴油闪点不合格主要靠调节汽提蒸汽量解决;柴油干点、凝固点不合格,主要靠调节一中循环回流返塔温度或流量,控制一中回流返塔 20 层塔板上方的气相温度,从而保证柴油干点和凝固点合格。

根据工艺卡片要求,为确保安全,用冷却器控制柴油出装温度不大于 55 ℃,油浆出装去罐区温度不大于 110 ℃。

2. 根据加工量的变化调整操作

装置加工量的变化,使整个装置的负荷都发生变化。在保证产品质量和产品收率的前提下,必须改变操作条件,使装置内各设备的物料和热量重新建立平衡。加工量增大后,塔内操作压力必然升高,油气分压也升高,塔顶、20 层气相温度也应提高,否则产品质量就会变轻。同样,在反应水蒸气量增大、反应压力不变的情况下,分馏塔内油气分压降低,此时塔顶、20 层气相温度也要相应降低(或提高冷回流等来提高油气分压),否则产品质量就会变重。

3. 根据反应深度的变化调整操作

反应深度增大,回炼比减小,反应压力不变,分馏塔顶油气分压升高,此时塔顶温度要相应提高,否则产品质量就会变轻;如反应深度减小,回炼比增大,反应压力不变,分馏塔第 21 层分压会升高,此时 20 层气相温度也应提高,否则产品就会变轻。

4. 根据各中止剂的注入情况调整操作

装置反应提升管部分可用多种介质作为中止剂,如水、汽油、分馏一中、污油、焦化蜡油等,这就需要根据中止剂介质的不同和量的多少进行具体分析,相应调节。如在反应中止剂水量增大、反应压力不变的情况下,分馏塔内油气分压降低,此时塔顶、20 层气相温度也要相应降低,否则产品质量就会变重。同样,在中止剂粗汽油量增大、反应压力不变的情况下,分馏塔顶油气分压升高,此时塔顶温度要相应提高,否则产品质量就会变轻。

十、油浆蒸汽发生器汽包液面

油浆蒸汽发生器汽包液位应严格控制在一定范围内。液位太高,会使饱和蒸汽带水,使过热器管壁结垢及蒸汽质量不合格;液位太低,会使自然循环推动力不足,甚至出现循环中断,同时造成油浆取热量的变化,影响分馏塔正常操作。

十一、热煤水出装温度的控制

热媒水自一催化来（设计 500 t/h、65 ℃），与分馏塔顶油气换热（89 ℃）后，再分别与轻柴油和顶循环油换热出装至气分装置提供热源，设计值 101 ℃。热煤水出装温度既要满足气分需要，又要兼顾除盐水取热节能降耗。

任务三　吸收-稳定操作

［知识目标］

1. 了解各馏分的组成及种类。
2. 掌握分离和回收的步骤和方法。

［技能目标］

1. 能够分析各工艺指标及其控制方法。
2. 能够根据生产实际选择最佳的操作方式。

催化裂化吸收稳定部分的任务是将来自分馏塔顶油气分离后的粗汽油和富气，通过吸收、解吸分离出干气，通过稳定塔分离出液化气和稳定汽油产品，如图 7-5 所示。为满足汽油产品质量升级的要求，稳定汽油进行轻重汽油分离，分馏后的轻汽油至催化提升管回炼降低烯烃含量，提高液化气产率，重汽油至加氢装置进行脱硫。

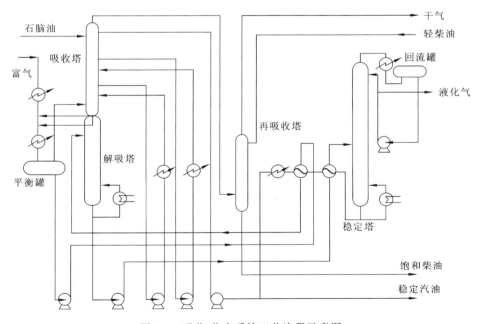

图 7-5　吸收-稳定系统工艺流程示意图

稳定汽油和液化气产率的高低，关键取决于催化裂化反应系统的工艺过程，同时也取决于吸收稳定系统的回收程度和操作水平,即分离效果和回收率。

一、干气中 C_3^+ 含量的控制($\not> 3\%V$)

干气通常作为炉用燃料。如果干气中含太多的 C_3、C_4,会造成化工原料的浪费及经济效益的降低,另外干气作乙烯吸附等化工原料对 C_3^+ 含量控制要求严格。吸收是以利用压缩富气中各组分在吸收剂中的溶解度的不同达到分离的目的。影响吸收的因素很多,主要有油气比、操作温度、操作压力、吸收剂和被吸收气体的性质、塔内气液流动状态、塔板数及塔板结构等。对具体装置来讲,吸收塔的结构等因素都已确定,吸收效果主要靠适宜的操作条件来保证。

二、液化气中 C_2 的含量控制($\not> 3\%V$)

控制液化气中 C_2 含量,脱吸塔的操作条件是关键。脱吸塔乙烷脱除率的高低不但影响液化气质量,还影响液化气的产率。脱吸塔采用冷热进料方式,冷进料进入第 36 层,热进料进入第 32 层,其主要特点是脱吸塔底重沸器热负荷可以小些,流量减小,塔顶脱吸气质量变好,脱吸气中 C_2 浓度上升,C_3、C_4 组分含量下降。脱吸气 C_2:C_3 分子比在 1.0 左右,吸收稳定整体效果最好。高温低压对脱吸有利,但脱吸塔压力取决于气压机出口的压力,不可能降低。

三、液化中 C_5 含量的控制($\not> 1.0\%V$)

控制液化气中 C_5 含量,关键是搞好稳定塔的操作。稳定塔实质上是精馏塔。其作用是把回收的液化气尽量分离出来,使液化气中 C_5 含量尽量少,最好不含 C_5。这样保证了稳定汽油的收率,还减轻了下游气分装置脱 C_5 塔的负荷,也使民用液化气中少留残液。

四、稳定汽油蒸气压的控制

控制稳定汽油蒸汽压,关键是搞好稳定塔操作,尤其是提馏段的操作。一般地说,$C_5 \sim C_{11}$ 是汽油组分,但也含有少量的 C_4 组分。在同一温度下,同种烃类的 C_4 蒸气压比 C_5 高许多,影响汽油蒸气压的主要组分是 C_4,如汽油中含大量 C_3、C_4,则严禁外排至罐区,避免 C_3、C_4 挥发损坏储罐或发生着火爆炸事故。

五、再吸收塔 C-304 顶部压力的控制

提高吸收塔操作压力有利于吸收过程的进行。保证吸收率相同时,提高压力可减少吸收剂用量,降低吸收、脱吸和稳定塔的液相负荷,节省泵功率,脱乙烷汽油可以自压入稳定塔。提高压力后,气压机的功率要增加,塔底重沸器的热负荷也要相应增加。通常再吸收塔操作压力由气压机的能力、吸收塔前各个设备的压降和装置的实际情况决定,一般不作为调节参数,在操作时应注意控制稳塔压,不使其变化。

六、脱吸塔顶压力的控制

低压对脱吸有利。脱吸塔压力取决于气液平衡罐的压力,不可能降低,否则脱吸气排不

出去。脱吸塔操作压力较稳定塔操作压力高 0.23 MPa 左右,稳定塔进料不需开进料泵,脱吸塔底的脱乙烷汽油可以自压入稳定塔(需要时借用吸收塔一中回流泵或二中回流泵)。

七、稳定塔压力的控制

稳定塔压力以控制液化气完全冷凝为准,也就是使操作压力高于液化气在冷后温度下的饱和蒸气压,否则在液化气的泡点温度下不能保证全凝。适当提高稳定塔操作压力,则液化气的泡点温度也随之提高,这样在液化气冷后温度上升的情况下,也能保证全凝。提高塔压后,稳定塔重沸器热负荷要相应增加,以保证稳定汽油蒸气压合格。稳定塔操作压力越高,分离效果越差。

八、脱吸塔热进料温度的控制

正常情况不作为调节参数,一般控制与稳定汽油最大换热,稳定在某一数值,从而实现对乙烷脱吸率的控制(尤其是分馏热源供给不足时)。

脱吸塔为冷热进料,其设计流量为:冷进料 49.9 t/h,热进料 116 t/h。热进料有效地利用稳定汽油的低温位热量,降低塔顶重沸器的热负荷。为提高乙烷脱除率创造了条件。脱吸塔的冷进料,由于温度较低,对由塔底脱吸至塔顶的气体有一定的回流吸收作用,使脱吸气量减少,脱吸气中 C_2 浓度上升,C_3、C_4 组分含量下降,吸收稳定整体效果最好。正常生产中,应根据液化气质量、脱吸气质量、脱吸塔底重沸器出口温度并结合生产实际情况选择适宜的脱吸塔进料温度和冷热进料比例。

九、脱吸塔底重沸器出口温度的控制

正常情况,脱吸塔操作压力一定,主要通过调节或辅助调节 1.0 MPa 蒸汽加热器流量,控制适宜的重沸器出口温度,确保液化气 C_2 含量合格。

重沸器出口温度因压力不同而不同。脱吸塔底重沸器出口温度偏高,会使 C_3、C_4 组分大量解吸出来,增大吸收负荷,严重时减少液化气收率。脱吸塔底重沸器出口温度偏低,将不能满足乙烷脱吸率的要求,对后部稳定操作带来不利影响,轻则使稳定塔压力升高,重则稳定塔排放不凝气,减少液化气收率。故必须采取适宜的操作温度,既要把脱乙烷汽油中的 C_2 基本脱净,确保液化气 C_2 含量控制合格,又要防止 C_3、C_4 脱吸过度,增大吸收塔负荷。

十、稳定塔底重沸器出口温度的控制

正常情况下,稳定塔操作压力一定,主要通过调节控制适宜的重沸器出口温度,调整 C_4 脱吸率,确保稳定汽油蒸气压合格。

重沸器出口温度因压力不同而不同。汽油深度稳定,汽油中 C_4 含量降低,蒸气压降低,就要提高重沸器出口温度。这样会使塔顶冷凝冷却负荷增加,并有可能引起液化气中 C_5 含量上升。为确保产品分离精确度,则要适当增大回流比。为保证液化气全凝,必要时要提高操作压力。

稳定塔底重沸器出口温度偏低,稳定汽油中的 C₄ 含量上升,蒸气压升高,严重时引起汽油蒸气压控制不合格,也减少了液化气收率。有时,稳定塔底重沸器出口温度较高,而稳定塔底温度偏低,这有可能是稳定塔底液面过高或过低,导致循环推动力不足造成的。

十一、气液平衡罐的液面和界面的控制

脱吸气、吸收塔底富吸收油、气压机级间凝缩液(含焦化凝缩油)同气压机来的压缩富气和富气洗涤水一起经冷凝冷却器进入平衡罐进行气液平衡。此平衡罐是吸收塔底又增加了一块理论塔板,相当于 4～5 块实际塔板。一般平衡罐的操作温度较低,比吸收塔一般塔板吸收速率大,吸收效果好。气液平衡罐的液面和界面都需控制好,否则将影响正常操作或脱水带油。

十二、稳定塔顶回流罐液面和界面的控制

液面的稳定直接影响塔顶冷凝冷却器热旁路压力控制系统,对稳定塔顶压力的调节、控制,对整个稳定系统的平稳操作有很大影响。

十三、汽油分馏塔顶温的控制

汽油分馏塔实质上是精馏塔,其作用是依据各组分挥发度的不同,把汽油中的轻、重组分进行馏分切割来满足生产需要。汽油分馏塔顶温度是塔顶产物轻汽油在其本身油气分压下的露点温度,塔顶温度是控制轻汽油干点的主要参数。油气分压越高,馏出同样的轻汽油所需塔顶温度越高;在一定的油气分压下,塔顶温度越高,轻汽油干点越高。设计塔顶温度为 60～70 ℃,生产中可依据轻汽油需求量来控制适宜的温度。

十四、汽油分馏塔顶压的控制

汽油分馏塔压力以控制轻汽油完全冷凝为准,也就是使操作压力高于轻汽油在冷后温度下的饱和蒸气压力。提高塔操作压力后,塔底重沸器热负荷要相应增加,塔压越高,分离效果变差。设计塔顶压力为 0.14～0.18 MPa。

十五、轻重汽油分馏塔温度的控制

在轻重汽油分馏塔操作压力一定时,主要通过调节控制适宜的重沸器出口温度,来控制汽油分离塔塔顶的轻汽油馏出量,为确保产品分馏精确度,则要适当增大回流比。

正常情况下,轻重汽油分馏塔温度通过调节 1.0 MPa 蒸气量调整重沸器出口温度来实现。塔底设计重沸器隔板,减少塔底液位的高低对重沸器推动力的影响。

十六、产品回流罐液面的控制

液面的稳定影响塔顶压力控制,对平稳操作有很大影响。

项目三　聚丙烯生产

[知识目标]

1. 理解聚丙烯生产的原理及工艺影响因素。
2. 掌握聚丙烯生产过程的概念及操作方式、特点及工业应用。

[能力目标]

1. 能以工程的观念、经济的观点和市场的观念，选择合适的工艺生产方法。
2. 能正确分辨及处理聚丙烯生产生产过程中的故障。

1953 年，德国科学家 K. Ziegler 发现用过渡金属化合物（$TiCl_4$）与有机金属化合物（$AlEt_3$）相结合作为催化剂，在低温，低压下使乙烯聚合得到聚乙烯。这种聚乙烯主要为线形的，没有支链，密度大，强度高，熔点高，称为 HDPE。

Ziegler 催化剂马上受到意大利科学家纳塔（Natta）的重视，并在此基础上于 1954 年发展成为可使 α-烯烃聚合得到立构规整聚合物的通用催化剂（$TiCl_3$/$AlEt_3$）。主要是合成等规聚丙烯，后来又扩展到环状烯烃。

这类催化剂的重要性之一在于实现了丙烯的定向聚合，得到高分子质量立构规整性聚丙烯。这类聚合反应的链增长机理与自由基、正离子、负离子均不同。在高分子科学领域起着里程碑的作用，于 1963 年获得诺贝尔化学奖。

1957 年根据纳塔教授的研究成果，意大利蒙特卡蒂尼公司在斐拉拉首先建立了世界上第一套 6 000 t/a 间歇式聚丙烯工业生产装置。同年美国大力神公司也建立了一套 9 000 t/a 的聚丙烯生产装置。

1958～1962 年，德国、英国、法国、日本等国先后都实现聚丙烯工业化生产。

我国从 20 世纪 60 年代就开始进行聚丙烯催化剂和生产工艺的研究，取得了很大进展。特别是国内自行研究开发的间歇式液相本体法聚丙烯生产技术和研制成功的络合 II 型催化剂，已被国内普遍采用，成为独具特色的成熟的聚丙烯生产工艺。

物理性质：一种典型的热塑性塑料（PP），具有良好的可塑性，用挤出、吹塑、注塑等方法可以直接加工成型；具有很好的耐热性能，最高使用温度可达 150 ℃，是通用树脂中耐热性能最好的一种；物理机械性能好，表面硬度大，弹性较好，耐磨性良好；介电性能优良，吸水性小，相对密度小。

化学性质：具有优良的化学稳定性，且随着结晶度的增加而增加；其热化学稳定性也很好，在 100 ℃下大多数无机酸、碱、盐溶液（强氧化性者除外）对聚丙烯无破坏作用；容易在非极性有机溶剂中溶胀或溶解；易老化，在光、紫外线、热氧存在的条件下会老化变质而失去原有的性质，且无法避免，只能通过添加抗氧剂、紫外线吸收剂、防老剂等来减缓聚丙烯的老化速率，改善抗老化性能。

用途：在原材料方面，如汽车制造业、建筑业、印刷业、农牧渔业、食品加工业、纺织业等，其他方面，如电气用品、包装材料用品、日常生活用品、医疗卫生用品等。聚丙烯家庭用品是塑料中最大的，碗瓢盆桶保鲜盒等我们接触食品的基本都是 PP 的。

结构:聚丙烯是以丙烯为单体通过聚合制得的一种有机高分子化合物,是一种通用合成树脂(或称通用合成塑料)。

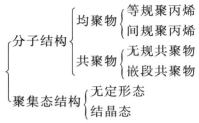

本单元主要介绍等规聚丙烯,一般无特殊说明即指等规聚丙烯。

聚丙烯主链上碳原子交替存在着甲基。如果把聚丙烯分子主链拉成平面锯齿形,则其有规立构构型可表示为图。

等规和间规聚丙烯的空间构象都是呈螺旋结构,间规聚丙烯的螺旋结构较为复杂,而等规聚丙烯是以三个单体单元为一周期的螺旋结构,其等同周期为 6.5×10^{-4} μm。螺旋方向可以是左旋,也可以是右旋。

聚丙烯的反应原理

烯类单体的加聚反应大多数属于连锁聚合。连锁聚合反应一般由链引发、链增长、链终止等基元反应组成。活性中心是自由基的反应称为自由基聚合。

自由基聚合反应是在引发剂的引发下,产生单体活性种,按连锁聚合机理反应,直到活性种终止,反应停止。自由基聚合反应历程除链引发、链增长、链终止三个主要基元反应外,还有链转移反应。

聚丙烯的生产就是通过自由基聚合。通常自由基聚合的高聚物大多是无规高聚物,只有用特殊的催化剂才能制得有规立构的高聚物。

聚丙烯的生产方法

(1)浆液法:也称淤浆法或溶剂法,将丙烯溶解在大量溶剂(如己烷)中,将催化剂悬浮于反应介质中,在搅拌条件下发生聚合反应,生成的聚丙烯颗粒在溶剂中悬浮析出。浆液经过分解、洗涤、脱灰,再经过滤除去溶剂和无规物,最后干燥便得到聚丙烯产品。由于使用了溶剂,反应热易传散,操作简单,聚合过程易控制。本法催化效率低,生产工艺落后,在现今的生产中应用较少。

(2)液相本体法:本法在我国应用较多,在反应体系中不加任何其他溶剂,将催化剂直接分散在液相丙烯中,进行液相本体聚合反应,是一种比较简单和先进的生产方法。具有工艺流程简单、设备少、投资省、建设周期短、见效快、生产成本低、经济效益好、"三废"少等特点,这些特点适合我国国情。

按照聚合工艺的流程可分为间歇式和连续式,间歇式液相本体聚合法在我国发展迅猛,装置和生产规模都在逐渐增大。

(3)气相法:指反应系统不引入溶剂,丙烯单体以气态方式加入,与悬浮在聚丙烯干粉中的催化剂直接接触进行聚合的方法。按照反应热移出方式和聚合反应器的不同,分成流化床工艺和机械搅拌床工艺。机械搅拌床又分为立式搅拌床和卧式搅拌床,用部分丙烯液体气化和冷却循环气散出反应热。气相法既可用于均聚反应,也可用于共聚反应,反应速率快,产品分子质量易于调节,产品切换时间短,流程简短,设备少,能耗低,安全可靠,生产成本低。

(4)液相本体-气相联合法:先进行丙烯液相均聚,再进行气相均聚或共聚的方法。

均聚采用釜式搅拌反应器或环管反应器,无规共聚和嵌段共聚则在搅拌式流化床中进行。

采用高效催化剂,去除了脱灰和脱无规聚丙烯的工序,操作弹性大,产品质量和催化效率高,产品粉末粒径大,尺寸均匀,生产成本低。

任务一　液相本体法聚丙烯的生产过程控制

[知识目标]

1．了解聚合方法的种类。

2．掌握聚合工艺的流程和方法。

[技能目标]

1．能够分析比较不同聚合实施方法。

2．能够根据生产实际选择最佳的操作方式。

液相本体法按照聚合工艺的流程可分为间歇式和连续式。下面以间歇式液相本体聚合法为例,介绍生产聚丙烯的工艺流程。大体上可分为原料精制、聚合反应、闪蒸去活、造粒与包装 4 个部分。

一、原料精制

从气体分离工段来的粗丙烯由丙烯泵送至氧化铝干燥塔初步脱水后,进入镍催化剂脱氧塔除去微量氧,最后通过分子筛干燥塔进一步脱除水分,得到合格的精丙烯送至精丙烯计量罐,以备聚合釜投料用。

间歇液相本体聚合法生产聚丙烯的工艺流程参见图 7-6。

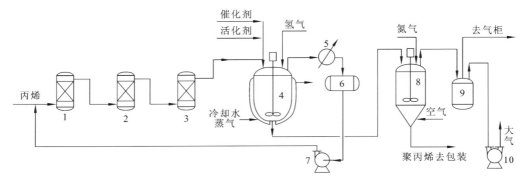

1—活性氧化铝脱水器;2—脱氧器;3—分子筛干燥器;4—聚合釜;5—冷凝器;

6—丙烯储罐;7—丙烯泵;8—闪蒸釜;9—真空缓冲罐;10—真空泵

图 7-6　间歇液相本体聚合法生产聚丙烯的工艺流程图

二、丙烯聚合

利用丙烯计量罐的蒸汽加热套管将计量罐升压后,丙烯进入聚合釜。同时将活化剂二乙基氯化铝(液相)、催化剂三氯化钛(固体粉末)和分子质量调节剂氢气按比例一次性加入聚合釜中。各物料加完后,开始向聚合釜夹套通热水给聚合釜物料升温,维持压力在3.4～3.5 MPa,温度在70～75 ℃的条件下反应3～6 h,水温由泵入口管上的冷水和出口管上的蒸汽量来调节。生成的聚丙烯以颗粒状悬浮在液相丙烯中。随着反应时间的延长,液相丙烯中的聚丙烯颗粒浓度逐渐增加,液相丙烯逐渐减少,直至釜内液相丙烯基本消耗完。此时釜内主要是聚丙烯颗粒和未反应的气相丙烯,已接近"干锅"状态,反应即结束。将未反应完的丙烯先经气固分离,分离出的粉末定期回收;丙烯经冷凝为液体后流入储罐,回收后并入新鲜丙烯内作为原料。

三、闪蒸去活

聚合釜内的气相丙烯回收到与冷凝器压力平衡后,借助釜内剩余压力将聚丙烯粉料喷入闪蒸釜,采用闪蒸的方法使聚丙烯、气相丙烯以及聚丙烯颗粒吸附的丙烯分离。夹带出来的气体(残余丙烯和丙烷)经旋风分离器分离和除尘后送至气柜系统回收作为燃料,或用压缩冷凝方法加以回收(作聚丙烯生产的原料)。闪蒸后的聚丙烯粉末需通入空气使残存的催化剂失活,然后由下料口送至造粒工序或直接包装以粉料出厂。闪蒸排气后的余气、置换闪蒸罐用的氮气及去活用的空气经洗涤后,由真空泵排向高空。聚合釜喷料完毕,即可进行下一釜投料操作。

四、造粒与包装

聚丙烯粉料、填充料以及经混合均匀的各种添加剂按一定量进入主混合机,混合均匀后经中间料仓连续均匀地送入造粒主机,经塑化均化后挤出,在水中热切粒。聚丙烯颗粒先随水流到静筛分去水,再流入离心干燥器干燥,然后经振动筛筛去不合格的大颗粒和小颗粒,合格的粒料用风力输送到粒料储仓,空气由仓顶排空。聚丙烯粒料在仓内经双筒自留式包装机包装后入库或出厂。当需要低氯含量的聚丙烯产品时,闪蒸后的聚丙烯送脱氯工序进行脱氯。

任务二　聚丙烯生产设备操作

[知识目标]

1. 了解聚合生产设备的种类。

2. 掌握主要聚合设备的控制方法。

[技能目标]

1. 能够分析设备结构及控制方法。

2. 能够根据生产实际选择最佳的操作方式。

一、间歇式液相本体聚合法的设备

1. 聚合釜

聚合釜是间歇式液相本体法工艺中最关键的设备,聚合釜的规模主要有 4 m³、12 m³、15 m³ 三种,其中 12 m³ 釜占 2/3。间歇式液相本体法聚丙烯装置的聚合釜是在 3.5 MPa 的中压条件下操作的。随着反应的进行,釜内物料的相态也发生变化。聚合釜采用单螺带式搅拌器。为防止釜底部料管的堵塞,釜底设计了小搅拌。

聚合釜的搅拌轴封普遍采用填料密封。聚合热以夹套散热为主,辅以釜内冷却管散热的方式。聚合釜搅拌转速一般为 55 r/min,电机功率为 75 kW。目前,间歇式液相本体法聚合釜在国内已成为定型设备定点生产。

(2)闪蒸去活釜

在间歇式液相本体法聚丙烯生产中,一般为每两台聚合釜配套一台闪蒸去活釜。这是由于采用络合 II 型催化剂,聚合釜操作周期为 6～8 h,而闪蒸去活釜操作周期只有 1～2 h,因此,只要把聚合釜投料时间错开,一台闪蒸去活釜就可以适应两台聚合釜的生产。当选用高效催化剂后,聚合反应时间为 3～4 h,最好增加一台闪蒸去活釜。这样,一台聚合釜配套一台闪蒸去活釜,更能发挥和提高设备台时产量。12 m³ 聚合釜配套用的闪蒸去活釜的设计压力为 0.8 MPa,稍高于操作压力(0.5 MPa),容积一般为 14 m³。由于闪蒸去活时聚丙烯粉料会放出少量氯化氢气体,因此闪蒸去活釜最好采用不锈钢或碳钢,并且内涂能导电的防腐层。闪蒸去活釜采用耙式搅拌器,耙式搅拌叶多层分布。闪蒸去活釜搅拌转速一般为 5 r/min,电机功率为 10～11 kW。

二、工艺辅助设施

(1)反应器排放系统。本装置有两个用于紧急排放时收集聚合物的容器,以防止聚合物进入火炬总管。

(2)冷冻单元。本装置需要少量冷冻水。冷冻机为整个装置制备冷冻水,冷冻水储存在储罐中,用水泵送至用户。

(3)蒸汽冷凝液回收。PP 装置回收的所有蒸汽冷凝液都收集冷却后泵送至颗粒冷却水箱,用作颗粒冷却水的补充水,多余的凝液送出界区。

(4)废油处理。此工段为间歇操作,含助催化剂的废油收集并中和,同时通入氮气,使烷基铝脱活。

(5)废水处理。工艺废水(来自汽蒸罐洗涤塔、干燥器洗涤塔)经水池预分离细粉后和聚合区铺砌地面的雨水直接收集到废水池中。

(6)氮气压缩机。用氮气压缩机将氮气增压,用于管线和设备的压力试验和气密等。

(7)添加剂进料和挤压造粒。干燥的 PP 聚合物输送至挤压单元,聚合物粉料和添加剂经均化、熔融、挤压后在水下切粒。

(8)颗粒掺混和储存、产品包装。产品通过气流输送系统掺混合格后,送入产品储存料仓,经包装单元进行包装和码垛,再把成品垛送到成品仓库中储存。

三、间歇式液相本体聚合法的工艺特征

（1）本工艺不需脱灰、脱无规物，也无溶剂回收工序，工艺流程简单，采用单釜间歇式操作。

（2）原料适应性强，既可以用乙烯裂解装置联产的丙烯作为原料，也可用纯度较低的炼厂丙烯作原料，在装置规模上很适宜与目前的炼厂丙烯资源配套。

（3）动力消耗和生产成本低。

（4）设备少，装置建设周期短、投资省、见效快，经济效益好，从设计设备订货制造到施工安装、试车投产，只需约一年的时间，第二年即可见效。

（5）生产中所产生的"三废"少，对环境污染小。

（6）间歇式液相本体法生产的聚丙烯产品可以满足包装用编织袋和一般挤出及注射成型的塑料制品的要求，还可用于改性制各种特殊用途的专用料。

参 考 文 献

陈爱梅.2012.熔融悬浮结晶法提纯湿法磷酸.上海:华东理工大学.

陈长生.2007.石油加工生产技术.北京:高等教育出版社.

陈善继.2011.我国电炉制磷副产物综合利用概要.硫酸设计与粉体工程,(5):44-48.

陈五平.2001.无机化工工艺学(下册).3 版.北京:化学工业出版社.

程丽华.2003.石油炼制工艺学.北京:中国石化出版社.

邓建强.2009.化工工艺学.北京:北京大学出版社.

邓建强.2009.化工工艺学.北京:北京大学出版社.

董雪英.2008.离子膜烧碱的生产工艺及市场前景.江苏化工,36(3):55-59.

段利中.2013.湿法磷酸精制技术的研究及其工业化进展.化工矿物与加工,(5):35-38.

付梅莉,于月明,刘振和.2009.石油加工生产技术.北京:石油工业出版社.

付梅莉.2009.石油化工生产实习指导书.北京:石油工业出版社.

贡长生.2014.我国磷化工产品的发展方向和重点领域.精细与专用化学品,22(6):2-5.

郭芳,李军.2010.硅钙质中低品位磷矿的物化性质及选矿分离研究.四川大学学报,42(4):172-175.

何小明.2009.过磷酸钙干湿法结合的生产工艺.广东化工,(5)70-72.

匡国明.2013.湿法磷酸工艺路线的探讨.无机盐工业,45(4):1-3.

李成秀,文书明.2010.我国磷矿选矿现状及其进展.矿产综合利用,(2):22-25.

李立权.2005.加氢裂化装置操作指南.北京:中国石化出版社.

李燕凤.2013.窑法磷酸工业生产试验进展.磷肥与复肥,28(1):25-29.

刘慧霞.1993.磷酸的 α-pH 曲线及其在糖汁清净作用中的作用.广西大学学报,18(2).

刘树臣.2008.中国矿产资源年报.北京:北京国土资源部,265-271.

刘晓勤.2010.化学工艺学.北京:化学工业出版社.

刘兴勇.2009.黄磷尾气的净化工艺与综合利用.现代化工,29(8):74-77.

刘英聚.2005.催化裂化装置操作指南.北京:中国石化出版社.

阙仁江.2012.工业磷酸一铵生产工艺的优化.磷肥与氮肥,27(2):20-22.

孙兆林.2006.催化重整.北京:中国石化出版社.

田伟军,杨春华.2012.合成氨生产.北京:化学工业出版社:1-200.

王兵,等.2006.常减压蒸馏装置操作指南.北京:中国石化出版社.

王励生.1991.磷复肥及磷酸盐工艺学.成都:成都科技大学,66-69.

王文武,刘自珍.2009.我国隔膜法烧碱的生产状况与发展方向.氯碱工业,45(2):3-9.

夏斌.2014.氯碱工业的发展和应用.建筑工程技术与设计,(33) 11:1101.

夏克立.2012.磷肥生产中的氟回收.磷肥与复肥,27(2):20-22.

夏良成,王毅兵.2014.氯碱工业节能技术的进展与发展方向.中国科技纵横,20(10):1.

徐嘉.2013.泥磷处理方法探讨.云南化工,40(4):73-74.

徐绍平,殷德宏,仲剑初.2004.化工工艺学.大连:大连理工大学出版社.

叶由忠.2008.国内外烧碱市场变化及走向.氯碱工业,44(9):1-5,33.

张浩.2002.电炉法黄磷生产火灾危险性分析.价值工程,31(36):282-283.

张建芳,山红红.2004.炼油工艺基础知识.北京:中国石化出版社.

张金玲.2011.磷酸二铵生产工艺的设计改进.广州化工,(39):162-163.

张培超.2007.2007年烧碱市场面临调整.中国化工信息,(25):9.

张卫红.2014.磷酸装置稳定浓缩生产能力的措施.硫酸设计与粉体工程,(1):35-36.

张子峰.2006.合成氨生产技术.北京:化学工业出版社:1-200.

郑广俭,张志华.2003.无机化工生产技术.北京:化学工业出版社:200-300.

中国化学矿业协会.2009.我国重要化工矿产国土资源调查评价需求分析研究(工作项目编号:1212010670100).北京:中国国土资源经济研究院.

朱宝轩.2002.化工生产仿真实习指导.北京:化学工业出版社.

朱志庆.2009.化工工艺学.北京:化学工业出版社.

朱志庆.2011.化工工艺学.北京:化学工业出版社.